高等学校土木工程专业“十四五”系列教材
高等学校土木工程专业应用型人才培养系列教材

土木工程概论

李兆超　欧志华　周柳湘　主编
何　杰　主审

中国建筑工业出版社

图书在版编目（CIP）数据

土木工程概论/李兆超，欧志华，周柳湘主编．--北京：中国建筑工业出版社，2023.12

高等学校土木工程专业“十四五”系列教材　高等学校土木工程专业应用型人才培养系列教材

ISBN 978-7-112-29472-5

Ⅰ.①土…　Ⅱ.①李…②欧…③周…　Ⅲ.①土木工程－高等学校－教材　Ⅳ.①TU

中国国家版本馆 CIP 数据核字（2023）第 248596 号

责任编辑：朱晓瑜　吉万旺　张智芊

文字编辑：李闻智

责任校对：赵　力

本书配有电子课件，免费提供给选用本书的授课教师，需要者请发邮件至919266071@qq.com 索取（标注书名和作者名），联系电话（010）58337255，也可到建工书院 http://edu.cabplink.com 下载。

高等学校土木工程专业“十四五”系列教材

高等学校土木工程专业应用型人才培养系列教材

土木工程概论

李兆超　欧志华　周柳湘　主编

何　杰　主审

*

中国建筑工业出版社出版、发行（北京海淀三里河路 9 号）

各地新华书店、建筑书店经销

北京龙达新润科技有限公司制版

建工社（河北）印刷有限公司印刷

*

开本：787 毫米×1092 毫米　1/16　印张：15　字数：371 千字

2024 年 8 月第一版　　2024 年 8 月第一次印刷

定价：**49.00** 元（赠教师课件）

ISBN 978-7-112-29472-5

（42221）

前　言

1998 年 7 月，教育部印发了修订后的《普通高等学校本科专业目录》，将原目录中的若干专业合并为土木工程专业，其属于工学门类中的土建类专业，代码为 080703，该专业名称和代码一直保留到现在。2012 年 9 月，教育部印发了《普通高等学校本科专业目录》(2012 年)，将土建类专业拆分为土木类专业和建筑类专业两类，土木工程专业属于土木类专业，一直保留到现在。

2011 年，全国高等学校土木工程学科专业指导委员会出版了《高等学校土木工程本科指导性专业规范》，推荐设立《土木工程概论》课程，并建议将其作为土木工程专业基础课程。该课程共包括 12 个知识点，推荐学时为 14 学时。

过去 20 多年，我国土木工程行业的发展速度有目共睹，完成的房屋建筑、市政、交通和水利工程建设量巨大。近两年来，土木工程新建工程量有所回落，但土木工程建设增量依然处于高位。2022 年，我国新建铁路投产里程 4100km，其中高速铁路 2082km；新改建高速公路 8771km；房地产开发房屋新开工总面积 12 亿 m^2；建筑业增加值为 8.34 万亿元。通过 20 多年的积累，我国土木工程存量非常多，土木工程专业的相关工作依然在社会经济活动中起着重要作用。随着土木工程建设工作量的显著增加，土木工程专业相关技术研究取得了辉煌的成果，包含众多高科技元素的重大/特大工程和地标工程不断涌现，装配式建筑蓬勃兴起。土木工程专业的发展，方便了人民的生产活动，推动了社会经济进步。

土木工程建设量的增加、技术的进步、组织管理方式的发展和社会生活的深刻变化，对土木工程本科专业的教学不断产生重大影响。就招生培养方式而言，大致有以下几种情况：①按不同专业方向进行招生和培养；②按土木工程专业进行招生，学生到校一定时间后按专业方向进行分流和培养，或者直接按土木工程专业培养；③近年来，很多院校已经实行大类招生，即按土木类专业大类进行招生，学生到校一定时间后再按专业，甚至专业方向进行分流和培养，也有一些学校不进行分流，直接按土木类专业进行大类培养，达到土木工程专业“宽口径”的目的。

为满足不同招生培养方式的要求，结合土木工程发展的现状和土木工程教学实践，这本《土木工程概论》教材突出“宽口径”，按照土木类专业大类组织编写，内容包括土木工程的力学概念、土木工程材料、地基与基础工程、建筑工程、建筑环境与能源应用工程、地下空间和隧道工程、道路工程、桥梁工程、防灾减灾、给水排水工程、装配式建筑和工程项目管理共 12 个方面，适合土木类专业大类、土木类专业大类中的某一个专业或者某个专业的一个专业方向的教学，各学校可以根据实际情况选择相应的内容进行教学，学生可以根据个人的兴趣选择相应的内容进行自学。本教材也适合土木工程行业的技术人员或相关人员了解和熟悉土木类专业使用。

希望通过这本教材，读者能够对土木类专业有全面的了解，因此本教材突出一个

“概”字。一些学校强调每个专业都要开设专业导论课程，作为专业教育的重要内容，有助于引导学生热爱专业，从而热爱学习，热爱毕业后的专业工作，因此，本教材也突出一个“导”字。

本书由湖南工业大学李兆超、欧志华和湖南基础工程有限公司周柳湘担任主编，参编人员还包括湖南工业大学陈斌、贺敏、欧蔓丽、曹伟军、李灿、祝方才、肖新辉、张哲、刘方成、补国斌、付峥嵘、成曦、岳洪滔和杨柳依依，中建西部建设股份有限公司王军和李曦，以及中国建筑第五工程局有限公司黄欣。各章节的编写人员如下：第 1 章（李兆超、欧志华）、第 2 章（陈斌）、第 3 章（欧志华、王军、李曦）、第 4 章（周柳湘、贺敏）、第 5 章（欧蔓丽、曹伟军）、第 6 章（李灿）、第 7 章（祝方才、周柳湘）、第 8 章（肖新辉）、第 9 章（张哲）、第 10 章（补国斌、刘方成）、第 11 章（付峥嵘、成曦）、第 12 章（岳洪滔）、第 13 章（杨柳依依、黄欣）。全书由李兆超统稿，湖南工业大学何杰主审。

由于编者水平有限，书中的疏漏和不足之处，恳请广大读者批评指正。

编者

2023 年 12 月

目　录

第 1 章　绪论

1.1　土木工程

土木工程是人类有史以来最古老的工程技术之一，我国古代半坡原始公社房屋和万里长城、古埃及金字塔、古罗马圆形剧场和水渠等都是古代土木工程的杰出成就。土木工程不仅直接满足了人类住和行的基本需求，还促进了城镇发展与人类社会的繁荣和进步。土木工程也是人类文明的重要载体，记载着人类不同时期的发展特征，如我国的赵州桥、故宫等。土木工程也随着时代的发展而不断发展和进步。21 世纪以来，许多重大工程项目已陆续建成，如世界第一高楼哈利法塔（阿拉伯联合酋长国）、世界上最大的水利枢纽建筑三峡大坝（中国）和世界上最长的跨海大桥港珠澳大桥（中国）。

《辞海》第六版定义土木工程为：用建筑材料（如土、石、砖、木、混凝土、钢筋混凝土等和各种金属材料）修建房屋、道路、铁路、桥梁、隧道、河、港和市政卫生工程等的生产活动和工程技术。可见土木工程涉及的工程对象非常广泛，包括建筑工程、道路工程、桥梁工程、隧道工程、港口工程和市政工程等，主要工作包括勘察、设计、施工、维修和管理等。

土木工程的相关图片如图 1-1～图 1-4 所示。

图 1-1　万里长城

图 1-2　赵州桥

图 1-3　哈利法塔

图 1-4　港珠澳大桥

近 20 年来，我国土木工程行业飞速发展，即使最近几年土木工程建设工程量有所回落，但土木工程建设增量依然处于高位（图 1-5、图 1-6），2022 年的建筑业增加值为 8.34 万亿元（图 1-7），土木工程存量巨大。土木工程与人类的文明、安全、环境、资源和社会稳定等紧密相关，是人类巨大的物质财富和精神财富。

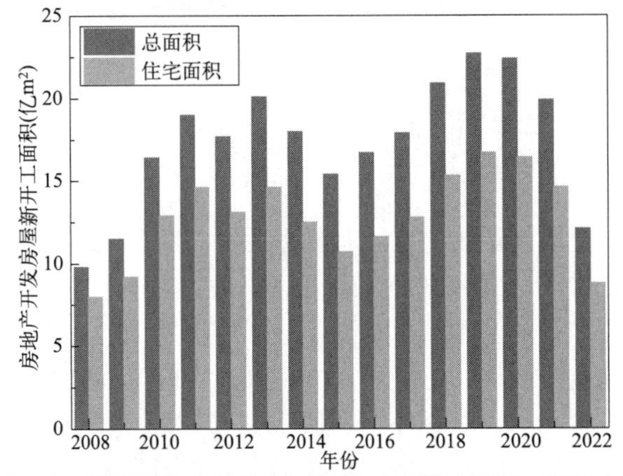

图 1-5　我国房地产开发房屋新开工面积（2008—2022 年）

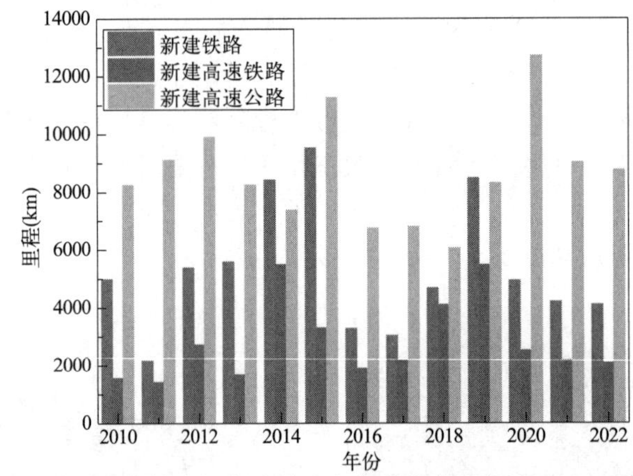

图 1-6　我国新建铁路、高速铁路和高速公路里程（2010—2022 年）

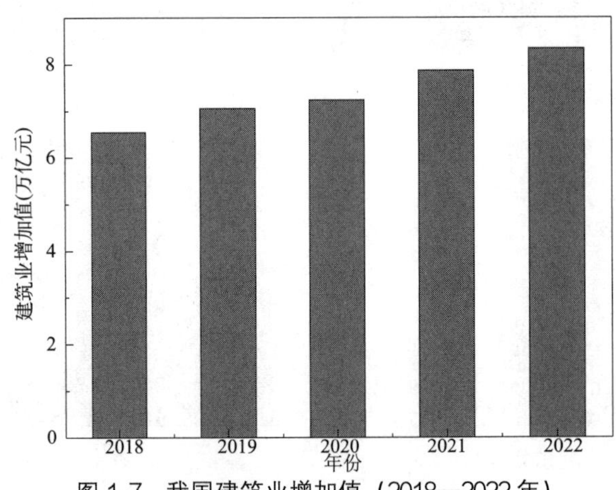

图 1-7　我国建筑业增加值（2018—2022 年）

土木工程在今后相当长的时间内会面临更大的挑战：人类对自身居住、出行质量要求的提高，活动范围向天空、地下拓展，对已有基础设施的维护和升级，最大限度减少自然灾害等。这些都会使土木工程行业长久不衰、不断更新，预计在很长时间内依然具有很好的发展前景。

1.2　土木工程专业

1.2.1　土木工程专业的发展

随着人类社会的发展和科技不断进步，土木工程在发展过程中，逐步与数学、物理、化学、力学、材料、计算机、信息和人工智能等近现代科学技术相结合，使得“土木工程”逐渐成为一个专业。

1895 年，天津北洋西学学堂是中国最早一批培养土木工程人才的学校，到 1949 年，中国已有 20 多所公立和私立的高等院校设有土木工程专业，规模、学制不一，培养了一大批土木工程专业人才；1949 年后，我国学习苏联的办学模式举办五年制的土木工程大学本科教育；1956 年，教育部组织力量起草全国性的工业与民用建筑专业指导性教学计划，于 1962 年再次进行修订，这个时期的土木工程专业主要包括建筑工程、道路铁道工程、道路桥梁工程和港口工程等；1978 年，国家实施改革开放并恢复高考，随着国家基本建设的加速发展，土木工程人才需求量大幅增加，许多学校设置了建筑工程、城镇建设、道路桥梁和地下建筑工程等专业。

1987 年，国家教育委员会组织完成了对 1963 年版各科专业目录的修订工作，颁布了《普通高等学校本科专业目录》，其中土建类（11）专业包括建筑学（1101）、城市规划（1102）、风景园林（1103）、工业与民用建筑工程（1104）、地下工程与隧道工程（1105）、铁道工程（1106）、桥梁工程（1107）、公路与城市道路工程（1108）、供热通风与空调工程（1109）、城市燃气工程（1110）、给水排水工程（1111）和建筑材料与制品工程（1112）共 12 个本科专业。与土木工程相关的专业还包括矿业类（02）的矿井建设专业（0203）以及三个试办专业：土建结构工程（试 15）、岩土工程（试 16）和城镇建设（试 17）。

1993 年 7 月，国家教育委员会组织完成了对各科专业目录的第二次修订工作，颁布了新版《普通高等学校本科专业目录》，将 1987 年版的工业与民用建筑工程、地下工程与隧道工程（部分）、土建结构工程、岩土工程合并为建筑工程专业，将地下工程与隧道工程（部分）、铁道工程、桥梁工程、公路与城市道路工程合并为交通土建工程专业。修订后的土建类（0808）专业包括建筑学（080801）、城市规划（080802）、建筑工程（080803）、城镇建设（080804）、交通土建工程（080805）、供热通风与空调工程（080806）、城市燃气工程（080807）、给水排水工程（080808）和工业设备安装工程（080809）共九个本科专业。与土木工程相关的专业还包括地矿类（0801）的矿井建设专业（080109）。

1998 年 7 月，教育部再次印发了修订后的《普通高等学校本科专业目录》，将原专业目录中的矿井建设、建筑工程、城镇建设（部分，另一部分合并到城市规划专业）、交通土建工程和工业设备安装工程以及原专业目录外的饭店工程（080810W）、涉外建筑工程（080811W）和土木工程（080812W）共八个专业合并为土木工程专业。修订后的土建类（0807）专业包括建筑学（080701）、城市规划（080702）、土木工程专业（080703）、建筑环境与设备工程（080704）和给水排水工程（080705）共五个专业，同时该专业目录还发布了与土木工程有关的一个工程引导性专业土木工程（080703Y）和三个目录外专业，分别是建筑工程教育（040328W）、道路桥梁与渡河工程（080724W）和城市地下空间工程（080706W）。

2012年9月，教育部印发了《普通高等学校本科专业目录》（2012年），将1998年版目录中的专业土木工程（080703）、工程引导性专业土木工程（080703Y）和目录外专业建筑工程教育（040328W）合并为新的土木工程专业，专业类别为土木类（0810），由部分原土建类（0807）更名而来，修订后的土木类专业包括土木工程（081001）、建筑环境与能源应用工程（081002）、给水排水科学与工程（081003）、建筑电气与智能化（081004）这四个基本专业。该专业目录还包括与土木工程有关的两个特设专业：城市地下空间工程（081005T）和道路桥梁与渡河工程（081006T）；其他原土建类（0807）专业更名为建筑类（0828），包括建筑学（082801）、城乡规划（082802）和风景园林（082803）共三个专业。

此后土木工程专业及其代码一直没有变化，但根据2023年教育部发布的最新《普通高等学校本科专业目录》，土木类专业在2012年版专业目录的基础上增加了铁道工程（081007T）（2014年），智能建造（081008T）（2017年），土木、水利与海洋工程（081009T）（2018年），土木、水利与交通工程（081010T）（2019年），城市水系统工程（081011T）（2020年），智能建造与智慧交通工程（081012T）（2021年）这六个特设专业。

由于土木工程专业的范围非常广泛，各个学校会将土木工程专业分成若干个专业方向，如建筑工程、道路工程、桥梁工程、隧道工程、岩土工程、地下工程、铁道工程和工程管理等，每个学校的专业方向会因为具体情况不同而不同。

1.2.2 土木工程专业的培养目标

根据高等学校土木工程学科专业指导委员会2011年编制的《高等学校土木工程本科指导性专业规范》，土木工程专业的培养目标是：培养适应社会主义现代化建设需要，德智体美全面发展，掌握土木工程学科的基本原理和基本知识，经过工程师基本训练，能胜任房屋建筑、道路、桥梁、隧道等各类工程的技术与管理工作，具有扎实的基础理论、宽广的专业知识、较强的实践能力和创新能力，具有一定的国际视野，能够面向未来的高级专门人才。毕业生能够在有关土木工程的勘察、设计、施工、管理、教育、投资和开发、金融与保险等部门从事技术和管理工作。

根据社会需要、学校定位、自身的办学条件和学生特点，不同的学校的培养目标会有所差别，有不同的侧重点和特色。

1.2.3 土木工程专业的培养规格

1. 思想品德

具有高尚的道德品质和良好的科学素质、工程素质和人文素养，能体现哲理、情趣、品位等方面的较高修养，具有求真务实的态度以及实干创新的精神，有科学的世界观和正确的人生观，愿意为国家富强、民族振兴服务。

2. 知识结构

具有基本的人文社会科学知识，熟悉哲学、政治学、经济学、法学等方面的基本知识，了解文学、艺术等方面的基础知识；掌握工程经济、项目管理的基本理论；掌握一门外国语；具有较扎实的自然科学基础，了解数学、现代物理、信息科学、工程科学、环境科学的基本知识，了解当代科学技术发展的主要趋势和应用前景；掌握力学的基本原理和分析方法，掌握工程材料的基本性能和选用原则，掌握工程测绘的基本原理和方法、工程制图的基本原理和方法，掌握工程结构及构件的受力性能分析和设计计算原理，掌握土木工程施工的一般技术和过程以及组织和管理、技术经济分析的基本方法；掌握结构选型、构造设计的基本知识，掌握工程结构的设计方法、CAD和其他软件应用技术；掌握土木工程现代施工技术、工程检测和试验基本方法，了解本专业的有关法规、规范和规程；了解给水排水、供热通风与空调和建筑电气等相关知识，了解土木工程机械、交通和环境的一般知识；了解本专业的发展动态和相邻学科的一般知识。

3. 能力结构

具有综合运用各种手段查询资料、获取信息、拓展知识领域、继续学习的能力；具有应用语言、图表和计算机技术等进行工程表达和交流的基本能力；掌握至少一门计算机高级编程语言并能运用其解决一般工程问题；具有计算机、常规工程测试仪器的运用能力；具有综合运用知识进行工程设计、施工和管理的能力；经过一定环节的训练后，具有初步的科学研究或技术研究、应用开发等创新能力。

4. 身心素质

具有健全的心理素质和健康的体魄，能够履行从事土木工程专业的职责和保卫祖国的神圣义务。有自觉锻炼身体的习惯和良好的卫生习惯，身体健康，有充沛的精力承担专业任务；养成良好的健康和卫生习惯，无不良行为。心理健康，认知过程正常，情绪稳定、乐观，经常保持心情舒畅，处处、事事表现出乐观积极向上的态度，对生活充满热爱、向往、乐趣；积极工作，勤奋学习。意志坚强，能够正确面对困难和挫折，有奋发向上的朝气。人格健全，有正常的性格、能力和价值观；人际关系良好，沟通能力较强，团队协作精神好。有较强的应变能力，在自然和社会环境变化中有适应能力，能按照环境的变化调整生活的节奏，使身心能较快适应新环境的需要。

1.2.4　土木工程专业的教学内容

土木工程专业的教学内容分为知识体系、实践体系和大学生创新训练三部分，分别通过课堂教学、实践教学和课外活动完成，目的在于培养土木工程专业人才，使其具备符合要求的基本知识、能力和专业素质。

1. 知识体系

土木工程专业的知识体系包括工具知识体系、人文社会科学知识体系、自然科学知识体系和专业知识体系四部分（表1-1）。

土木工程专业的知识体系、知识领域和推荐课程　　表1-1

序号	知识体系	知识领域	推荐课程
1	工具知识体系	外国语、信息科学技术、计算机技术与应用	大学英语、科技与专业外语、计算机信息技术、文献检索、程序设计语言
2	人文社会科学知识体系	哲学、政治学、历史学、法学、社会学、经济学、管理学、心理学、体育、军事	毛泽东思想和中国特色社会主义理论体系、马克思主义基本原理、中国近现代史纲要、思想道德修养与法律基础、经济学基础、管理学基础、心理学基础、大学生心理、体育

续表

序号	知识体系	知识领域	推荐课程
3	自然科学知识体系	数学、物理学、化学和环境科学基础	高等数学、线性代数、概率论与数理统计、大学物理、物理实验、工程化学、环境保护概论
4	专业知识体系	力学原理与方法	理论力学、材料力学、结构力学、流体力学、土力学
		专业技术基础	土木工程概论、土木工程材料、工程地质、土木工程制图、土木工程测量、土木工程试验
		工程项目经济与管理	建设工程项目管理、建设工程法规、建设工程经济
		结构基本原理和方法	工程荷载和可靠度设计原理、混凝土结构基本原理、钢结构基本原理、基础工程
		施工原理和方法	土木工程施工技术、土木工程施工组织
		计算机应用技术	土木工程计算机软件应用

2. 实践体系

（1）实验，包括基础实验、专业基础实验、专业实验和研究型实验四个环节。基础实验包括普通物理实验和普通化学实验等；专业基础实验包括材料力学实验、流体力学实验、土木工程材料实验、混凝土基本构件实验、土力学实验和土木工程测试技术等；专业实验包括按专业方向安排的相关土木工程专业实验；研究型实验可作为拓展能力的培养。

（2）实习，包括认识实习、课程实习、生产实习和毕业实习。认识实习可重点选择一个专业方向的相关内容；课程实习包括工程测量、工程地质等；生产实习可选择一个专业方向的相关内容。

（3）设计，包括课程设计和毕业设计（论文）。可选择一个专业方向安排相关内容。

3. 大学生创新训练

土木工程专业人才的培养体现知识、能力和素质协调发展，强调大学生创新思维、创新方法和创新能力的培养。一些教师在课堂教学和实践教学中会进行创新训练，指导学生参加创新活动，如参加创新大赛；还可能开设创新训练的专门课程，如创新思维和创新方法等。

1.3 土木工程职业工程师

1997 年 11 月 1 日，第八届全国人民代表大会常务委员会通过的《中华人民共和国建筑法》第十四条规定："从事建筑活动的专业技术人员，应当依法取得相应的执业资格证书，并在执业资格证书许可的范围内从事建筑活动。"2000 年 9 月 25 日，国务院发布的《建设工程勘察设计管理条例》第九条规定："国家对从事建设工程勘察、设计活动的专业技术人员，实行执业资格注册管理制度。未经注册的建设工程勘察、设计人员，不得以注册执业人员的名义从事建设工程勘察、设计活动。"根据人力资源和社会保障部颁发的《国家职业资格目录》（2021 年版），我国共有 59 项专业技术人员职业资格，其中与土木类有关的职业资格包括监理工程师、造价工程师、建造师和勘察设计注册工程师，其中勘察设计注册工程师又分为注册结构工程师、注册土木工程师、注册化工工程师、注册电气工程师、注册公用设备工程师和注册环保工程师六项，除注册结构工程师分为一级和二级外，其他专业注册工程师不分级别。注册土木工程师包括岩土、水利水电工程、港口与航道工程和道路工程四个专业。下面详细介绍注册建造师、注册结构工程师、注册监理工程师、注册造价工程师的有关规定。

1.3.1 注册建造师

2002 年 12 月 5 日，人事部和建设部发布了《建造师执业资格制度暂行规定》，对建造师的考试、注册和职责进行了规定。2004 年 2 月 19 日，人事部和建设部发布了《建造师执业资格考试实施办法》和《建造师执业资格考核认定办法》，对建造师的考试实施和考核认定进行了具体规定。2006 年 12 月 28 日，建设部发布了《注册建造师管理规定》，对注册建造师的注册、执业、监督管理和法律责任进行了规定，2016 年 9 月 13 日，住房和城乡建设部通过《住房城乡建设部关于修改〈勘察设计注册工程师管理规定〉等 11 个部门规章的决定》对该规定的部分条款进行了修订。

注册建造师是指通过考核认定或考试合格取得中华人民共和国建造师资格证书，并按照规定注册，取得中华人民共和国建造师注册证书和执业印章，担任施工单位项目负责人及从事相关活动的专业技术人员。

建造师分为一级建造师和二级建造师，英文分别译为 Constructor 和 Associate Constructor。一级建造师执业资格考试设《建设工程经济》《建设工程法规及相关知识》《建设工程项目管理》和《专业工程管理与实务》四个科目，其中《专业工程管理与实务》科目分为房屋建筑、公路、铁路、民航机场、港口与航道、水利水电、电力、矿山、冶炼、石油化工、市政公用、通信与广电、机电安装和装饰装修 14 个专业类别。二级建造师执业资格考试设《建设工程施工管理》《建设工程法规及相关知识》《专业工程管理与实务》三个科目，《专业工程管理与实务》科目的专业类别比一级建造师的专业少了铁路和民航机场，考试成绩实行两年为一个周期的滚动管理办法，参加全部科目考试的人员必须在连续的两个考试年度内通过全部科目。

报考建造师执业资格考试的人员需要满足专业、学历和工作经历要求，如表 1-2 所示。

报考建造师执业资格考试的条件 **表 1-2**

建造师等级	专业	学历或学位	工作年限	建设工程项目施工管理工作年限
一级建造师	工程类或工程经济类	大学专科	6 年	4 年
		大学本科	4 年	3 年
		双学士学位或研究生班	3 年	2 年
		硕士学位	2 年	1 年
		博士学位		1 年
二级建造师		中等专科		2 年

取得资格证书的人员应当受聘于一个具有建设工程勘察、设计、施工、监理、招标代理、造价咨询等一项或者多项资质的单位，经注册后方可从事相应的执业活动。担任施工单位项目负责人的，应当受聘并注册于一个具有施工资质的企业。注册建造师不得同时在

两个及两个以上的建设工程项目上担任施工单位项目负责人。

一级注册建造师由省、自治区、直辖市人民政府建设主管部门受理后提出初审意见，并报国务院建设主管部门审批；涉及铁路、公路、港口与航道、水利水电、通信与广电、民航专业的，国务院建设主管部门应当将全部申报材料送同级有关部门审核。二级注册建造师由省、自治区、直辖市人民政府建设主管部门受理和审批。

注册建造师可以从事建设工程项目总承包管理或施工管理，建设工程项目管理服务，建设工程技术经济咨询，以及法律、行政法规和国务院建设主管部门规定的其他业务。注册建造师应当在其注册证书所注明的专业范围内从事建设工程施工管理活动，具体执业范围按照《注册建造师执业管理办法（试行）》的附件“注册建造师执业工程范围”执行。大中型工程施工项目负责人必须由本专业注册建造师担任，一级注册建造师可担任大、中、小型工程施工项目负责人，二级注册建造师可以承担中、小型工程施工项目负责人。各专业大、中、小型工程分类标准按《注册建造师执业工程规模标准（试行）》执行。

1.3.2 注册结构工程师

1997 年 9 月 1 日，人事部、建设部发布《注册结构工程师执业资格制度暂行规定》，对注册结构工程师的考试、注册、执业、权利和义务进行了具体规定，确定了注册结构工程师制度。2005 年 2 月 4 日，建设部发布了《勘察设计注册工程师管理规定》，对包括注册结构工程师在内的所有勘察设计注册工程师的注册、执业、继续教育、权利和义务进行了规定。2016 年 9 月 13 日，住房和城乡建设部通过《住房城乡建设部关于修改〈勘察设计注册工程师管理规定〉等 11 个部门规章的决定》对该规定的部分条款进行了修订。

注册结构工程师是指取得中华人民共和国注册结构工程师执业资格证书和注册证书，从事房屋结构、桥梁结构及塔架结构等工程设计及相关业务的专业技术人员。其分为一级注册结构工程师和二级注册结构工程师。

我国从 1997 年起在全国范围内组织实施一级注册结构工程师考试，1999 年起在全国范围内组织实施二级注册结构工程师考试。一级注册结构工程师分为基础考试和专业考试，通过基础考试的人员，从事结构工程设计或相关业务满规定年限，方可申请参加专业考试。基础考试包括基础上和基础下两部分内容；专业考试包括专业上和专业下两部分内容；二级注册结构工程师只有专业考试，包括专业上和专业下两部分内容。

取得注册结构工程师执业资格证书者，要从事结构工程设计业务的，须申请注册。注册结构工程师执行业务，应当加入一个勘察设计单位。

注册结构工程师的执业范围包括：①结构工程设计；②结构工程设计技术咨询；③建筑物、构筑物、工程设施等调查和鉴定；④对本人主持设计的项目进行施工指导和监督；⑤住房和城乡建设部和国务院有关部门规定的其他业务。一级注册结构工程师的执业范围不受工程规模及工程复杂程度的限制。

1.3.3 注册监理工程师

1992 年 6 月，建设部发布了《监理工程师资格考试和注册试行办法》，我国开始实施监理工程师资格考试。1996 年 8 月，建设部、人事部下发了《关于全国监理工程师执业资格考试工作的通知》，从 1997 年起，全国正式举行监理工程师执业资格考试。2006 年，建设部发布了《注册监理工程师管理规定》，同时废止了《监理工程师资格考试和注册试行办法》。2016 年 9 月 13 日，住房和城乡建设部通过《住房城乡建设部关于修改〈勘察设计注册工程师管理规定〉等 11 个部门规章的决定》对该规定的部分条款进行了修订。2006 年 12 月 18 日，水利部发布《水利工程建设监理规定》，该规定的部分条款于 2017 年 12 月 22 日由《水利部关于废止和修改部分规章的决定》进行修正。2020 年 2 月，住房和城乡建设部、交通运输部、水利部、人力资源和社会保障部共同印发了《监理工程师职业资格制度规定》和《监理工程师职业资格考试实施办法》，同时废止了《关于全国监理工程师执业资格考试工作的通知》。

监理工程师是指通过职业资格考试取得中华人民共和国监理工程师职业资格证书，并经注册后从事建设工程监理及相关业务活动的专业技术人员。监理工程师职业资格制度由住房和城乡建设部、交通运输部、水利部、人力资源和社会保障部共同制定，并按照职责分工分别负责实施与监管。

监理工程师职业资格考试设置基础科目和专业科目，基础科目包括《建设工程监理基本理论和相关法规》和《建设工程合同管理》，专业科目包括《建设工程目标控制》和《建设工程监理案例分析》。专业科目分为土木建筑工程、交通运输工程、水利工程三个专业类别，考生在报名时可根据实际工作需要选择。监理工程师职业资格考试成绩实行四年为一个周期的滚动管理办法，在连续的四个考试年度内通过全部考试科目，方可取得监理工程师职业资格证书。已取得监理工程师一种专业职业资格证书的人员，报名参加其他专业科目考试的，可免考基础科目。考试合格后可以增加执业专业类别。免考基础科目和增加专业类别的人员，专业科目成绩按照两年为一个周期滚动管理。

报考监理工程师职业资格考试的人员需要满足的专业、学历和工作经历要求，如表 1-3 所示。

报考监理工程师职业资格考试的条件　　**表 1-3**

专业	学历或学位	从事工程施工、监理、设计等业务工作年限
各工程大类	大学专科学历或高等职业教育	6 年
工学、管理科学与工程类	大学本科学历或学位	4 年
工学、管理科学与工程一级学科	硕士学位或专业学位	2 年
	博士学位	

注：经批准同意开展试点的地区，申请参加监理工程师职业资格考试的，应当具有大学本科及以上学历或学位。

监理工程师职业资格考试合格者，将获得中华人民共和国监理工程师职业资格证书（或电子证书）。取得监理工程师职业资格证书且从事工程监理及相关业务活动的人员，经注册获得《中华人民共和国监理工程师注册证》（或电子证书）后方可以监理工程师名义执业，执业时应持注册证书和执业印章。监理工程师不得同时受聘于两个或两个以上单位执业，不得允许他人以本人名义执业，严禁“证书挂靠”。

1.3.4　注册造价工程师

2000 年 1 月 21 日，建设部发布了《造价工程师注册管理办法》，对造价工程师的注册、执业、权利义务和法律责任进行了规定；2002年7月15日，发布了《〈造价工程师注册管理办法〉的实施意见》，规定了造价工程师的注册、继续教育和年检等；2006年12月25日，建设部又发布了《注册造价工程师管理办法》，废除了《造价工程师注册管理办法》，规定了造价工程师的注册、执业、监督管理和法律责任。2016年9月13日，住房和城乡建设部通过《住房城乡建设部关于修改〈勘察设计注册工程师管理规定〉等11个部门规章的决定》对该管理办法的部分条款进行了修订。2018年7月，住房和城乡建设部、交通运输部、水利部、人力资源和社会保障部共同印发了《造价工程师职业资格制度规定》和《造价工程师职业资格考试实施办法》。2020年2月19日，住房和城乡建设部发布《住房和城乡建设部关于修改〈工程造价咨询企业管理办法〉〈注册造价工程师管理办法〉的决定》对该管理办法进行了再次修订。

造价工程师是指通过职业资格考试取得中华人民共和国造价工程师职业资格证书，并经注册后从事建设工程造价工作的专业技术人员。造价工程师分为一级造价工程师和二级造价工程师，英文分别译为Class 1 Cost Engineer和Class 2 Cost Engineer。

一级和二级造价工程师职业资格考试均设置基础科目和专业科目。一级造价工程师的基础科目为《建设工程造价管理》和《建设工程计价》，专业科目为《建设工程技术与计量》和《建设工程造价案例分析》；二级造价工程师的基础科目为《建设工程造价管理基础知识》，专业科目为《建设工程造价案例分析》。造价工程师职业资格考试专业科目分为土木建筑工程、交通运输工程、水利工程和安装工程四个专业类别，考生在报名时可根据实际工作需要选择其一。一级造价工程师职业资格考试成绩实行四年为一个周期的滚动管理办法，在连续的四个考试年度内通过全部考试科目，方可取得一级造价工程师职业资格证书。二级造价工程师职业资格考试成绩实行两年为一个周期的滚动管理办法，参加全部两个科目考试的人员必须在连续的两个考试年度内通过全部科目，方可取得二级造价工程师职业资格证书。已取得造价工程师一种专业职业资格证书的人员，报名参加其他专业科目考试的，可免考基础科目。考试合格后可以增加执业专业类别。

报考造价工程师职业资格考试的人员需要满足的专业、学历和工作经历要求，如表1-4所示。

报考造价工程师职业资格考试的条件 **表1-4**

造价工程师等级	学历或学位	专业	工程造价业务工作年限
一级造价工程师	大学专科或高等职业教育	工程造价	5年
		土木建筑、水利、装备制造、交通运输、电子信息、财经商贸大类	6年
	大学本科学历或学位	通过工程教育专业评估（认证）的工程管理、工程造价	4年
		工学、管理学、经济学门类	5年
	硕士学位或者第二学士学位	工学、管理学、经济学门类	3年
	博士学位	工学、管理学、经济学门类	1年

续表

造价工程师等级	学历或学位	专业	工程造价业务工作年限
二级造价工程师	大学专科或高等职业教育	工程造价	2 年
		土木建筑、水利、装备制造、交通运输、电子信息、财经商贸大类	3 年
	大学本科及以上学历或学位	工程管理、工程造价	1 年
		工学、管理学、经济学门类	2 年

注：其他专业人员，从事工程造价业务工作年限相应增加 1 年。

取得造价工程师职业资格证书且从事工程造价相关工作的人员，经注册方可以造价工程师名义执业。造价工程师不得同时受聘于两个或两个以上单位执业，不得允许他人以本人名义执业，严禁“证书挂靠”。

思考题

(1) 土木工程的含义是什么?

(2) 土木工程专业的培养目标是什么?

(3) 与土木类专业有关的职业资格包括哪些?

第 2 章　土木工程的力学概念

2.1　工程力学的基本概念

2.1.1　力与力矩

力（Force）是物体间的相互作用，这种作用使物体的运动状态发生改变或使物体产生变形，前者称动力，后者称静力。大小、方向和作用点是力的三要素。衡量力大小的常用单位是牛顿（N）。力的方向包含方位和指向两方面意思，如铅直向上、水平向左。作用点是指力作用在物体上的位置。一般来说，力作用在物体上总有一定的面积。当作用的面积很小进而可以忽略时，就抽象成一个点，这种力称为集中力（Concentrated Force），如图 2-1(a) 所示；当作用面积的宽度可以忽略时，作用位置抽象成一条线，这种力称为线分布力（Line Distributed Force），如图 2-1(b) 所示；当作用的面积不可忽略时，称为面力（Surface Force）。而物体重力属于体分布力（Body Distribution Force）。线分布力、集中力都是对实际作用的一种简化。

在计算简图（Calculation Diagram）（计算、分析时用于代替实际物体的简化图形）中，集中力用带箭头的直线段表示作用线，箭头所指方向为力的作用方向，字母 F 代表力的大小，如图 2-1(a) 所示。线分布力的大小用力集度表示，常用单位是 kN/m（此处 m 是长度单位），用字母 q 表示，如图 2-1(b) 所示，$q(x)$ 即为分布力。当各处的力集度相同时称为均匀分布力（Uniform Distributed Force），简称“均布力”。

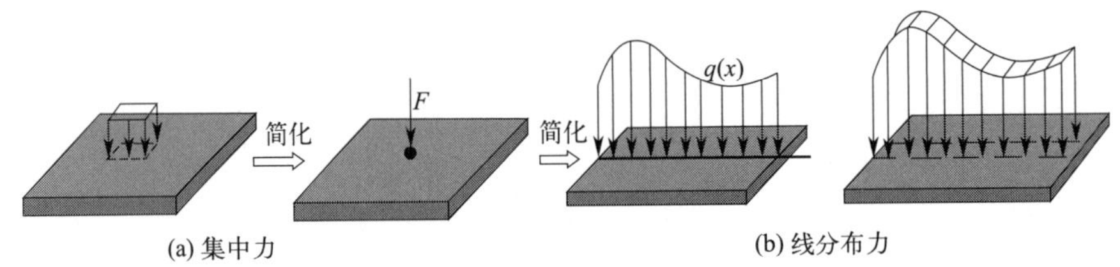

图 2-1　力的表示方法

力对于某点 O 的矩称为力矩（Moment of Force），它有引起物体绕该点转动的效应。点 O 称为矩心，矩心到力的垂直距离称为力臂，如图 2-2(a) 所示。力矩有三个要素：大小，力，矩心构成的平面且在该平面内力矩的转向。力矩的大小为力与力臂的乘积，用字母 M_O 表示，即 $M_O=Fl$，常用单位为 N·m 或 kN·m；力矩的转向以逆时针为正，反之为负。力矩用矢量表示时采用带双箭头的线段（与力的表示方法相区别），矢量与矩心 O 和力 F 组成的力矩平面相垂直，指向按右手螺旋法则确定，如图 2-2(b) 所示。

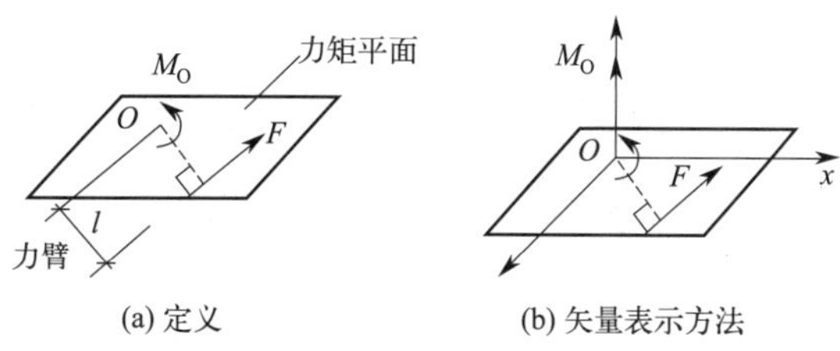

(a) 定义　(b) 矢量表示方法

图 2-2　力矩

【例 2-1】 求解图 2-3 所示均布力 q 对 O 点的矩。

解： 在距离点 O 为 x 处取微段 $\mathrm{d}x$，该微段上的集中力为 $q\mathrm{d}x$，该集中力对 O 点的力矩为 $\mathrm{d}M_O = q\mathrm{d}x \times x$，如图 2-3(a) 所示。沿长度 l 积分，得到均布力对 O 点的力矩：

$$M_O = \int_0^l qx\,\mathrm{d}x = \frac{ql^2}{2}$$

上式可以表示为：

$$M_O = R \times x_c$$

式中：R——分布力的合力，$R = ql$；

x_c——合力到 O 点的距离，$x_c = \frac{l}{2}$，如图 2-3(b) 所示。

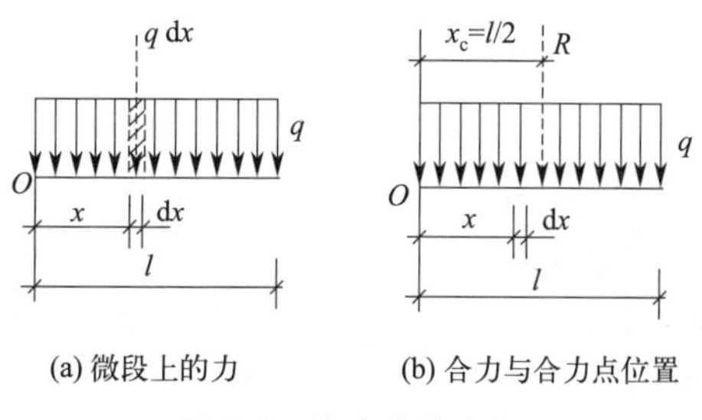

(a) 微段上的力　(b) 合力与合力点位置

图 2-3　均布力的力矩

可见，求解分布力对某点的力矩，可先求解分布力的合力以及合力点的位置，然后按集中力的方法确定力矩。其中，合力等于荷载分布图的面积，合力点位置在面积的形心处。

2.1.2　力偶和力偶矩

在日常生活与工程实际中，经常见到用手扭动水龙头［图 2-4(a)］、汽车司机用双手转动方向盘［图 2-4(b)］、电动机的定子磁场对转子作用电磁力使之旋转［图 2-4(c)］、钳工用工具拧螺栓［图 2-4(d)］等。在方向盘、电动机转子、螺栓等物体上，都作用了成对、等值、反向且不共线的平行力。等值、反向平行力的矢量和等于零，但是由于它们不共线故不能相互平衡，但它们能使物体改变转动状态。这种大小相等、方向相反且不共线的一对集中力，其整体称为力偶（Couple），两个力之间的距离称为力偶臂，如图 2-5 所示。力与力偶臂的乘积反映了力偶的大小，称为力偶矩，用 M 表示，单位与力矩相同。大小、力偶所在平面和在该平面的转向是力偶的三要素。

下面来讨论力偶对某点的矩。在力偶平面内任取一点 O，设 O 到 F 的距离为 x，如

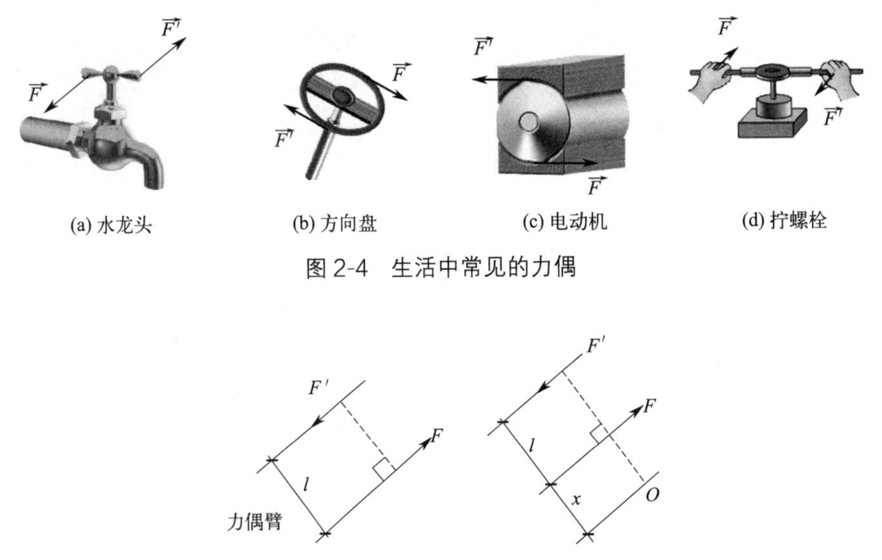

图 2-4 生活中常见的力偶

图 2-5 力偶与力偶矩

图 2-5 所示。以逆时针转动为正，$F=F'$，力偶的两个力对 O 点的矩之和为：

$$F'(l+x)-Fx=Fl=M \tag{2-1}$$

可见，力偶对其所在平面内任一点的矩总是等于力偶矩，而与矩心位置无关。

2.1.3 外力与内力

物体外部的力称为外力（External Force），外力包括两类：主动力和约束力。在外力作用下，物体内部的相互作用力称为内力（Internal Force）。外部和内部是相对于所研究的对象而言的。确定物体内部力的大小和方向，可用截面法（Method of Sections）。

图 2-6(a) 所示的圆柱体，两端受一对大小相等、方向相反、作用线与物体轴线（截面形心的连线）重合的荷载作用，这种作用线与物体轴线重合的荷载称为轴向荷载（Axial Load）。假想在截面 m-n 处切割物体，因该截面垂直于纵向轴线，故称为横截面（Cross Section）。从整个物体中切割下来的一部分称为隔离体（Free-body），现取截面 m-n 左半部分作为隔离体，如图 2-6(b) 所示。由于物体是均匀连续的，所以横截面上有连续分布的内力，这一分布内力的合力用 N 表示。就整个物体而言，横截面上的 N 是内力，而就左半段而言，N 为外力。可见内力和外力是相对于所研究的物体而言的。

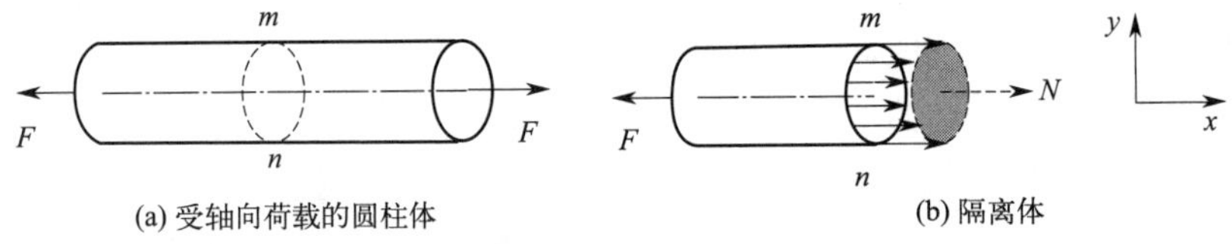

图 2-6 截面法

由于整个物体处于平衡状态，隔离体部分也应该处于平衡状态。由水平方向的静力平衡方程：

$$\sum F_x=0, N-F=0 \tag{2-2}$$

得到 $N=F$，N 的作用线与物体轴线重合。作用在轴线的内力称为轴力（Axial Force）。取截面 m-n 右半部分作为隔离体，能得到相同的结果。

采用截面法只能得到分布内力的合力，无法确定内力的具体分布情况。要了解内力的分布情况还需要结合其他条件。

2.1.4　变形与位移

物体形状的改变称为变形（Deformation），其中在荷载作用下的变形称为受力变形；在温度、湿度等环境作用下的变形称为非受力变形。受力变形有弹性变形（Elastic Deformation）和塑性变形（Plastic Deformation）之分。当荷载撤去后能完全消失的变形（即物体能完全恢复到受荷前的形状）称为弹性变形；当荷载撤去后不能消失而残留下来的变形（即物体维持受荷时的形状）称为塑性变形。在弹性变形中，如果变形与力呈线性关系，称为线弹性变形（Linearly Elastic Deformation）。不少工程材料，在一定的受力范围内只发生弹性变形，超过一定范围后将发生塑性变形。

由于作用在杆上的外力是多种多样的，因此杆的变形也是各种各样的。杆的变形的基本形式主要有以下四种。

1. 轴向拉伸或轴向压缩

在一对作用线与直杆轴线重合的外力 F 的作用下，直杆的主要变形是长度的改变。这种变形形式称为轴向拉伸［图 2-7(a)］或轴向压缩［图 2-7(b)］。简单桁架在荷载作用下，桁架中的杆件就发生轴向拉伸或轴向压缩。

2. 剪切

在一对相距很近的大小相同、指向相反的横向外力 F 的作用下，直杆的主要变形是横截面沿外力作用方向发生相对错动［图 2-7(c)］，这种变形形式称为剪切。一般在发生剪切变形的同时，杆件还存在其他的变形形式。

3. 扭转

在一对转向相反、作用面垂直于直杆轴线的外力偶（其矩为 M_e）的作用下，直杆的相邻横截面将绕轴线发生相对转动，杆件表面纵向线将变成螺旋线，而轴线仍维持直线，这种变形形式称为扭转［图 2-7(d)］。机械中传动轴的主要变形就包括扭转。

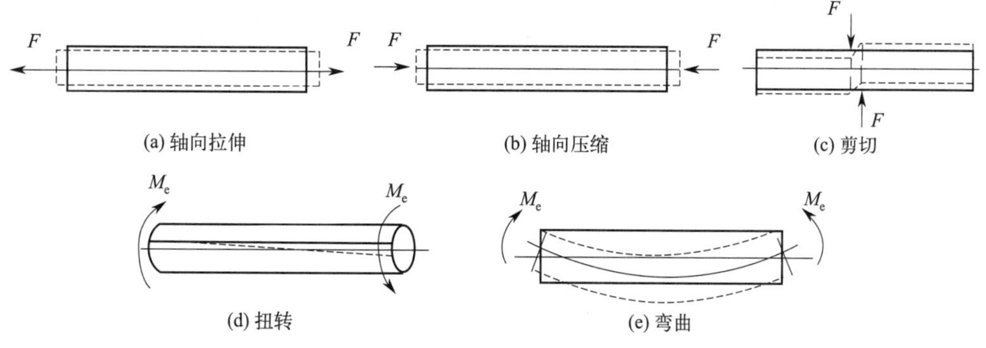

图 2-7　杆的变形

4. 弯曲

在一对转向相反、作用面在杆件的纵向平面（即包含杆轴线在内的平面）内的外力偶（其矩为 M_e）的作用下，直杆的相邻横截面将绕垂直于杆件轴线的轴发生相对转动，变形后的杆件轴线将弯成曲线，这种变形形式称为纯弯曲［图 2-7(e)］。梁在横向力作用下的变形是弯曲与剪切的组合，通常称为横力弯曲。

工程中常用构件在荷载作用下的变形，大多为上述几种基本变形形式的组合，纯属一种基本变形形式的构件较为少见。但若以某一种基本变形形式为主，其他属于次要变形的，则可按该基本变形形式计算。若几种变形形式都为非次要变形，则属于组合变形问题。

物体位置的移动或转动称为位移（Displacement）。位移有刚体位移（Rigid Body Displacement）和变形位移（Deformation Displacement）之分，前者由物体整体移动（包括平动和转动）引起，后者由变形引起。

2.1.5 应力与应变

1. 应力的定义

物体分布内力的集度（即单位面积的力）称为应力（Stress）。其中，垂直截面的法向分布内力的集度称为正应力（Normal Stress），用希腊字母 σ 表示；平行截面的切向分布内力的集度称为切应力（Shear Stress），用希腊字母 τ 表示。应力单位采用 Pa(N/m^2) 或 MPa(N/mm^2)，1MPa=10^{6}Pa。

一般情况下分布内力是不均匀的，为了定义截面 m-n 上某点 P 的应力，围绕 P 点取一微小面积 ΔA，设微小面积上分布内力的合力为 ΔN，如图 2-8(a) 所示。当 ΔA 无限趋近于零时，ΔN 与 ΔA 比值的极限定义为该点的应力，即 $\sigma=\lim\limits_{\Delta A\to 0}\dfrac{\Delta N}{\Delta A}=\dfrac{dN}{dA}$。

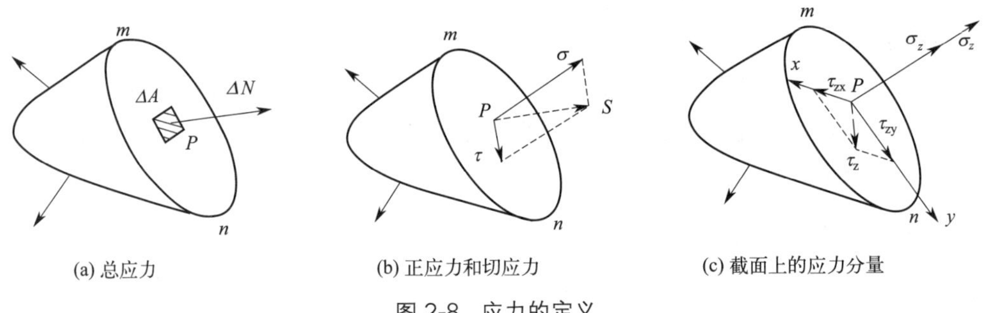

(a) 总应力　(b) 正应力和切应力　(c) 截面上的应力分量

图 2-8　应力的定义

该应力可以分解为垂直于截面的正应力分量 σ 和平行于截面的切应力分量 τ，如图 2-8(b) 所示。在 P 点建立直角坐标系，以截面的法向作为 z 轴，截面 m-n 相应地称为 z 轴平面，如图 2-8(c) 所示；则切应力 τ 可以进一步分解为沿 x、y 轴方向的分量。可见，某个平面上一共有 3 个应力分量，1 个正应力分量 σ_z、2 个切应力分量（τ_{zx}、τ_{zy}）。为了强调该组应力分量是 z 轴平面的，分量的下标加上 z，切应力分量的第二个下标代表应力指向的坐标轴。应力指向与坐标轴一致为正。

2. 应力状态

通过一点 P 不同截面上的应力是不同的，所有截面上的应力情况称为该点处的应力状态（Stress States）。为了表示某点 P 的应力状态，在 P 点从物体中选取一个微小的正六面体，它的棱边平行于坐标轴，棱边长度分别为 Δx、Δy、Δz。外法线沿着 x 轴、y 轴、z 轴正方向的三个平面（称为 x、y、z 正面），每个平面上有三个应力分量，如图 2-9(a) 所示。由于正六面体是微小的，可认为应力是均匀的，另外三个平面（称为 x、y、z 负面）上的应力与相应正面上的应力，大小相等、指向相反［在图 2-9(a) 中没有标出］。

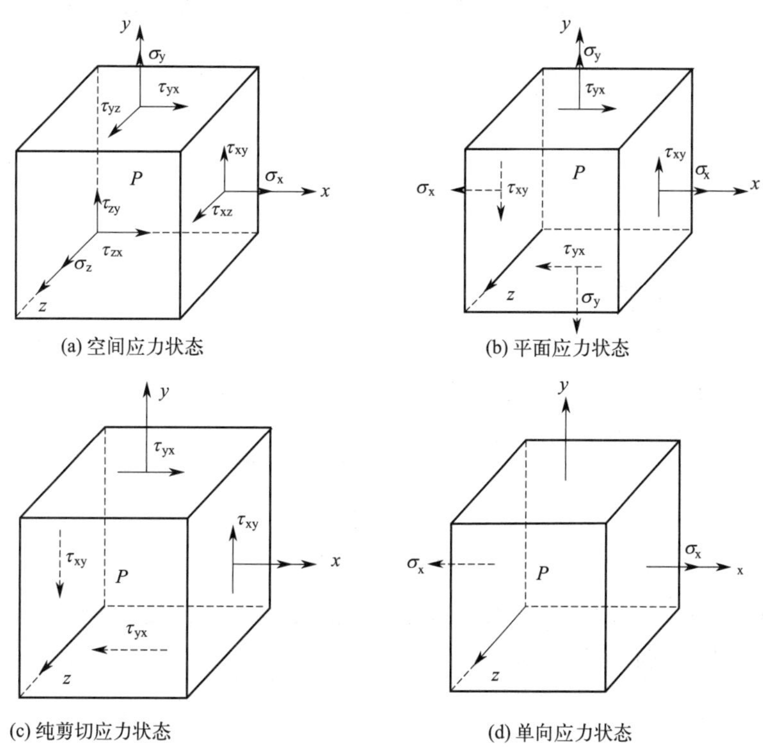

图 2-9　一点 P 的应力状态

在总共 9 个应力分量中，6 个切应力分量之间存在互等关系［图 2-9(c)］：

$$\tau_{xy}=\tau_{yx},\tau_{zx}=\tau_{xz},\tau_{yz}=\tau_{zy} \tag{2-3}$$

只要已知某点这 6 个应力分量，则通过该点所有截面上的应力都可以确定。

如果物体内某个平面上的应力分量始终为 0，比如 z 轴平面，$\sigma_z=0$、$\tau_{zx}=0$、$\tau_{zy}=0$，此时其他平面上应力的作用线位于同一平面，这种状态称为平面应力状态（Plane Stress State），如图 2-9(b) 所示，它有 3 个应力分量。特别地，如果正应力全部为 0，这种状态称为剪切应力状态（Pure Shear Stress State），如图 2-9(c) 所示，此时只剩一个应力分量。图 2-9(d) 所示的则为单向应力状态（Uniaxial Stress State）。

3. 应变的定义

应变（Strain）是衡量物体在外力作用下变形程度的指标。与正应力对应的是线应变（Normal Strain），用希腊字母 ε 表示；与切应力对应的是切应变（Shear Strain），用希腊字母 γ 表示。应变是量纲为 1 的量。

图 2-10 所示的微小正六面体，仅在 x 面上有正应力作用（拉应力），平行于 x 轴的边长从受荷前的 Δx［图 2-10(a)］伸长为 $\Delta x+\Delta u_x$［图 2-10(b)］，x 方向的线应变定义为：

$$\varepsilon_x=\lim_{\Delta x\to 0}\frac{\Delta x+\Delta u_x-\Delta x}{\Delta x}=\lim_{x\to 0}\frac{\Delta u_x}{\Delta x} \tag{2-4}$$

当正应力为拉应力时，线应变为拉应变；当正应力为压应力时，线应变为压应变。同理，可定义 y、z 方向的线应变。

图 2-10 中正六面体 x 方向边长伸长的同时，y 和 z 方向的边长从 Δy、Δz 缩短为 $\Delta y-\Delta u_y$、$\Delta z-\Delta u_z$。$\lim\limits_{\Delta y\to 0}\frac{\Delta u_y}{\Delta y}$、$\lim\limits_{\Delta z\to 0}\frac{\Delta u_z}{\Delta z}$称为横向应变（Lateral Strain）。

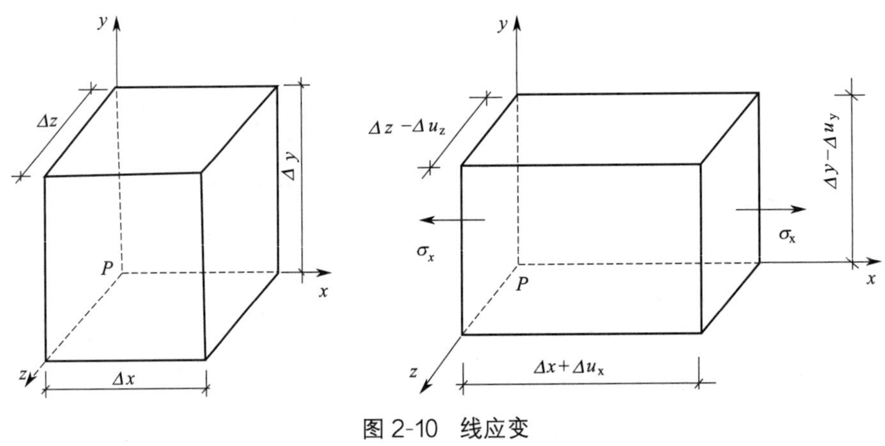

图 2-10 线应变

对于各向同性材料，两个方向的横向应变值相同，用 ε_x 表示。在线弹性变形范围内，横向应变与线应变之间存在固定关系：

$$v=-\frac{\varepsilon_y}{\varepsilon_x} \tag{2-5}$$

式中：v——泊松比（Poisson′s Ratio），是无量纲量。

图 2-11 所示微小正六面体，处于纯剪切应力状态，仅在 xy 面上有切应力作用。在切应力作用下，x、y、z 方向的正六面体边长既不伸长也不缩短，而是受荷前的直角发生了改变。这种直角的改变量（用弧度表示）定义为切应变（Shear Strain）。

4. 应力—应变关系

在线弹性变形范围内，单向应力状态的正应力和线应变间存在如下固定关系：

$$\sigma_x=E\varepsilon_x \tag{2-6}$$

式中：E——弹性模量（Modulus of Elasticity），常称杨氏模量，单位与应力相同。

上式称为胡克定理（Hooke′s Law）。

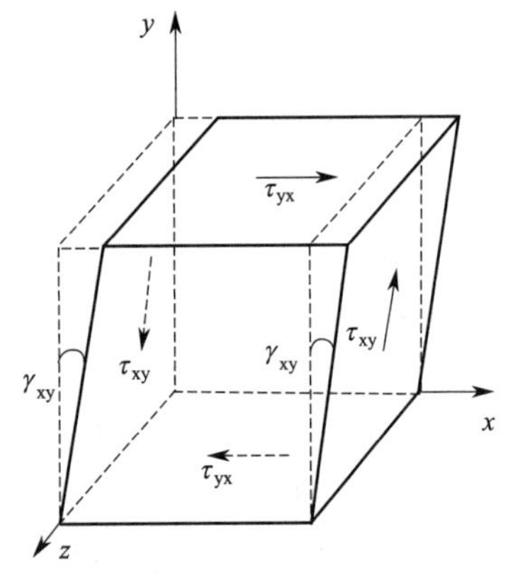

图 2-11 切应变

切应力和切应变之间也存在固定关系：

$$\tau_{xy}=G\gamma_{xy} \tag{2-7}$$

式中：G——剪切模量（Shear Modulus of Elasticity），单位与应力相同。

上式称为剪切胡克定理（Hooke′s Law in Shear）。

弹性模量E、剪切模量G和泊松比v是材料的三个弹性常数，需根据材料试验测定。三者之间存在如下关系：

$$G=\frac{E}{2(1+v)} \tag{2-8}$$

弹性模量反映了材料抵抗线应变的能力，弹性模量越大，相同正应力下的线应变越小；剪切模量反映了材料抵抗切应变的能力，剪切模量越大，相同切应力下的切应变越小。

2.2 约束与约束力

有些物体，例如飞机、炮弹和火箭等，它们在空间的位移不受任何限制。位移不受限制的物体称为自由体。相反，有些物体在空间的位移却要受到一定的限制，如机车受铁轨的限制，只能沿轨道运动；重物由钢索吊住，不能下落；房屋和桥梁受基础的限制等。位移受到限制的物体称为非自由体。对非自由体的某些位移起限制作用的周围物体称为约束。例如，铁轨对于机车，钢索对于重物，基础对房屋和桥梁等，都是约束。

从力学角度来看，约束对物体的作用，实际上就是力，这种力称为约束力。因此，约束力的方向必与该约束所能够阻碍的位移方向相反。应用这个准则，可以确定约束力的方向或作用点的位置。至于约束力的大小则是未知的。在静力学问题中，约束力和物体受的其他已知力（称为主动力——主动地使物体运动或使物体有运动趋势的力）组成平衡力系，因此可用平衡条件求解未知的约束力。当主动力改变时，约束力一般也发生改变，因此约束力是被动的，这也是将约束力之外的力称为主动力的原因。

下面介绍几种在工程中常见的约束类型和确定约束力方向的方法。

1. 具有光滑接触表面的约束

例如，支撑物体的固定面［图2-12(a)、图2-12(b)］、机床中的导轨、装配式结构的支撑面等，当摩擦忽略不计时，都属于这类约束。

这类约束不能限制物体沿约束表面切线的位移，只能阻碍物体沿接触表面法线并向约束内部的位移。因此，光滑支撑面对物体的约束力作用在接触点处，方向沿接触表面的公法线并指向被约束的物体。这种约束力称为法向约束力，通常用F_N表示，如图2-12中的F_{NA}、F_{NC}等。

2. 由拉索、链条或胶带等构成的约束

拉索吊住重物，如图2-13(a)所示。由于拉索本身只能承受拉力，所以它给物体的约束力也只可能是拉力，如图2-13(b)所示。因此，拉索对物体的约束力，作用在接触点，方向沿着拉索背离物体。通常用F或F_T表示这类约束力。

链条或胶带也都只能承受拉力。当它们绕在轮子上，对轮子的约束力沿轮缘的切线方向，如图2-14所示，一般统称这类约束为柔索约束。

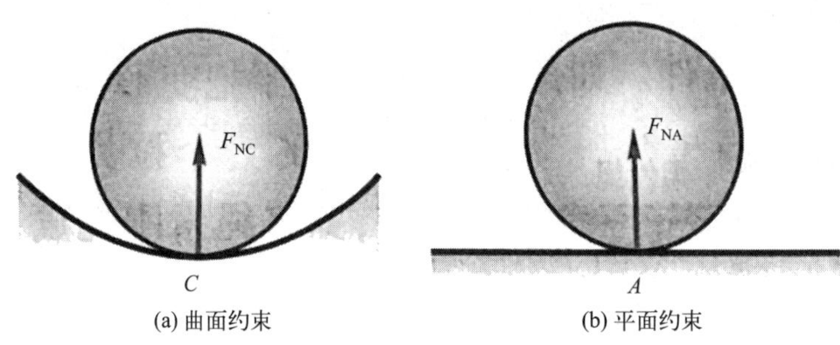

(a) 曲面约束 (b) 平面约束

图 2-12 支撑物体的固定面约束

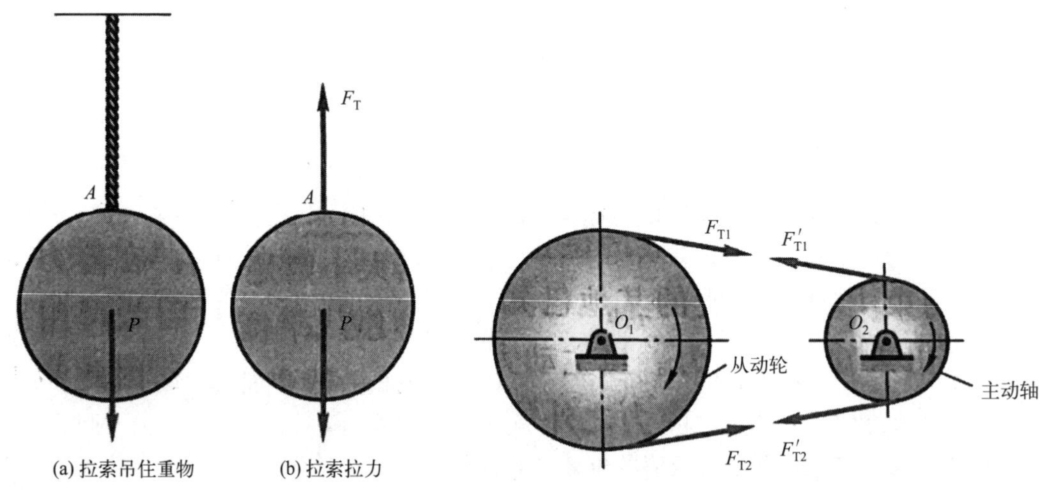

(a) 拉索吊住重物 (b) 拉索拉力

图 2-13 拉索约束

图 2-14 链条或胶带对轮子的约束力

3. 支座类型约束

把物体与基础联系起来的装置称为支座。基础通过支座对物体提供约束作用，支座的构造形式有很多，但在计算简图中，通常归纳为以下几种：

（1）活动铰支座。在桥梁、屋架等结构中经常采用活动铰支座约束。如桥梁中用的辊轴支座［图 2-15(a)、图 2-15(b)］及摇轴支座［图 2-15(c)］即属于此种支座。它允许结构在支撑处绕圆柱铰 A 转动和沿平行于支撑平面 m-n 的方向移动，但 A 点不能沿垂直于支撑面的方向移动。当不考虑摩擦力时，这种支座的反力 F_A 将通过铰 A 中心并与支撑平面 m-n 垂直，即反力的作用点和方向都是确定的，只有它的大小是一个未知量。根据这种支座的位移和受力的特点，在计算简图中，约束力（支座反力）可以用一根垂直于支撑面的链杆 AB 来表示［图 2-15(d)］。此时，结构可绕铰 A 转动；链杆又可绕铰 B 转动，当转动很微小时，A 点的移动方向可看成是平行于支撑面的。

（2）固定铰支座。这种支座的构造如图 2-16(a)、图 2-16(b) 所示，它允许结构在支撑处绕圆柱铰 A 转动，但 A 点不能水平和竖向移动。支座反力将通过铰 A 中心，但大小和方向都是未知的，通常可用沿两个确定方向的分反力，如水平和竖向反力 F_{Ax} 和 F_{Ay} 来表示。这种支座的计算简图可用交于 A 点的两根支撑链杆来表示，如图 2-16(c)、图 2-16(d) 所示。

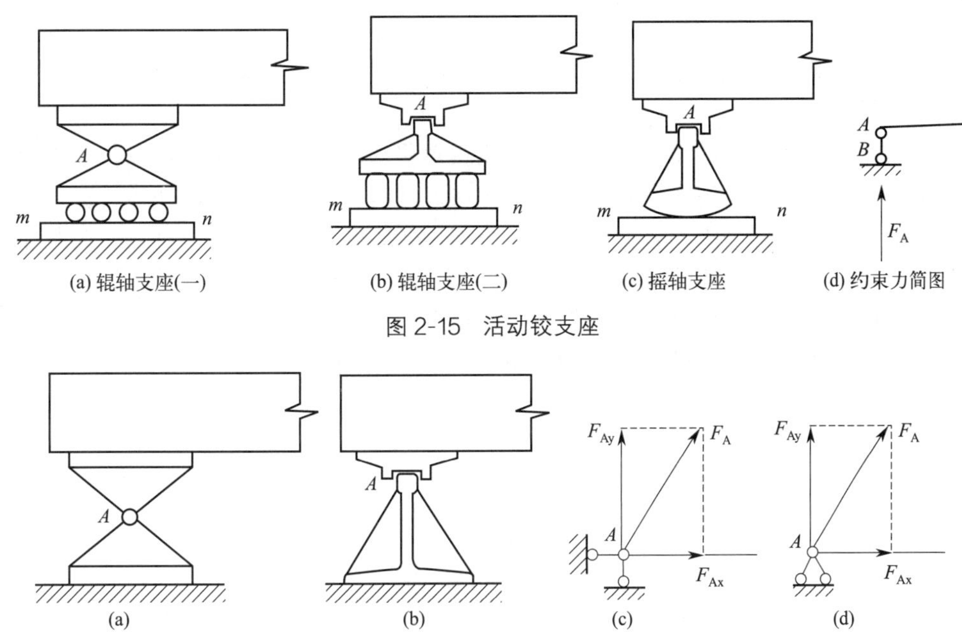

(a) 辊轴支座(一)　(b) 辊轴支座(二)　(c) 摇轴支座　(d) 约束力简图

图 2-15　活动铰支座

(a)　(b)　(c)　(d)

图 2-16　固定铰支座形式及受力简图

（3）固定支座。这种支座不允许结构在支撑处发生任何移动和转动（图 2-17），它的反力大小、方向和作用点位置都是未知的，通常用水平反力 F_{Ax}、竖向反力 F_{Ay} 和反力偶 M_A 来表示。这种支座的计算简图如图 2-17(b) 所示。

（4）滑动支座。这种支座又称定向支座，结构在支撑处不能转动，不能沿垂直于支撑面的方向移动，但可沿支撑面方向滑动。这种支座的计算简图可用垂直于支撑面的两根平行链杆表示，其反力为一个垂直于支撑面（通过支撑中心点）的力和一个力偶。图 2-18(a) 为水平滑动支座，图 2-18(b)、图 2-18(c) 为其计算简图；图 2-19(a) 为竖向滑动支座，图 2-19(b) 为其计算简图（这种支座在实际结构中不常见，但在对称结构半结构的计算简图中会用到）。

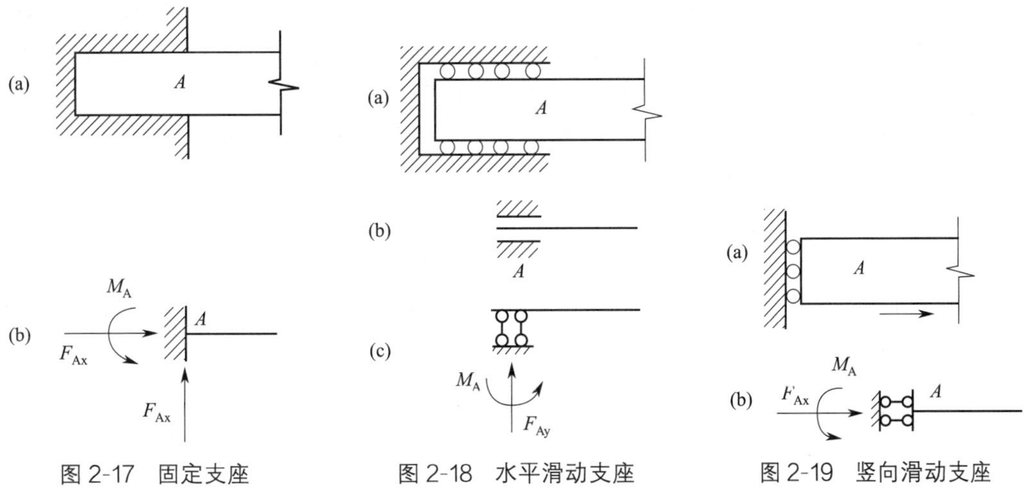

图 2-17　固定支座　图 2-18　水平滑动支座　图 2-19　竖向滑动支座

4. 结点

结构中杆件相互连接处称为结点。在计算简图中，结点通常简化为铰结点、刚结点和组合结点三种。

（1）铰结点。铰结点的特征是各杆端不能相对移动但可相对转动，可以传递力但不能传递力矩。图 2-20(a) 为一木屋架的端结点构造。此时，各杆端虽不能任意转动，但由于连接不可能很严密牢固，因而杆件之间有微小相对转动的可能。实际上结构在荷载作用下杆件间所产生的转动也相当小，所以该结点应视为铰结点［图 2-20(b)］。图 2-21(a) 为一钢桁架的结点，该处虽然是把各杆件焊接在结点板上使各杆端不能相对转动，但在桁架中各杆主要是承受轴力，因此计算时仍常将这种结点简化为铰结点［图 2-21(b)］。由此所引起的误差在多数情况下是允许的。

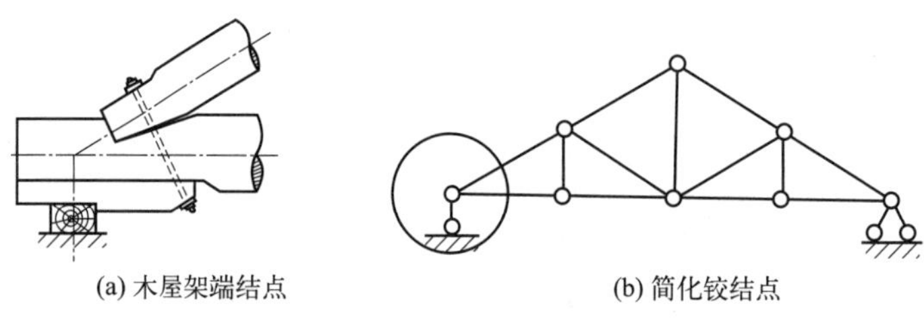

(a) 木屋架端结点　(b) 简化铰结点

图 2-20　木屋架端结点简化为铰结点

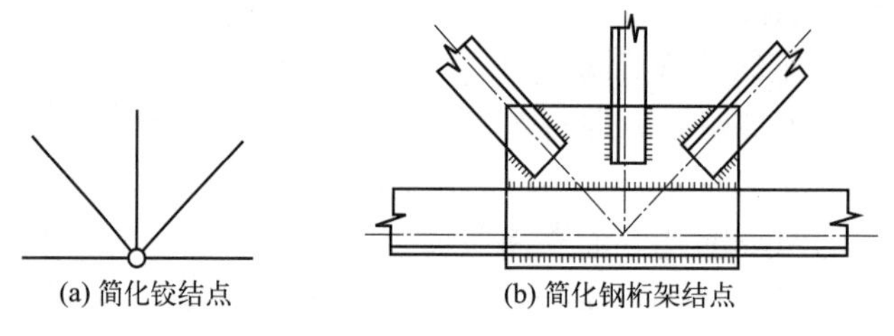

(a) 简化铰结点　(b) 简化钢桁架结点

图 2-21　钢桁架结点简化为铰结点

（2）刚结点。刚结点的特征是各杆端不能相对移动也不能相对转动，可以传递力也能传递力矩。图 2-22(a) 为一钢筋混凝土刚架的结点，上、下柱和横梁在该处用混凝土浇筑成整体，钢筋的布置也使得各杆端能够抵抗弯矩，这种结点应视为刚结点。当结构发生变形时，刚结点处各杆端的切线之间的夹角将保持不变［图 2-22(b)］。

（3）组合结点。这是指部分刚接、部分铰接的结点。例如图 2-23 所示结点，左边杆件与中间杆件为刚接，右边杆件在此处则为铰接。

5. 其他约束

（1）球铰链。通过圆球和球壳将两个构件连接在一起的约束称为球铰链，如图 2-24(a) 所示。它使构件的球心不能有任何位移，但构件可绕球心任意转动。若忽略摩擦，其约束力应是通过接触点与球心，但方向不能预先确定的一个空间法向约束力，一般用三个正交分力 F_x、F_y、F_z 表示，其简图及约束力如图 2-24(b) 所示。

（2）止推轴承。止推轴承与径向轴承不同，它除了能限制轴的径向位移以外，还能限制沿轴向的位移。因此，它比径向轴承多一个沿轴向的约束力，即其约束力有三个正交分量 F_{Ax}、F_{Ay}、F_{Az}。止推轴承的简图及其约束力如图 2-25 所示。

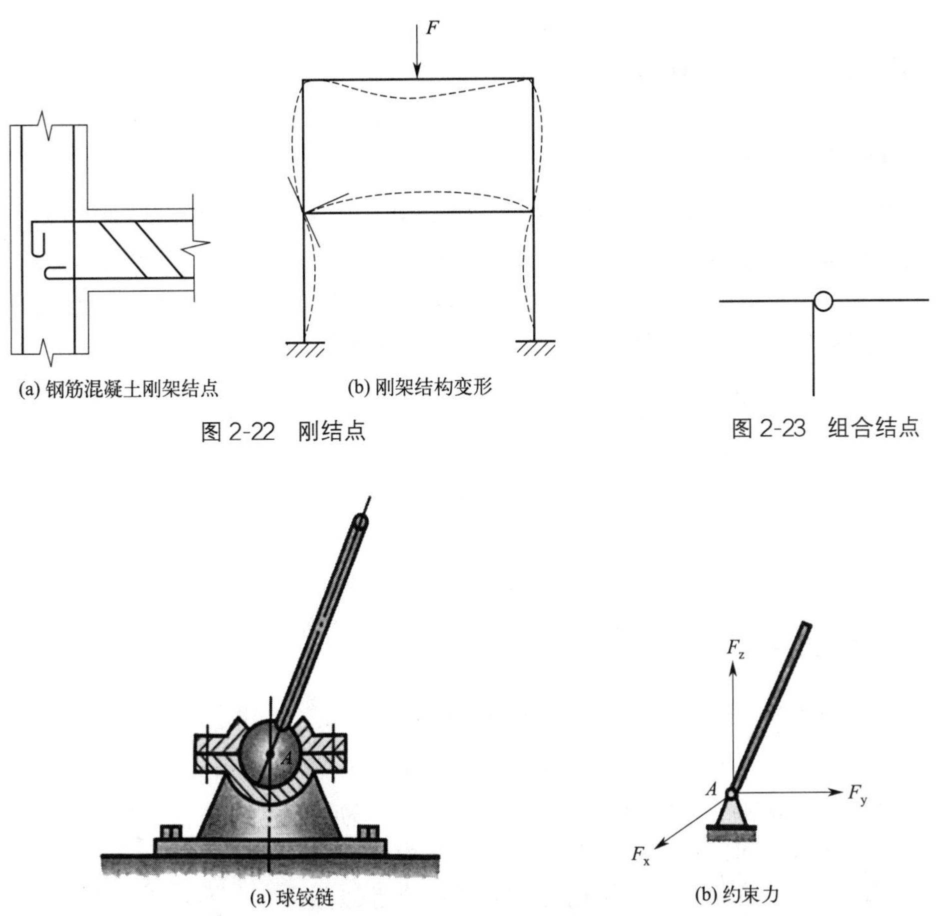

图 2-22　刚结点

图 2-23　组合结点

图 2-24　球铰链及其约束力简图

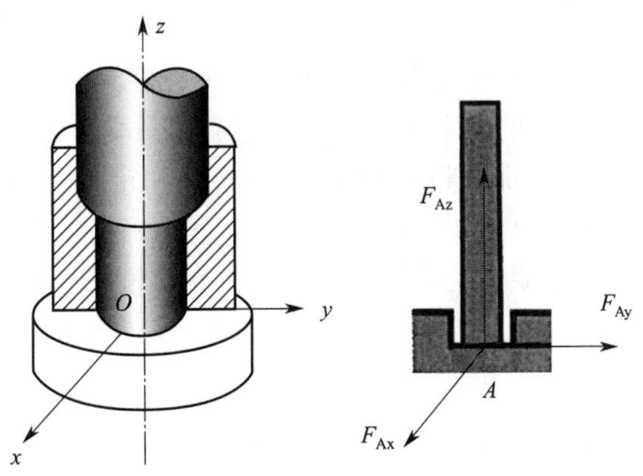

图 2-25　止推轴承及其约束力简图

以上只介绍了几种常见的约束，在工程中，约束的类型远不止这些，有的约束比较复杂，分析时需要加以简化或抽象。

2.3 结构和荷载的分类

2.3.1 结构的分类

按照几何特征，结构可分为杆系结构、薄壁结构和实体结构。杆系结构是由长度远大于其他两个尺度即截面的高度和宽度的杆件（图 2-26）组成的结构。薄壁结构是指其厚度远小于其他两个尺度即长度和宽度的结构，如板（图 2-27）和壳（图 2-28）。实体结构三个方向的尺度相近，例如水坝（图 2-29）、地基和钢球等。

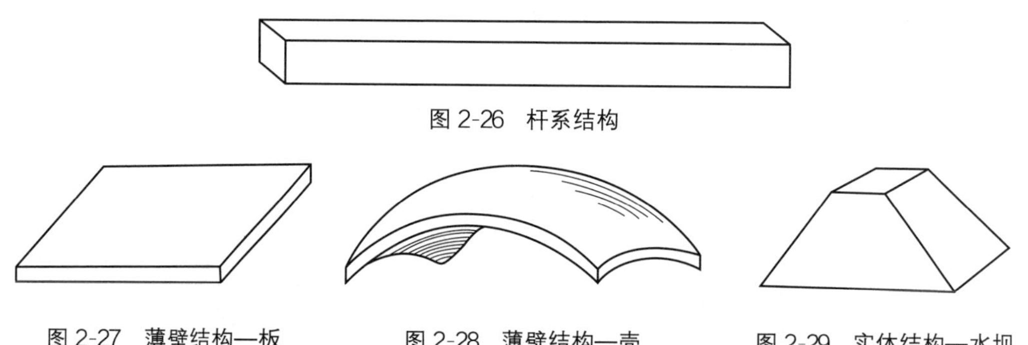

图 2-26 杆系结构

图 2-27 薄壁结构—板

图 2-28 薄壁结构—壳

图 2-29 实体结构—水坝

按照杆轴线和外力的空间位置，结构可分为平面结构和空间结构。如果结构的各杆轴线及外力（包括荷载和反力）均在同一平面内，则称为平面结构，否则便是空间结构。实际上工程中的结构都是空间结构，不过在很多情况下可以简化为平面结构或近似分解为几个平面结构来计算。当然，不是所有情况都能这样处理，有些必须作为空间结构来计算，如图 2-30 所示的塔架。

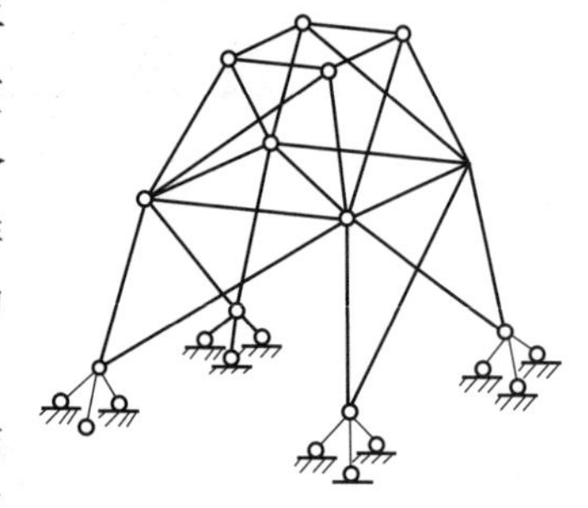

图 2-30 塔架

按照内力是否静定，结构可分为静定结构和超静定结构。这一分类在理论上具有重要意义。若在任意荷载作用下，结构的全部反力和内力都可以由静力平衡条件确定，这样的结构便称为静定结构［图 2-31(a)］；若只靠静力平衡条件还不能确定全部反力和内力，还必须考虑变形条件才能确定，这样的结构便称为超静定结构［图 2-31(b)］。

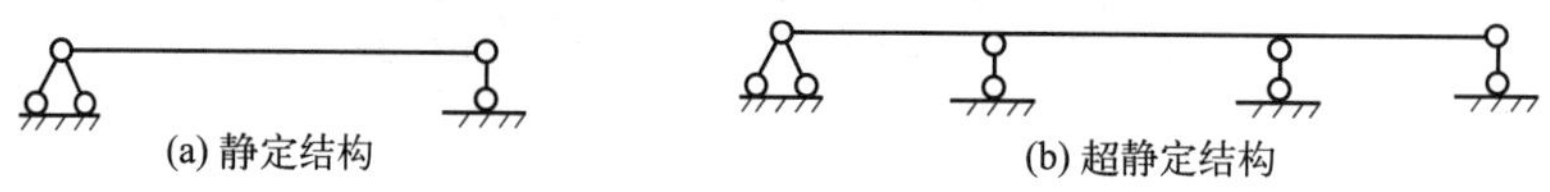

(a) 静定结构

(b) 超静定结构

图 2-31 静定结构和超静定结构

2.3.2 荷载的分类

荷载是作用在结构上的主动力。

荷载按作用时间可分为恒荷载和活荷载。恒荷载是长期作用在结构上的不变荷载，如结构的自重、土压力等。活荷载是暂时作用在结构上的可变荷载，如列车、人群、风、雪等。

按荷载的作用位置是否变化，可分为固定荷载和移动荷载。恒荷载及某些活荷载（如风、雪等）在结构上的作用位置可以认为是不变动的，称为固定荷载；而有些活荷载如列车、汽车、吊车等是可以在结构上移动的，称为移动荷载。

根据荷载对结构所产生的动力效应大小，可分为静力荷载和动力荷载。静力荷载是指其大小、方向和位置不随时间变化或变化很缓慢的荷载，它不使结构产生显著的加速度，因而可以忽略惯性力的影响。结构的自重及其他恒荷载即属于静力荷载。动力荷载是指随时间迅速变化的荷载，它将引起结构振动，使结构产生不容忽视的加速度，因而必须考虑惯性力的影响。打桩机产生的冲击荷载、动力机械产生的振动荷载、风及地震产生的随机荷载等，都属于动力荷载。

除荷载外，还有其他一些非荷载因素作用也可使结构产生内力或位移，例如温度变化、制造误差、材料收缩以及松弛、徐变等。

2.4　受力分析和受力图

在工程实际中，为了求解出未知的约束力，需要根据已知力，应用平衡条件求解。为此，首先要确定构件受了几个力、每个力的作用位置和力的作用方向，这种分析过程称为物体的受力分析。

作用在物体上的力可分为两类：一类是主动力，例如物体的重力、风力、气体压力等，一般是已知的；另一类是约束对于物体的约束力，为未知的被动力。

为了清晰地表示物体的受力情况，需要把研究的物体（称为受力体）从周围的物体（称为施力体）中分离出来，单独画出它的受力简图，这个步骤称为取研究对象或取分离体。然后，把施力物体对研究对象的作用力（包括主动力和约束力）全部画出来。这种表示物体受力的简明图形，称为受力图。

【例 2-2】 屋架如图 2-32(a) 所示。A 为固定铰支座，B 为活动铰支座，放在光滑的水平面上。已知屋架自重 P，在屋架的 AC 边上承受了垂直于它的均布的风力 q(kN/m)。要求画出屋架的受力图。

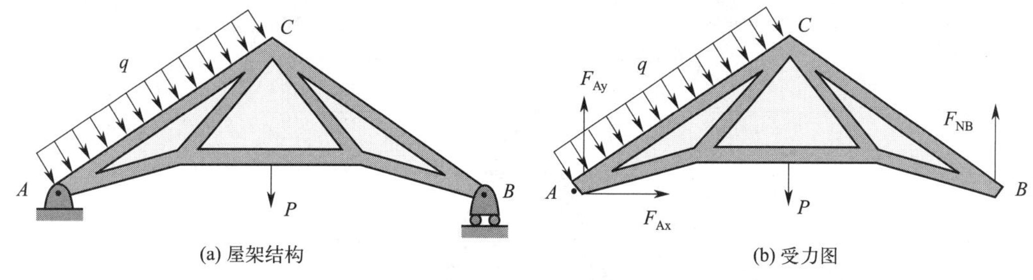

图 2-32　屋架结构及受力图

解：(1) 取屋架为研究对象，除去约束并画出其简图。

(2) 画主动力。有屋架的重力 P 和均布的风力 q。

(3) 画约束力。因 A 为固定铰支座，其约束力用两个未知的正交分力 F_{Ax} 和 F_{Ay} 表示。B 为活动铰支座，约束力垂直向上，用 F_{NB} 表示。

【例 2-3】 图 2-33(a) 所示为一折叠梯子的示意图，梯子的 AB、AC 两部分在点 A 铰接，在 D、E 两点用水平绳相连。梯子放在光滑水平地板上，自重忽略不计，点 H 处站立一人，其自重为 P。要求分别画出绳子，以及梯子左、右两部分和梯子的整体受力图。

解：（1）绳子为柔索约束，其受力图如图 2-33(b) 所示。

（2）先画梯子左边部分 AB 的受力图。其在 B 处受到光滑地板对它的法向约束力作用，以 F_{NB} 表示。在 D 处受到绳子对它的拉力作用，以 F'_D 表示。在 H 处受到主动力人重 P 的作用。在铰链 A 处，可画为两正交分力，以 F_{Ax}、F_{Ay} 表示。梯子左侧的受力图如图 2-33(c) 所示。

（3）画梯子右边部分 AC 的受力图。其在 C 处受到光滑地板对它的法向约束力作用，以 F_{NC} 表示。在 E 处受到绳子对它的拉力作用，以 F'_E 表示。在铰链 A 处，受到梯子左边部分对它的反作用力作用，以 F'_{Ax}、F'_{Ay} 表示。右边梯子的受力图如图 2-33(d) 所示。

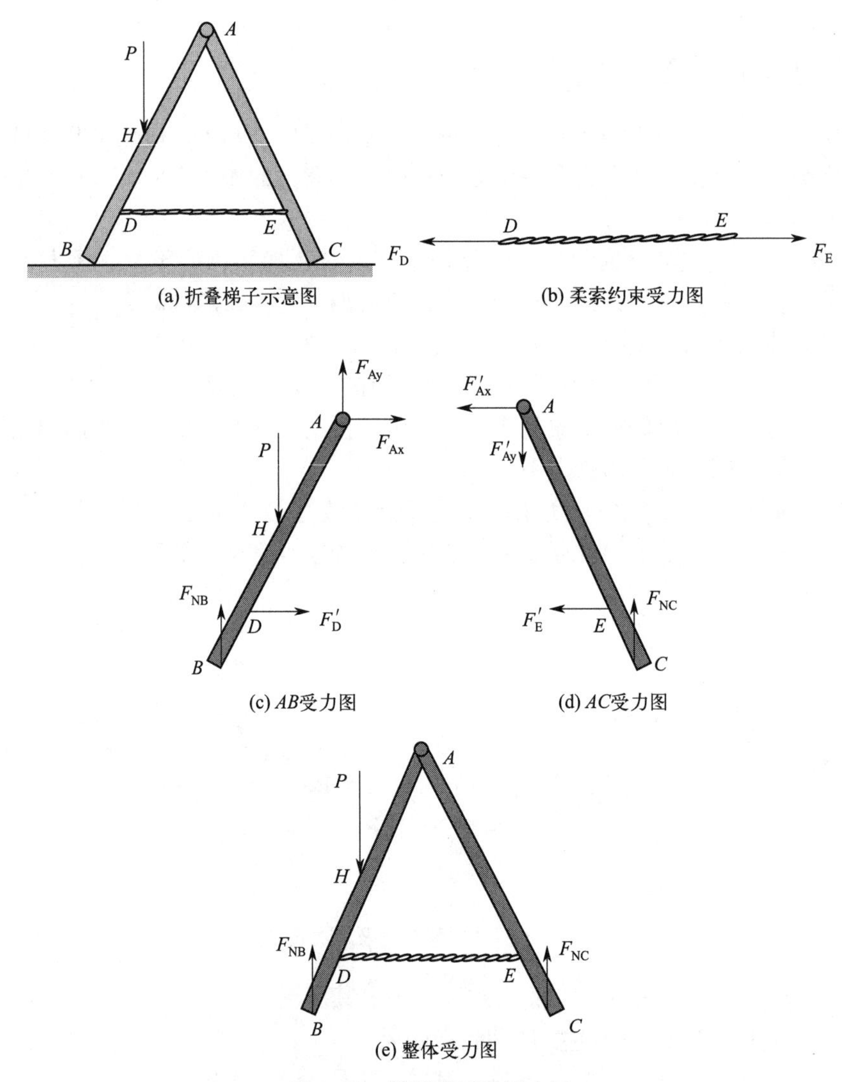

图 2-33　折叠梯子及受力图

（4）画梯子整体的受力图。在画系统（梯子）的整体受力图时，AB 与 AC 两部分在 A 处相互有力作用，在点 D 与点 E 绳子对其也有力作用，这些力是存在的，成对地作用在系统内。系统内各物体之间相互作用的力称为内力，内力是成对出现的，对系统的作用效应相互抵消。因此在受力图上一般不画出。在受力图上只画出系统以外的物体对系统的作用力，称这种力为外力。这里，人的自重 P 和地板约束力 F_{NB}、F_{NC} 是作用于系统上的外力，整个系统（梯子）的受力图如图 2-33(e) 所示。

当然，内力与外力不是绝对的，例如当把梯子两部分拆开时，A 处的作用力和绳子的拉力即为外力，但取整体时，这些力又为内力。所以，内力与外力的区分只有相对某一确定的研究对象才有意义。

正确地画出物体的受力图是分析、解决力学问题的基础，应该给予足够的重视。画受力图时必须注意以下几点：

（1）必须明确研究对象，画出其分（隔）离体图。根据求解需要，可以取单个物体为研究对象，也可以取由几个物体组成的系统（有的称为子系统）为研究对象。一般情况下，不要在一系统的简图上画某一物体或某子系统的受力图。

（2）合理确定研究对象受力的数目。主动力、约束力均是物体受力，均应画在受力图上。所取研究对象（分离体）和其他物体接触处，一般均存在约束力，要根据约束特性来确定，严格按约束性质来画，不能主观臆测。

（3）注意作用力、反作用力的画法，作用力的方向一旦假定，图上的反作用力一定与之反向。

（4）注意二力构件（杆）的判断，二力构件（杆）最好按二力构件（杆）画受力图。

（5）物体与物体未拆开（分离）处相互作用的力称为内力，内力一律不画在受力图上。

（6）受力分析过程不要用文字写出，按要求画出受力图即可。

2.5　力学模型与力学计算简图

在理论计算中，给出的基本上都是称为力学模型的计算模型，把力学模型用简单图形表示出来，称为力学简图。对任何实际的力学问题进行分析、计算时，都要将实际的力学问题抽象为力学模型，这是分析、计算过程中关键的一环，这一环节的正确性，直接影响计算过程和计算结果。

在建立力学模型时，要抓住关键、本质的方面，忽略次要的方面。将一个实际问题简化为力学模型，要在多方面进行抽象化处理。

2.5.1　简支梁的力学模型

图 2-34 是一种常见的力学模型，一般称之为简支梁。那么，什么样的实际力学问题可以用此力学模型来表示呢?

图 2-34 所示的力学模型，可以是由一实际单跨钢筋混凝土桥梁简化而来，如图 2-35 所示。钢筋混凝土梁直接放在桥墩上。固定铰支座并不是由销钉与穿孔的底座构成。活动铰支座也不是在底座和基础之间垫上滚子构成。但由于梁直接放在桥墩上，接触处存在摩擦，可以限制梁产生很大的水平位移，所以就相当于有一固定铰支座。又由于物体的弹

性，梁可以自由热胀冷缩，所以就相当于垫有滚子。因此，一实际单跨钢筋混凝土桥梁可以简化为图 2-34 所示的力学模型。

图 2-34　力学模型简图

图 2-35　单跨钢筋混凝土桥梁

类似的实际问题还有独木桥，两端直接放在河岸上；平房上的木梁，两端直接放在砖墙或泥墙上。由于同样的原因，均可用图 2-34 所示的力学模型简图表示。

2.5.2　平面桁架的力学模型

工程中，房屋建筑、桥梁、起重机、油田井架、电视塔等结构物常用桁架结构。桁架是一种由直杆在两端用铰链连接且几何形状不变的结构，桁架中各杆件的连接点被称为节点。若桁架中各杆件轴线均在同一平面内（几何平面），且载荷也位于此平面内的桁架被称为平面桁架。平面桁架就是一种简化后的力学模型。实际中的许多结构均可简化为平面桁架。

图 2-36(a) 为一木屋架示意图，经简化后，其力学模型如图 2-36(d) 所示，为一平面桁架。

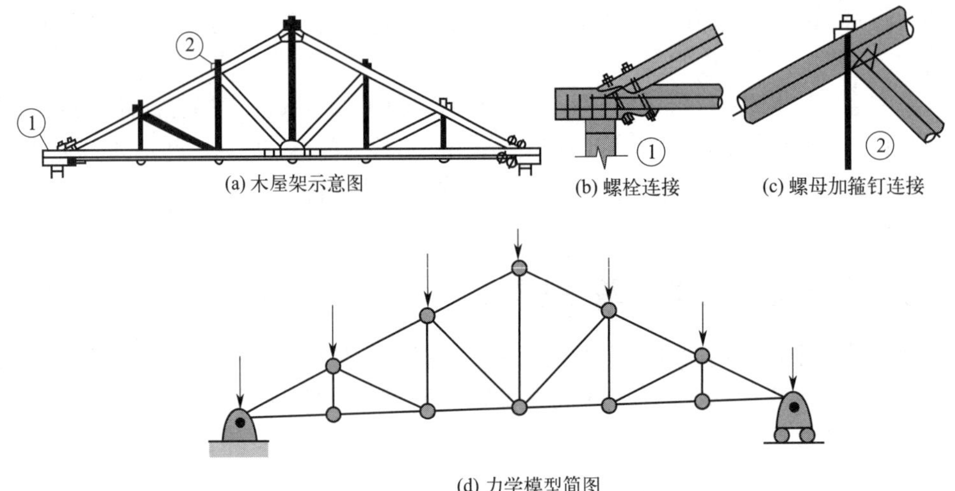

(a) 木屋架示意图　(b) 螺栓连接　(c) 螺母加箍钉连接

(d) 力学模型简图

图 2-36　木屋架及其力学模型简图

此屋架中的五根竖直杆可为铁条或木头，其他主要部分为木头。局部①处为螺栓连接，如图 2-36(b) 所示；局部②处用螺母加箍钉连接，如图 2-36(c) 所示。其各连接处并不是铰连接方式，但可以简化为铰连接。原因是：由于这种约束，主要限制杆件的线位移，而不是角位移。如同一直细铁条，细铁条短，其轴线为直线；细铁条长，则自然会弯曲。因为，杆比较细长，杆件绕连接处（点）有微小转动，这种连接（约束）限制不了杆件的转动，所以可简化为铰连接。

实际上，这些连接处还可以是铆接、焊接等，如图 2-37(a)、图 2-37(b) 所示。如果全是木质结构，这些连接处还可以是榫卯连接。

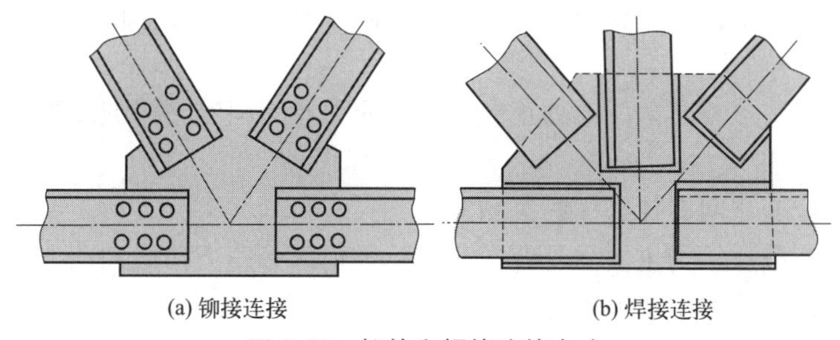

图 2-37　铆接和焊接连接方式

所以，在实际上，螺栓连接、铆接、焊接、榫卯连接等均可看作为铰链连接。

实际中的桁架，各杆件均有自重，其载荷也不作用在节点上，这样计算起来非常复杂。为了满足工程要求且简化计算，通常用力系等效替换的方法，把所有载荷均等效到节点上。

2.5.3　人体中的力学模型

对人体，在力学研究中，一般把骨骼抽象为刚体，关节处抽象为铰链，肌肉可看作为柔索，即可建立人体的力学模型。

图 2-38(a) 所示为人的胳膊呈 90°手握一重物，其重心位于点 C_1，小臂重心位于点 C_2，重量均为已知。小臂骨可抽象为一直杆，骨关节 B 处可抽象为一铰链，肌肉 CD 可看为一柔索（或拉杆），则抽象出的力学模型如图 2-38(b) 所示。给出载荷和尺寸就可计算肌肉 CD 与骨关节 B 处受力。

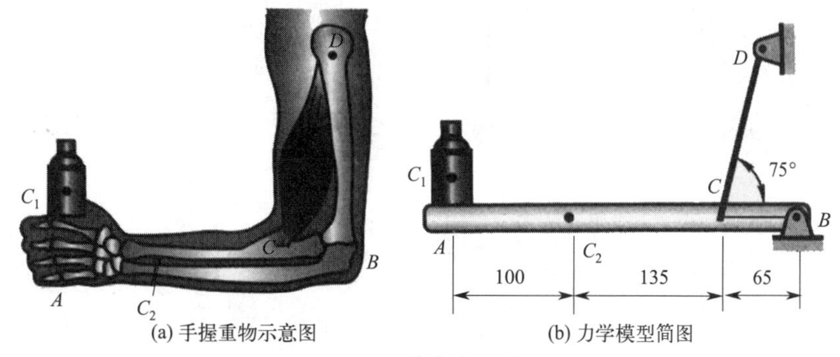

图 2-38　人体中的力学模型

由实际力学问题简化到力学模型，一般来说，是个比较复杂的问题，有时需要专门的知识或经验。本教材只是给出几个例子，以说明在实际的力学计算中，由实际力学问题到简化好的力学模型，是个非常重要的环节。

思考题

（1）物体内力与外力大小相等，方向相反依据的是什么定理？隔离体的静力平衡条件又是依据的什么定理？

（2）力偶对某一点的矩与力对某一点的矩有什么不同？

（3）何为物体的弹性变形和塑性变形？物体除了受到外力的作用会产生变形，还有哪些情况会产生变形？

（4）物体内某一点不同截面上的正应力和切应力相同吗？不同截面之间的应力是否有固定关系？

（5）应力和应变之间有什么样的关系？

（6）什么是荷载？结构主要承受哪些荷载？如何区分静力荷载和动力荷载？

（7）结构的计算简图中有哪些常用的支座和结点？

（8）画出下列每个标注字符的物体（不包含销钉、支座、基础）的受力图和系统整体受力图（图 2-39）。未画重力的物体重量均不计，所有接触处均为光滑接触。

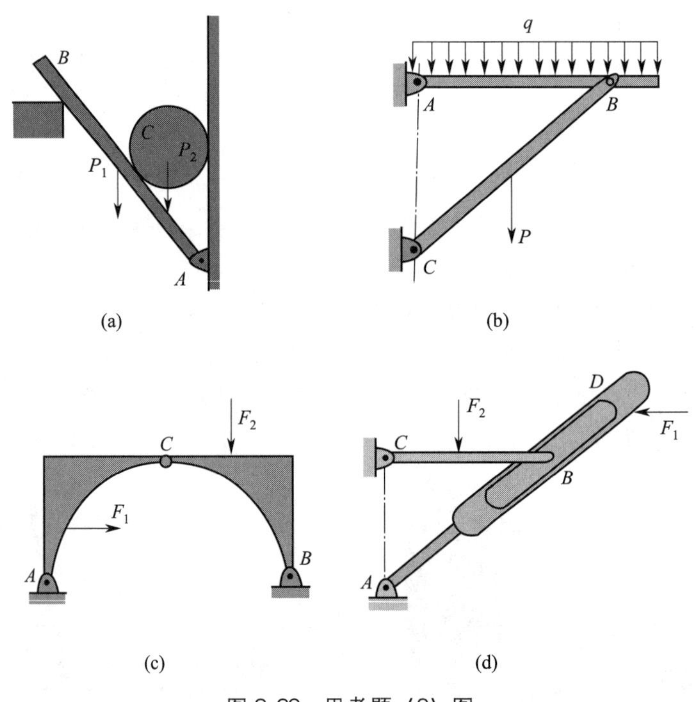

图 2-39 思考题（8）图

第 3 章　土木工程材料

土木工程材料是土木工程的物质基础。自改革开放以来，我国基本建设迅速发展，对经济发展和社会进步起到了巨大促进作用，土木工程材料使用量也非常多。2022 年，我国水泥产量 21.3 亿 t（图 3-1），钢材产量 13.4 亿 t（图 3-2），商品混凝土产量为 29.05 亿 m^3（图 3-3），为土木工程的发展奠定了坚实的物质基础。

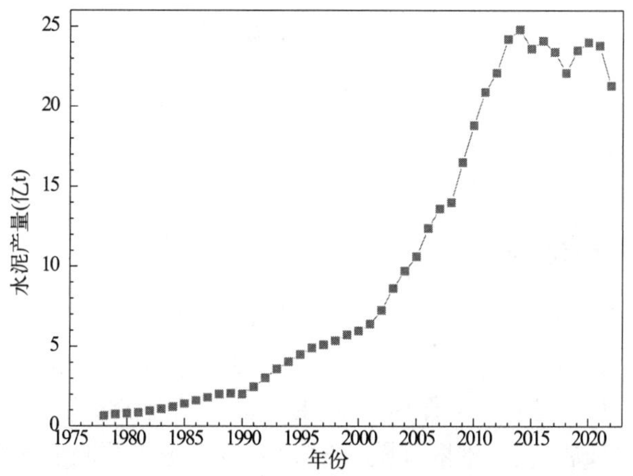

图 3-1　我国水泥产量图（1978—2022 年）

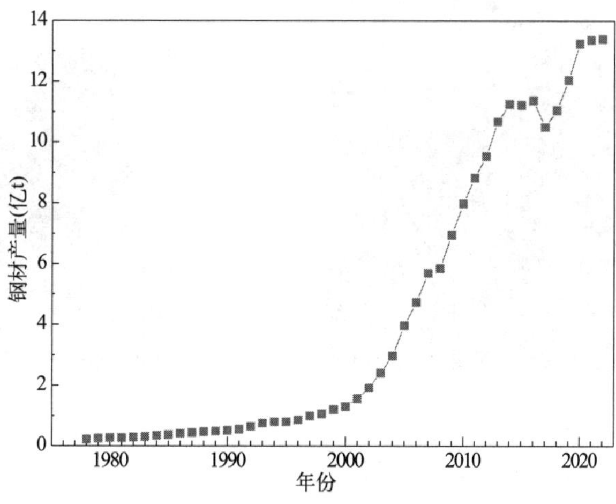

图 3-2　我国钢材产量图（1978—2022 年）

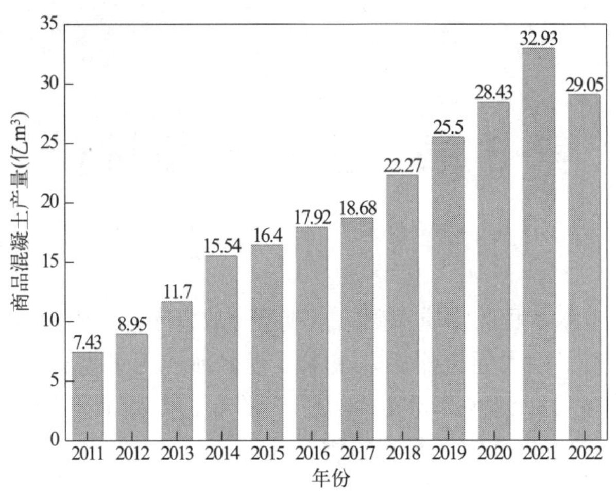

图 3-3 我国商品混凝土产量图（2011—2022 年）

3.1 土木工程材料的发展

3.1.1 天然土木工程材料

人类使用土木工程材料是从天然土木工程材料开始的，如土、木、石、竹等，其陪伴人类走过了漫长的岁月。尽管使用天然土木工程材料是因为当时的技术有限，但一些很久以前就使用这种材料的工程，一直保留到现在，如公元前 100 年左右建成的玉门关（图 3-4）和公元 1056 年建成的应县木塔（图 3-5）。天然土木工程材料就地取材，经济适用，生产时无能耗，废弃后不产生建筑垃圾，生态环保，直到现在还在使用。

图 3-4 玉门关

图 3-5 应县木塔

3.1.2 人工土木工程材料

随着社会发展进步，人类对土木工程要求越来越高，如高层建筑和大跨度桥梁对材料的承载力要求就很高，天然土木工程材料不能完全满足这些要求，人们在劳动和生产实践中，逐渐发展了各种各样的人工土木工程材料，如烧土制品（砖、瓦）、混凝土、钢材、合成高分子材料、玻璃、陶瓷和沥青等。

3.1.3　土木工程材料的可持续发展

土木工程材料为基本建设做出了巨大的贡献，但也消耗了大量的自然资源，以混凝土的骨料砂石为例，我国2022年生产的砂石用量为174亿t（图3-6），现在天然河砂、湖砂的比例已经相当少，主要来自机制砂，即天然岩石破碎后制备而得，天然资源不可再生。水泥、钢材和一些墙体材料都需要在高温下制备，会消耗大量的能源，我国能源主要来自煤炭的燃烧，这又会导致二氧化碳、三氧化硫、氮的氧化物和粉尘的排放，导致环境负荷大，影响空气质量和人类居住环境。

为了实现土木工程材料的可持续发展，应该大力发展绿色建材。绿色建材是指在全生命周期内可减少对天然资源消耗和减轻对生态环境影响，具有“节能、减排、安全、便利和可循环”特征的建材产品。具体而言，包括以下内容：

（1）原料。少用资源，多用废弃物。

（2）制造工艺。低能耗、不污染环境、不伤害人体。

（3）使用过程。多功能、改善环境、有益健康。

（4）使用之后。可回收再用，无环境污染的废弃物。

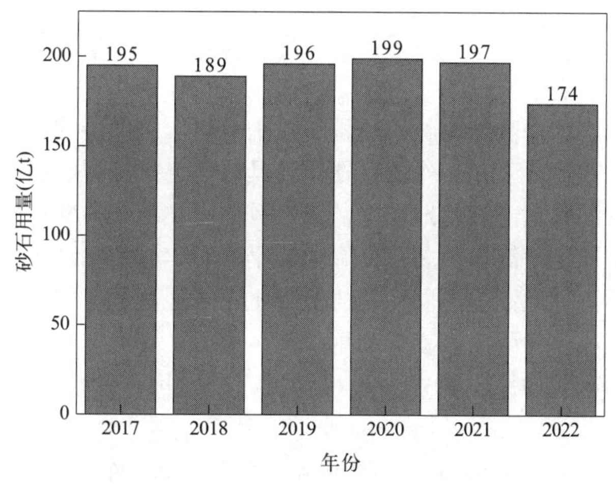

图3-6　我国砂石用量图（2017—2022年）

3.2　土木工程材料的分类

按照化学组成，通常将土木工程材料分成三类：无机非金属材料、金属材料和有机高分子材料。这三类材料各有不同的优缺点。

（1）无机非金属材料。如混凝土、烧结砖和砌块，强度、硬度高，抗腐蚀性好，电、热绝缘性好，脆性大，易开裂。

（2）金属材料。如钢材，强度高、抗冲击性能和延性好，易导电、导热，保温（隔热）、隔声和耐腐蚀性能较差。

（3）有机高分子材料。如塑料，质量轻、耐腐蚀、绝缘性好和易于加工，强度低、不耐高温和易老化。

3.3 常用土木工程材料

3.3.1 胶凝材料

胶凝材料是指能够将分散的材料粘结成整体，并使其具有一定机械强度的材料。根据化学组成，胶凝材料包括有机胶凝材料和无机胶凝材料两大类。有机胶凝材料的组分为天然的或合成的有机高分子化合物，如沥青和合成树脂。无机胶凝材料的组分为无机化合物，根据其凝结硬化条件不同，又可以分为气硬性和水硬性两类，气硬性胶凝材料与水拌合后只能在空气中硬化，也只能在空气中保持和发展强度，常见的气硬性胶凝材料有石灰、石膏和水玻璃；水硬性胶凝材料既能在空气中，也能在水中硬化、保持和发展强度，常见的水硬性胶凝材料有水泥。气硬性胶凝材料一般只适用于干燥环境，不宜用于潮湿环境，更不可用于水中。水硬性胶凝材料适用于干燥、潮湿和水下环境。

水泥是土木工程中最重要的一种胶凝材料，主要是指通用硅酸盐水泥，该水泥包括硅酸盐水泥、普通硅酸盐水泥、矿渣硅酸盐水泥、火山灰质硅酸盐水泥、粉煤灰硅酸盐水泥和复合硅酸盐水泥六个种类。

3.3.2 混凝土和砂浆

混凝土是以水泥、辅助胶凝材料、粗骨料、细骨料、水和外加剂等材料，按一定配合比，经搅拌、成型和养护等工艺制作的，硬化后具有强度的工程材料。混凝土是世界上用量最大的人造材料。混凝土能够就地取材，成本较低；在凝结前塑性好，可浇制成各种形状和尺寸；硬化后抗压强度高，耐久性良好，与钢筋有牢固的粘结力。根据不同工程的具体要求和施工条件，可以配制成不同性能的混凝土，普通混凝土的性能主要包括新拌混凝土的和易性，硬化混凝土的强度、变形和耐久性。

相对于混凝土，砂浆的原材料中少了粗骨料，一些特种砂浆中掺入的外加剂种类特别多。

按照砂浆的用途可以将砂浆分为砌筑砂浆、抹灰砂浆和特种砂浆。砌筑砂浆是指将砖、石和砌块等块材砌筑成为砌体，起粘结、衬垫和传力作用的砂浆；抹灰砂浆通常指一般抹灰工程用砂浆，即大面积涂抹于建筑物墙、顶棚、柱和地坪等表面的砂浆，起保护和找平基体、满足各种功能要求以及增加美观等作用；特种砂浆是具有特殊用途的一些砂浆，如瓷砖粘结砂浆、地面砂浆、防水砂浆、界面砂浆、自流平砂浆、填缝砂浆、饰面砂浆、修补砂浆。

按照搅拌地点，砂浆可以分为现场配制砂浆和预拌砂浆。现场配制砂浆是指将水泥、细骨料、水和其他原材料在施工现场配制成的砂浆。预拌砂浆又称商品砂浆，是指专业生产厂生产的湿拌砂浆或干混砂浆。湿拌砂浆是指将组成砂浆的所有材料（包括液料），按一定比例，在专业生产厂经计量、搅拌后，运至使用地点，并在规定时间内使用的拌合物。干混砂浆是指将组成砂浆的液料以外的所有材料，按一定比例，在专业生产厂经计量、混合后，在使用地点按规定比例加水或液料拌合使用的干态混合物，也称干拌砂浆。

3.3.3　墙体材料

墙体材料是构筑建筑物墙体的制品单元，对房屋建筑起到承重、围护或装饰作用，主要有砖、砌块和板材等。砖是建筑用的人造小型块材，其长度不超过365mm，宽度不超过240mm，高度不超过115mm。其外形多为直角六面体，也有各种异形的；砌块的长度、宽度或高度有一项或一项以上分别大于365mm、240mm或115mm，但高度不大于长度或宽度的六倍，长度不超过高度的三倍。外形多为直角六面体，也有各种异形的；墙板是用于墙体的各类建筑板材，包括大型墙板、条板和薄板等。其中大型墙板是指尺寸相当于整个房间开间（或进深）的宽度和整个楼层的高度，配有钢筋的墙板；条板是指长条形的板材，作为墙体可以竖向或者横向装配在龙骨或者框架上；薄板则是指厚度方向尺寸很小的墙板。

墙体材料的制备工艺通常包括烧结、蒸压和普通三种方式。烧结方式需要高温煅烧，如烧结普通砖、烧结多孔砖和砌块、烧结空心砖和砌块；蒸压方式是将成型的墙体材料置于一定温度和压力条件下硬化，如蒸压加气混凝土砌块和蒸压灰砂砖；普通方式是将成型的墙体材料置于自然条件硬化，其原材料中都掺有水泥、石膏等胶凝材料，如普通混凝土小型砌块和石膏砌块。

墙体材料的发展方向主要是：①节约天然材料，尽可能利用废弃资源等，促进墙体材料可持续发展。②大型。大型墙板符合装配式建筑的要求，可减少现场安装人工和时间，施工速度快。③轻质。通过多孔和空心的方式实现，可以节约原材料，降低安装重量，提高墙体材料的保温性能。④节能。建筑围护结构是建筑室内外传热的主要介质，要尽可能降低传热系数，满足建筑节能的要求。⑤复合。墙体材料尽量实现承重、保温、防水和装饰等多种功能的一体化。

3.3.4　钢材

钢材是由生铁冶炼而成，是土木工程重要的结构材料。钢材均匀致密，强度和比强度高，塑性和韧性好，容易加工和安装，施工速度快，还能够循环使用，多用于大跨度结构、多层及高层结构、受动力荷载结构、重型工业厂房结构。当前，我国正在大力推广装配式建筑，钢结构在装配式建筑中发挥的作用更加明显。但作为金属材料，钢材也具有容易腐蚀和耐火能力差两个显著的缺点，在设计和使用过程中要注意防护。

土木工程中钢材的性能通常包括力学性能和工艺性能两个方面，其中力学性能包括拉伸性能、冲击韧性、硬度和耐疲劳性等，工艺性能包括冷弯性能和焊接性能等。

在土木工程中，常用的钢材产品包括钢结构用型钢和混凝土结构用钢材。钢结构用型钢产品包括钢板、热轧工字钢、槽钢、角钢、H型钢、钢管和冷弯薄壁型钢等，它们是用不同的钢材加工而来，主要钢材包括碳素结构钢、低合金高强度结构钢、优质碳素结构钢、建筑结构用钢板、厚度方向性能钢板、耐候结构钢等。混凝土结构用钢材主要包括热轧光圆钢筋、热轧带肋钢筋、余热处理钢筋、预应力钢丝、钢绞线和螺纹钢筋等。

3.3.5 合成高分子材料

高分子材料的主要成分是高分子化合物，高分子化合物又称高聚物，是指结构单元以共价键连接而成的大分子量同系物，其分子量通常大于1000。高分子化合物分天然高分子化合物和合成高分子化合物，木材、棉、麻、丝、淀粉和天然橡胶等等属于天然高分子化合物，塑料、合成橡胶、纤维、涂料、胶粘剂等属于合成高分子材料。

合成高分子材料具有自重轻、比强度高、韧性好、导热系数小、电绝缘性能好、耐腐蚀能力强、加工性能好和装饰效果好等优点，是一种很好的非结构材料，但也具有耐热性差、强度较低、可燃和容易老化等缺点，在使用过程中要特别注意。

在土木工程领域中，最常用的合成高分子材料是塑料和橡胶。塑料是以高聚物为主要组分，在加工为成品的某阶段可流动成型的材料。在土木工程中常用的塑料包括聚乙烯（PE）、聚氯乙烯（PVC）、聚丙烯（PP）、聚苯乙烯（PS）、酚醛（PF）和环氧（EP）等，它们可以制成管材、门窗、屋顶、墙纸、地板、土工膜和保温材料等塑料制品；橡胶是指在常温下为高弹体，在很宽的温度范围（−50～150℃）内具有优异的弹性的材料。在土木工程中，常用的橡胶包括聚异戊二烯（PIP）、丁苯橡胶（SBR）、丁腈橡胶（NBR）、三元乙丙橡胶（EPDM）和苯乙烯—丁二烯—苯乙烯三嵌段热塑性弹性体（SBS）等，它们可以制成密封条、止水带、防水卷材和隔震层等橡胶制品。

3.3.6 沥青材料和沥青混合料

沥青为暗褐色或者黑色的固体或半固体，主要由烃类和非烃类有机化合物组成。自然界存在天然的沥青，但沥青主要是来自石油、煤等原料经加工得到的残渣或黏稠物，土木工程中最常用的沥青是石油沥青，即以原油为主要原料经加工得到的沥青类物质。

评价固体或半固体石油沥青的三大技术指标是针入度、延度和软化点，此外，还包括大气稳定性、密度、溶解度、闪点、燃点和蜡含量等。

石油沥青产品主要有防水防潮石油沥青、建筑石油沥青、道路石油沥青和重交通道路石油沥青，沥青还可以用来制作防水卷材和防水涂料等产品。

沥青混合料是由矿料与沥青结合料等拌合形成的混合物。按照制备温度，沥青混合料可以分为热拌、温拌和冷拌三种方式，热拌沥青混合料的拌制温度高于140℃，温拌沥青混合料的拌合温度要低一些，但性能能够达到热拌沥青混合料的同等水平，冷拌沥青的拌合温度是常温。按矿料级配组成及空隙率大小，沥青混合料还可以分为密级配、半开级配和开级配沥青混合料。密级配沥青混合料由按密实级配原理设计组成的各种粒径颗粒的矿料与沥青结合料拌合而成，设计空隙率较小，包括密实式沥青混凝土混合料和密实式沥青稳定碎石混合料；开级配沥青混合料的矿料级配主要由粗集料嵌挤而成，粗集料及填料较少，设计空隙率为18%；半开级配沥青混合料是由适当比例的粗集料、细集料及少量填料（也可不加）与沥青结合料拌合而成，马歇尔标准击实成型试件的剩余空隙率在6%～12%之间。

3.3.7 木材

木材是一种可再生的天然建筑材料，具有轻质高强、韧性好、抗冲击、隔热、保温、耐久性较好（适当保护）、易加工、装饰效果好、绝缘和无毒等许多优点，既可以用作结构材料，也可以用于功能材料，在古代建筑中发挥了重要作用，当今依然是一种非常重要而且应用广泛的建筑材料。但也有一些缺点，比如呈各向异性，自然缺陷多，干缩湿胀，使用不当易翘曲、开裂，防护不当容易腐朽、霉烂和虫蛀，易燃烧，耐火性能差，在使用的时候要注意防护。

木材来源于树木，树木的种类不同，木材的性质会有较大的差别。通常将树木分为针叶树和阔叶树两大类。针叶树的树干直而高大，木质较软，易于加工，如松树、杉树和柏树等，其强度较高，表观密度小，胀缩变形小，可用作承重构件、门窗和地板材料；阔叶树的树干通直部分较短，木质较硬，加工困难，表观密度大，易于胀缩、翘曲和开裂，如榆树、水曲柳、柞木、杨树、桦树和柳树等，其板面美观，可用作内部装修、家具制作和胶合板。

3.4 对常用土木工程材料的要求

3.4.1 混凝土

根据《混凝土结构设计标准》GB/T 50010—2010，混凝土的强度等级应满足表3-1的规定。

混凝土结构对混凝土强度等级的要求 **表3-1**

混凝土结构类别	混凝土强度等级
素混凝土结构	≥C20
钢筋混凝土结构	≥C25
预应力混凝土楼板结构	≥C30
其他预应力混凝土结构构件	≥C40
钢筋强度等级≥500MPa	≥C30
承受重复荷载的钢筋混凝土构件	≥C30

3.4.2 钢材

根据《钢结构设计标准》GB 50017—2017，钢结构用型钢产品主要有钢板、热轧工字钢、槽钢、角钢、H型钢和钢管。钢结构用钢材主要有以下产品：

（1）结构钢。《碳素结构钢》GB/T 700—2006中Q235钢、《低合金高强度结构钢》GB/T 1591—2018中Q345、Q390、Q420和Q460钢。

（2）钢板。《建筑结构用钢板》GB/T 19879—2023中Q345GJ钢。

（3）*Z*向钢。《厚度方向性能钢板》GB/T 5313—2023。

（4）耐腐蚀或侵蚀用钢。《耐候结构钢》GB/T 4171—2008中Q235NH、Q355NH、Q415NH钢。

（5）铸钢件。《一般工程用铸造碳钢件》GB/T 11352—2009，《焊接结构用铸钢件》GB/T 7659—2010。

(6) 连接材料。焊接材料和紧固材料。

根据《混凝土结构设计标准》GB/T 50010—2010，混凝土结构用钢筋如表 3-2 所示。

混凝土结构对钢筋的要求 **表 3-2**

钢筋受力情况		钢筋类型	
纵向受力普通钢筋	可采用	HRB400、HRB500、HRBF400、HRBF500	HPB300、RRB400
梁、柱和斜撑构件的纵向受力普通钢筋	宜采用		—
箍筋	宜采用		HPB300
预应力筋	宜采用	预应力钢丝、钢绞线和预应力螺纹钢筋	

3.4.3 砂浆

根据《砌体结构设计规范》GB 50003—2011，砂浆的强度等级应按下列规定采用：

(1) 烧结普通砖、烧结多孔砖、蒸压灰砂普通砖和蒸压粉煤灰普通砖砌体采用的普通砂浆强度等级：M15、M10、M7.5、M5 和 M2.5。蒸压灰砂普通砖和蒸压粉煤灰普通砖砌体采用的专用砌筑砂浆强度等级：Ms15、Ms10、Ms7.5 和 Ms5。

(2) 混凝土普通砖、混凝土多孔砖、单排孔混凝土砌块和煤矸石混凝土砌块采用的砂浆强度等级：Mb20、Mb15、Mb10、Mb7.5 和 Mb5。

(3) 双排孔或多排孔轻集料混凝土砌块砌体采用的砂浆强度等级：Mb10、Mb7.5 和 Mb5。

(4) 毛料石、毛石砌体采用的砂浆强度等级：M7.5、M5 和 M2.5。

注意：确定砂浆强度等级时应采用同类块体为砂浆强度试块底模。

3.4.4 砌块

1. 承重结构块体的强度等级

根据《砌体结构设计规范》GB 50003—2011，承重结构块体的强度等级应按下列规定采用：

(1) 烧结普通砖、烧结多孔砖的强度等级：MU30、MU25、MU20、MU15 和 MU10。

(2) 蒸压灰砂普通砖、蒸压粉煤灰普通砖的强度等级：MU25、MU20 和 MU15。

(3) 混凝土普通砖、混凝土多孔砖的强度等级：MU30、MU25、MU20 和 MU15。

(4) 混凝土砌块、轻集料混凝土砌块的强度等级：MU20、MU15、MU10、MU7.5 和 MU5。

(5) 石材的强度等级：MU100、MU80、MU60、MU50、MU40、MU30 和 MU20。

注意：用于承重的双排孔或多排孔轻集料混凝土砌块砌体的孔洞率不应大于 35%；对用于承重的多孔砖及蒸压硅酸盐砖的折压比限值和用于承重的非烧结材料多孔砖的空洞率、壁及肋尺寸限值、碳化和软化性能要求应符合现行国家标准《墙体材料应用统一技术规范》GB 50574—2010 的有关规定。

2. 自承重墙块体的强度等级

根据《砌体结构设计规范》GB 50003—2011，自承重墙块体的强度等级应按下列规定采用：

（1）空心砖的强度等级：MU10、MU7.5、MU5 和 MU3.5。

（2）轻集料混凝土砌块的强度等级：MU10、MU7.5、MU5 和 MU3.5。

思考题

（1）什么是绿色建材？

（2）土木工程材料按化学组成分为哪些种类？各有什么优缺点？

（3）请列举常用的土木工程材料。

第 4 章　地基与基础工程

承受建（构）筑物荷载的岩土层称为地基。将上部结构荷载传递给地基的下部结构称为基础。良好的地基是建（构）筑物顺利施工和正常使用的先决条件，工程地质勘察可查明场地水文地质条件，对地基进行评价和提出处理建议，为基础设计和施工提供重要依据。基础一般埋置于天然地基上，当天然地基不能满足承载能力和变形的设计要求时，需要采取适当的地基处理措施。基础在地面以下需有一定的埋置深度，以保证建（构）筑物的稳定，明挖基坑时，边坡的稳定性分析和基坑支护结构的设计尤为重要。基础是连接上部结构和地基的重要结构，需综合考虑水文地质条件、建（构）筑物的重要性和需求、对周边环境的影响、经济性等进行设计。

4.1　工程地质勘察

工程地质勘察，又称岩土工程勘察，简称“工程勘察”，是土木工程建设的基础工作。主要通过地质测绘、勘探、室内试验、原位试验等工作，查明建设地区工程地质条件，提出定性或定量的工程地质评价，为工程建设规划、设计和施工提供地质依据，以充分利用有利的自然地质条件，避开或改造不利的地质因素，促进工程建设顺利开展。

4.1.1　工程地质勘察的任务

工程地质勘察的任务主要有以下几个方面：

（1）查明区域和建筑场地的工程地质条件，对区域稳定性、场地稳定性和建筑适宜性进行技术论证，指出场地内不良地质的发育情况及其对工程建设的影响。

（2）查明工程范围内地层的分布及其物理力学性质、地下水活动条件，特别是基础下持力层和软弱下卧层的工程性质和物理力学参数。

（3）评价地基土的工程性质和工程地质问题，预测施工过程中可能出现的开挖、降水、沉桩等各种岩土工程问题，并提出相应的防治措施和施工建议。

（4）论证场地内建筑总平面布置、岩土工程设计、岩土体加固处理、不良地质现象的整治等具体方案，并提出可行性建议。

（5）预测由于周围场地及环境的变化对拟建建筑场地可能造成的影响，预测工程施工过程中对地质环境和周围建筑物的影响，并提出措施与建议。

（6）指导岩土工程在运营和使用期间的长期观测工作，如建筑物的沉降和地基变形。

（7）地震设防区划分场地土类型和场地类别，并进行场地与地基的地震效应评价。

4.1.2　工程地质勘察的阶段

工程地质勘察应与设计相配合，不同的行业、工程类型大小及重要性，地质条件的复杂程度以及不同的设计阶段，所勘察内容的侧重点不同。工程地质勘察按先后顺序可分为可行性勘察（或选址勘察）、初步勘察、详细勘察和施工勘察四个阶段。其中，可行性勘察（或选址勘察）应符合选址方案的要求；初步勘察应符合初步设计的要求；详细勘察应符合施工图设计的要求；对于场地条件复杂或有特殊要求的工程，宜进行施工勘察。对于地质条件简单、建筑物占地面积不大的场地，或已有充分的工程地质资料和工程经验的地区，可适当简化勘察阶段，跳过可行性勘察（或选址勘察），有时甚至将初步勘察和详细勘察合并为一次性勘察。下面简要介绍各勘察阶段应侧重解决的问题。

1. 可行性勘察（或选址勘察）

可行性勘察（或选址勘察）对于大型工程而言是非常重要的环节，其主要任务是获得拟选场址方案的勘察资料，从总体上评价拟建场地的适宜性和稳定性，以便在方案设计阶段选出最佳的场址方案。可行性勘察以搜集已有资料为主，对于重点工程或关键部位需要进行现场勘察和补充调查，以避开不良地质条件场地，已有资料不足以说明问题时，应进行工程地质测绘和必要的勘探工作。

2. 初步勘察

初步勘察是在选定的建设场址上进行的，其主要任务是对初步选定的场址，根据场地条件布置适量的勘探测试工作，评价场地内建筑地段稳定性，确定建筑总平面布置和主要建筑物地基基础设计方案，论证不良地质作用的防治方案，满足初步设计要求。初步勘察时，在搜集分析已有资料的基础上，根据需要和场地条件还应进行工程勘探、测试以及地球物理勘探工作。

3. 详细勘察

经可行性勘察（或选址勘察）和初步勘察，基本查明满足初步设计所需的工程地质资料。详细勘察是在初步设计完成之后，针对具体地段的地基问题进行勘察，提供详细的地质资料，对建筑地基进行岩土工程评价，提出对地基类型、基础形式、地基处理、基坑支护、工程降水、不良地质作用的防治等方面的建议，为施工图设计、不良地质作用的整治设计及施工方案的合理选择提供依据。详细勘察以勘探、室内试验和原位测试为主，必要时可补充地球物理勘探、工程地质测绘和调查工作。

4. 施工勘察

施工勘察是指直接为施工服务的各项勘察工作，解决与施工有关的岩土工程问题。如对于重要建筑的复杂地基，需在开挖基槽后进行验槽，核实地质条件与勘察报告是否相符；论证地基加固方案是否合理；对施工中的斜坡失稳，需进行观测及处理；深基坑施工需进行测试等。

各勘察阶段联系紧密，前一勘察阶段多为后续勘察阶段的基础。工程地质勘察从开始到结束，包括编写勘察纲要（勘察工作的设计书）、进行工程地质测绘与调查、进行勘探和测试工作、进行长期观测工作、岩土工程分析评价、形成勘察报告等步骤。

各类工程建设项目的类型不同，要求勘察的对象不同，各行业设计阶段的划分不完全一致，因此勘察阶段的划分和所采用的勘察规范也有所区别。除公路、铁路、水利水电、港口及与其工程相对应的行业勘察规范外，其他建设工程的工程勘察多采用《岩土工程勘察规范（2009年版）》GB 50021—2001。

4.1.3 工程地质测绘

工程地质测绘是工程地质勘察中一项最重要、最基本的勘察方法。工程地质测绘是采用搜集资料、调查访问、地质测量、遥感解译等手段，查明场地及其邻近地段的地形地貌和地质条件，并按精度和比例尺要求绘制相应的工程地质图。工程地质图作为工程地质勘察的重要成果，可以给建筑规划、设计和施工部门提供参考，其可为勘察方案布置、场地稳定性和适宜性评价提供依据。

常用的工程地质测绘方法有相片成图法和实地测绘法等。相片成图法的步骤包括：结合解释标志和所掌握的区域地质资料，把判明的地貌、地质构造、地层岩性、水系和不良地质现象等，绘于地面摄影或航空（卫星）摄影的单张相片上，并在相片上标记出需调查的点和线，据此实地调查、核对、修正和补充，再将结果转绘为工程地质图。当无航测等相片时，工程地质测绘主要依据野外工作实地测绘。

目前，遥感技术已在工程地质测绘中得到广泛应用。遥感是根据电磁辐射理论，应用现代技术中的各种探测器，对远距离目标辐射来的电磁波信息进行接收，并传送到地面接收站加工处理成遥感资料（图像或数据），用来探测识别目标物的整个过程。将卫星图像和航空图像的解释应用于工程地质测绘，能在很大程度上节省地面测绘的工作量，提高测绘质量与效率。

4.1.4 工程地质勘探

工程地质勘探是在工程地质测绘的基础上，采用直接开挖或利用机械工具深入地下，查明地表以下的工程质量问题，获得地下深层地质情况而进行的工作。常用的工程地质勘探方法有坑（槽）探、钻探、触探和地球物理勘探等。

1. 坑（槽）探

坑（槽）探是指在工程场地挖掘坑、槽、井、洞，以便直接观察岩土层的天然状态以及地层的地质结构，绘制地层剖面图，并能取出接近实际结构的原状土样的一种常用勘探方法。

2. 钻探

钻探是工程地质勘察中应用最为广泛的一种勘探手段，是利用钻机向地下钻孔，分层采取岩芯和土样，用以鉴别地层构造和测定岩土的物理力学性质的工作。钻探方式应根据工程量、深度及地层情况而定，包括机械钻探和小型钻具钻探。机械钻探包括冲击式和回转式。冲击钻机是利用钻具上下冲击破碎土层进行钻孔，用取样器取出土样，但不能采取原样土。回转钻机是利用钻机转盘带动钻具旋转钻孔并割取柱状原岩土样，供试验分析使用。对钻探深度不大的中小型工程，可以使用轻便的人力螺旋钻具，由两人推动钻杆，使钻具钻入土层并钻取土样，其深度在 10m 以内。

3. 触探

触探是通过探杆用静力或动力将金属探头压入土层，测定各层土对触探头的贯入阻力大小，间接判断土层性质的勘探方法和原位测试技术。作为勘探手段，触探可用于划分土层、了解地层的均匀性；作为测试技术，触探可估计地基承载力和土的变形指标等。触探法操作简便，无须取原样土。

触探法可分为动力触探和静力触探两种。动力触探是将一定重量的穿心锤从规定高度自由落下，将探头打入土层中，记录锤击钻探头打入土中达到某一深度的锤击数，用以评定土层承载力基本值。静力触探是将贴有电阻应变片的勘探头通过静力压入土层，测定应变片电阻的变化，计算探头压入土层时受到的阻力，由此测定土的力学性质及地基的承载力。

4. 地球物理勘探

因不同的岩石、土层和地质构造往往具有不同的物理性质，利用其导电性、磁性、弹性、湿度、密度和天然放射性等的差异，通过专门的物探仪器的量测，便可区分和推断有关地质问题。地球物理勘探（简称“物探”）是通过仪器在地面、空中和水上观测和研究地球物理场的分布和变化，并结合有关地质资料来探测地层岩性、地质构造等地质条件的勘探方法。

常用的工程物探方法有电法、电磁法、地震波法、声波法、地球物理测井等。其中，应用最普遍的是电法勘探，它常在地质勘察的初期使用，可初步了解工程地质条件，结合工程地质测绘，也可常用于古河道、洞穴、地下管线等工程。地球物理勘探发展很快，不断有新的技术方法出现，如近年来发展起来的瞬态多道面波法、地震 CT 法、电磁波 CT 法等，探测效果很好。

4.2　地基与地基处理

良好的地基是建（构）筑物顺利施工和正常使用的先决条件，当地基不能满足承载能力和变形的设计要求时，需要采取适当的地基处理措施，以改善地基的工程性质。

4.2.1　地基土的分类与工程特性

地基土是岩石经风化、剥蚀、搬运、沉积形成的固体矿物、水和空气的集合体。地基土是自然界的产物，是一种三相碎散堆积物。

1. 土的工程分类

目前，土的工程分类体系有如下两种：

（1）建筑工程系统的分类体系：侧重于把土作为建筑地基和环境，以原状土为主要对象，如我国国家标准《建筑地基基础设计规范》GB 50007—2011、《岩土工程勘察规范（2009 年版）》GB 50021—2001 以及英国基础试验规程等的分类。

（2）材料系统的分类体系：侧重于把土作为建筑材料，用于路、坝等工程，以扰动土为主要对象，如我国国家标准《土的工程分类标准》GB/T 50145—2007、公路路基土分类法和美国材料协会的土质统一分类法等。

我国建设工程常用上述第一类土的工程分类体系。《建筑地基基础设计规范》GB 50007—2011 按土粒大小、粒组的土粒含量或土的塑性指数 I_p（表示土处于可塑状态的含水量变化范围的指数）把地基土分为岩石、碎石土、砂土、粉土、黏性土和人工填土等。

岩石坚硬程度根据岩块的饱和单轴抗压强度 f_{rk} 进行分类，如表 4-1 所示；碎石土是指粒径大于 2mm 的颗粒含量超过全重 50％的土，其分类如表 4-2 所示；砂土是指粒径大于 2mm 的颗粒含量不超过全重 50％且粒径大于 0.075mm 的颗粒含量超过全重 50％的土，其分类如表 4-3 所示；粉土是指粒径大于 0.075mm 的颗粒含量不超过全重 50%且 $I_p \leqslant 10$ 的土，分为砂质粉土（粒径小于 0.005mm 的颗粒含量不超过全重 10%的粉土）和黏质粉土（粒径小于 0.005mm 的颗粒含量超过全重 10%的粉土）；黏性土是指 $I_p > 10$ 的土，分为粉质黏土（$10 < I_p \leqslant 17$）和黏土（$I_p > 17$）。

岩石坚硬程度的划分 **表 4-1**

坚硬程度类别	坚硬岩	较硬岩	较软岩	软岩	极软岩
饱和单轴抗压强度标准值 f_{rk}(MPa)	$f_{rk} > 60$	$60 \geqslant f_{rk} > 30$	$30 \geqslant f_{rk} > 15$	$15 \geqslant f_{rk} > 5$	$f_{rk} \leqslant 5$

碎石土的分类 **表 4-2**

土的名称	颗粒形状	粒组含量
漂石	圆形及亚圆形为主	粒径大于 200mm 的颗粒超过全重的 50%
块石	棱角形为主	
卵石	圆形及亚圆形为主	粒径大于 20mm 的颗粒超过全重的 50%
碎石	棱角形为主	
圆砾	圆形及亚圆形为主	粒径大于 2mm 的颗粒超过全重的 50%
角砾	棱角形为主	

砂土的分类 **表 4-3**

土的名称	粒组含量
砾砂	粒径大于 2mm 的颗粒占全重的 25%~50%
粗砂	粒径大于 0.5mm 的颗粒超过全重的 50%
中砂	粒径大于 0.25mm 的颗粒超过全重的 50%
细砂	粒径大于 0.075mm 的颗粒超过全重的 85%
粉砂	粒径大于 0.075mm 的颗粒超过全重的 50%

注：分类时应根据粒组含量由大到小以最先符合者确定。

此外，还有一种特殊地理环境（区域）或人为条件下形成的具有特殊性质的土，称为特殊土，如淤泥和淤泥质土、膨胀土、盐渍土等，由于其工程性质特殊，常无法满足建筑施工和结构的正常使用需求，需进行加固处理方可用作地基。

2. 土的工程特性

土是由固体矿物、流体水和气体构成的三相碎散堆积物，为非连续介质，其性质介于固体和流体之间。土与其他连续介质的建筑材料相比，具有下列三个显著的工程特性：

1）压缩性高

土体受到外加荷载时，固体矿物颗粒会发生相对移动，使颗粒排列更致密，土中孔隙体积逐渐减小，土体发生压缩变形。与其他建筑材料相比，土较容易被压缩而发生变形。反映材料压缩性高低的指标是弹性模量 E（土称变形模量），其随材料性质不同而存在极大差异，如钢材（$E_1 = 2.1 \times 10^5$ MPa）、C20 混凝土（$E_2 = 2.6 \times 10^4$ MPa）、卵石（$E_3 = 40 \sim 50$MPa）、饱和细砂（$E_4 = 8 \sim 16$MPa）。一般将变形模量大于 15MPa 的土称为低压缩性土，变形模量为 4~15MPa 的土称为中压缩性土，变形模量小于 4MPa 的土称为高压缩性土。

2）强度低

土体发生破坏一般为滑移破坏，即颗粒之间发生大面积的相对滑移，土体中出现滑裂面。如建筑物地基的破坏、边坡滑动以及挡土墙的移动和倾倒等，都是由于土内的剪应力超过其本身的抗剪强度而引起的。因此，土的强度一般特指抗剪强度，而非抗压强度或抗拉强度。土的抗剪强度比其他建筑材料都低得多。

3）透水性大

土是由大小相差悬殊的固体颗粒堆积而成的非连续介质，其颗粒间存在大量孔隙，水可以透过这些孔隙流动。土的透水性比木材、混凝土都大，尤其是粗颗粒的卵石或砂土，其透水性更大。

上述土的三个工程特性（压缩性高、强度低、透水性大）与建筑工程设计和施工关系密切，需高度重视。

4.2.2　地基沉降

上部建筑荷载通过基础传递给地基，并在地基中扩散下去。因此，地基承受了较大的建筑荷载，在荷载的作用下，地基土孔隙体积逐渐减小，产生压缩变形（主要是竖向变形），从而引起建筑物的沉降或倾斜。地基变形的大小主要取决于土的压缩性，还与结构物的荷载大小、基础刚度，以及基础的埋深、形状、尺寸等有关。

1. 地基变形特征

地基变形的特征可分为沉降量、沉降差、倾斜和局部倾斜四种。

（1）沉降量特指基础中心的沉降量。

（2）沉降差指同一建筑物中，相邻两个基础沉降量的差值。沉降差过大，会使相应的上部结构产生额外应力，超过限度时，建筑物将产生裂缝、倾斜，甚至破坏。

（3）倾斜特指独立基础倾斜方向两端点的沉降差与其距离的比值，以‰表示。倾斜过大，遇台风或强烈地震时危及建筑物整体稳定，甚至倾覆，对于多层或高层建筑和烟囱、水堰水塔等高耸结构，应以倾斜值作为控制指标。

（4）局部倾斜指砖石砌体承重结构，沿纵向 6～10m 内基础两点的沉降差与其距离的比值，以‰表示。局部倾斜过大，往往使砖石砌体承受弯矩而拉裂，对于砌体承重结构设计，应由局部倾斜作为控制指标。

基础工程设计时需要考虑上述变形特征值，其目的是预测建筑物建成后的沉降是否超过建筑物安全和正常使用允许值（规范规定）。若超出允许值，需改善基础设计方案，并考虑采取工程措施以减小沉降给建筑物造成的危害。

2. 防止地基有害变形的措施

工程上通常从以下几个方面采取措施，避免出现过大沉降或差异沉降。

1）减小沉降量的措施

（1）减小基底附加压力。上部结构采用轻质材料，尽量减轻上部结构自重；减少填土，增设地下室；当地基中无软弱下卧层时，可加大基础埋深。

（2）对地基进行预处理。采用机械压密、强力夯实、换土垫层等地基处理措施。

（3）采用桩基础等其他深基础。

2）减小沉降差的措施

（1）设计中尽量使上部荷载中心受压，均匀分布。尽量避免复杂的平面布置，尽量减小同一建筑物各组成部分的高度以及作用荷载的差值。

（2）妥善安排施工顺序。建筑物高、重部位的沉降大，安排优先施工。

此外，还可采取措施提高上部结构对沉降和差异沉降的适应能力，如合理设置沉降缝、圈梁与构造柱等，采用十字交叉形基础、箱形基础等。设计时，应从具体工程情况出发，因地制宜，选用合理、有效、经济的一种或几种措施。

4.2.3 地基承载力

地基承受建筑荷载作用后，土体的内部剪应力增加。当剪应力增加到一定程度，超出了地基土的承受能力，基础下一部分土体将沿滑动面发生剪切破坏，地基失去稳定，建筑物将发生严重的塌陷、倾倒等破坏。

地基土稳定状态下所能承受的最大基底压力称为地基承载力。确定地基承载力的方法有规范查表法、理论公式计算法、现场原位测试法和经验估算法。在基础设计时，要求建筑物基底压力不超过规范规定的地基承载力，以避免地基土在荷载作用下发生强度（剪切）破坏，从而满足建筑物地基承载能力要求。同时，还需使建筑物沉降量和沉降差在规范允许范围内，以满足建筑物正常使用要求。

1. 影响地基承载力的因素

土的抗剪强度是指土体抵抗剪切破坏的能力，地基承载力取决于地基土的抗剪强度。地基土的物理力学性质是影响承载力高低的直接因素，含水量（w）高、孔隙比（e）大、重度（γ）小的地基土抗剪强度低，承载力也低。工程上常常采用强度指标黏聚力（c）和内摩擦角（φ）判定土的承载能力，土的γ、c、φ越大，地基土抗剪强度越高，承载力也越高。强度指标c、φ通常采用室内试验测定，其与土的w、e、γ等物理力学参数相关。

此外，荷载的作用方向和作用时间对地基承载力有一定影响。若荷载的作用方向为倾斜，则地基承载力低；若荷载的作用时间很短，如地震作用，则地基承载力可以提高；若地基为高塑性黏土，呈可塑或软塑状态，在长时期荷载作用下，土产生蠕变，土的强度降低，即地基承载力降低。

当地基承载力不足时，可在基础设计时加大基底宽度和基础埋深，亦可在施工前对地基进行加固处理。

2. 地基破坏模式

大量的工程实践和实验研究表明，地基的破坏主要是由基础下的地基持力层抗剪强度不足、土体产生剪切破坏所致。整体剪切破坏、局部剪切破坏和冲剪破坏（或刺入破坏）是三种常见的地基剪切破坏模式，其对应不同的荷载—位移（p-s）曲线，如图 4-1 所示。

影响地基破坏模式的因素有地基土的条件、基础的条件等，其中土体的压缩性是影响破坏模式的主要因素。整体剪切破坏常发生于密砂及硬黏土等压缩性低的地基中，破坏前建筑物一般不会发生过大的沉降，是一种典型的土体强度破坏。局部剪切破坏常发生于中等密实砂土中。冲剪破坏常发生于压缩性高的松砂、软土中或基础埋深较大时。

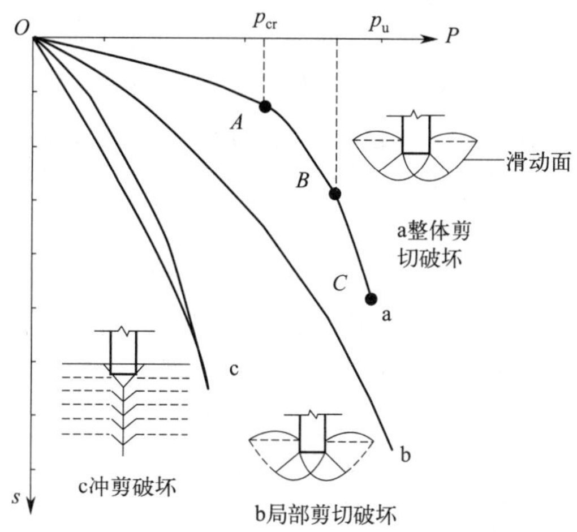

图 4-1　地基破坏模式

4.2.4　地基处理

地基处理的目的是采取切实有效的加固措施，改善地基土的工程性质，使其满足工程建设的要求。根据历史记载，人们早在 2000 年前就已采用将碎石夯入软土等压密土层的夯实法；灰土和三合土的垫层法，也是我国古代传统的建筑技术之一。

地基处理的对象是软弱地基和特殊土地基。软弱地基系指主要由淤泥质土、冲填土、杂填土构成的地基，其具有强度低、压缩性高及其他不良性质。特殊土地基具有地域性的特点，它包括软土、湿陷性黄土、膨胀土、红黏土和冻土等地基。经过地基处理，可以达到改善地基条件的目的，即改善其剪切特性、压缩特性、透水特性、动力特性及其他不良特性。

地基处理的方法可以分为两类：一类是对天然地基土体全部进行改良，如换土垫层法、强夯法、排水固结预压法等；另一类是通过掺入外加剂（物）形成复合地基，如水泥土复合地基、振冲挤密碎石桩复合地基、树根桩复合地基等。

1. 换土垫层法

换土垫层法又称换填法或置换法，即将基础下一定范围内的土层挖去，再以强度较大的砂、碎石或灰土等回填并夯实。垫层的主要作用是提高浅基础下地基的承载力，减少沉降量，加速软弱土层的排水固结。该方法属于浅层处理法，适用于位于地基表面的软弱土层，其深度一般不超过 3～5m。

2. 强夯法

强夯法又称动力固结法或动力压实法，即将几十吨重锤从高处落下，反复多次夯击地面，对地基进行强力夯实。实践证明，经夯击后的地基承载力可提高 2～5 倍，压缩性可降低 200％～500％，还可改善砂土的抗液化条件，消除湿陷性黄土的湿陷性等。该方法在工程实践中具有加固效果显著、适用土类广、设备简单、施工方便等优点，可对碎石土、砂土、低饱和度的粉土与黏性土、湿陷性黄土、杂填土等地基进行处理，处理深度在 10m 以上。

3. 排水固结预压法

排水固结预压法是利用地基排水固结的特性，通过在施工前施加预压荷载，并增设各种排水条件（砂井、排水垫层等排水体），加速孔隙水排出和土体固结，提高地基承载力和稳定性的一种软土地基处理方法。该方法适用于淤泥质土、填土等软土地基，分为堆载预压和真空预压两类。堆载预压法处理深度一般为 10m 左右，真空预压法处理深度为 15m 左右。

4. 振密挤密法

振密挤密法是采用振动或挤密措施，减少土体孔隙体积，以提高土体抗剪强度及地基承载力。在振动挤密的过程中，可回填砂、砾石、灰土、素填土等，形成复合地基。该方法适用于处理松砂、粉土、杂填土及湿陷性黄土，处理深度为 10m 左右。

5. 化学加固法

化学加固法可分为注浆法、高压喷射注浆法和水泥土搅拌法等。其原理是通过灌注压入、高压喷射或机械搅拌等手段，将水泥、黏土或其他化学浆液与土颗粒胶结成整体，以改善地基土的物理力学性质。该方法适用于处理淤泥质土、黏性土、粉土等地基，具有施工方便、无噪声、无振动、造价较低等特点，处理深度为 8～12m。

6. 加筋法

加筋法可分为土工合成材料加筋、树根加筋、土钉锚固等。其原理是在地基土中埋设强度较大的土工合成材料、尼龙绳或玻璃纤维、土钉等加筋材料，提高地基的整体稳定性和承载能力，改善地基的变形特性。该方法适用于软弱土、填土、黏性土、砂土等。

此外，还有冻结、热加固、托换技术、纠偏技术等处理方法。地基处理的核心是处理方法的正确选择与实施，只有根据工程条件和地质条件，综合考虑地基处理方法的原理、适用范围、优点和局限性，坚持技术先进、经济合理、安全适用、确保质量的原则选择最佳处理方案，才能获得最佳的处理效果。必要时也可采用两种或多种地基处理的综合处理方案。

4.3 边坡与基坑支护

建筑物施工前通常需要采用明挖法开挖基坑。由于基坑开挖改变了原位土体的应力场及地下水条件，土体产生变形，可能导致边坡滑坡、基坑坍塌等失稳问题。因此，基坑工程中，边坡的稳定性分析和基坑支护结构的设计尤为重要。

4.3.1 边坡稳定性

基坑开挖形成的具有倾斜坡面的土体称为人工边坡。土体自重及渗透力等在坡体内引起剪应力，如果剪应力大于土的抗剪强度，土体就会产生剪切破坏。若坡面内剪切破坏面积很大，边坡丧失稳定，则将发生一部分土体相对于另一部分土体沿某一明显界面滑动的现象，这一现象称为滑坡，如图 4-2 所示。

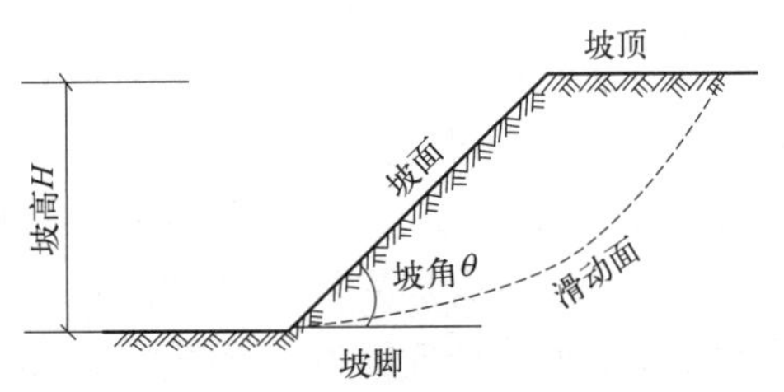

图 4-2　滑坡示意图

1. 影响边坡稳定的因素

影响边坡稳定的因素包括边坡的土质和边

界条件、外界因素等，其根本原因在于土体内部剪应力过大，达到了土体抗剪强度，破坏了土体原始的稳定和平衡。边坡滑动失稳的原因一般有以下两类情况：

（1）外界因素降低了土体抗剪强度。如外界气候等自然条件的变化，使土时干时湿、收缩膨胀、冻融等，雨水浸入使土内湿化，边坡附近因打桩、爆破或地震作用引起土的液化或触变等，均可使土的抗剪强度降低。

（2）外界力的作用破坏了土体原始应力平衡状态。如基坑开挖改变了土体自重，路堤填筑、坡顶施加荷载、土体内水的渗流、地震作用等，均会破坏土体原始应力平衡状态而导致滑坡。

边坡稳定除受上述土质条件和外界因素影响外，还与边坡的边界条件有关，如边坡坡度、高度等。

2. 边坡失稳防治措施

边坡失稳常造成严重的工程事故，产生巨大的经济损失，并危及人身安全。因此，采取适当的工程措施防治边坡失稳极其重要。

（1）放足边坡。边坡的留设应符合规范要求，坡度大小应根据土体性质、水文地质条件、施工方法、开挖深度、工期长短、现场条件等因素确定。

（2）护坡面和坡脚。护坡面的方式主要有水泥砂浆抹坡面（挂钢丝网），土钉和锚杆锚固等；采用浆砌片石护坡脚，其填筑高度要满足挡土要求。

（3）降水隔渗。设置排水沟、隔水帷幕等。

此外，施工时需避免雨期，避免在坑槽边缘堆置大量土方、建筑材料和机械设备，以降低坡顶附加荷载对边坡稳定性的影响。

4.3.2　基坑支护

为保持基坑开挖面的稳定性，常常修建挡土结构物以支撑和保护土体不致坍塌，这种挡土结构物称为支护结构。

1. 支护结构类型

1）混凝土灌注桩

一般指钻、冲、人工挖孔灌注混凝土形成的桩。根据不同工程要求，可以采用单排桩、双排桩、悬壁式、臂—锚固、臂—支撑体系等形式。如需防渗止水，则可采用深层搅拌桩、高压喷射注浆或化学注浆形成的止水帷幕。

2）水泥土挡墙

以水泥为固化剂与深层软土强制搅拌，使软土硬结成具有较好水稳定性、整体性和一定强度的桩或墙，其可作为防水帷幕，阻止渗透水流。该方法造价低，仅需水泥材料，无需钢材，不设支撑和防水。

3）土钉墙

土钉墙是一种原位土体加筋技术，其将钢筋制成的土钉置于土体内，结合钢筋网喷射混凝土于坡面，以提高土体的整体稳定性。该方法经济简便，应用广泛。

4）地下连续墙

利用机械开挖沿基坑周边轴线成槽，修建一道连续的钢筋混凝土墙体，其可作为截水防渗结构、地下室外墙结构及主体结构的永久承重墙，具有刚度大、整体性好的优势，但造价高，适用于深基坑和复杂的工程环境。

5）新型支护结构

拱圈挡土、连拱式、围筒式基坑支护，都是利用拱的作用，减小土对桩的侧向压力，将原结构受弯转换为拱圈受压，充分发挥混凝土抗压的优势。此外，桩墙合一地下室逆作法，将基坑支护桩和地下连续墙结合，将地下室的梁板作为内支撑，从地下室顶往下施工，同时修建地下室外墙作为支护结构，适用于深基坑施工。

2. 支护结构设计

支护结构设计必须根据工程概况、工程地质和水文地质条件，经方案比选，确定安全可靠、技术可行、施工方便、经济合理的支护结构方案，以保证工程的顺利进行。基坑支护结构设计通常需要满足以下三个方面的要求：

（1）确保基坑周围边坡的稳定性，满足地下结构具有足够的施工空间。

（2）确保基坑周边环境在施工过程中不受损害，即在支护体系施工、土方开挖及地下室施工过程中严格控制基坑周围的地面沉降和水平位移。

（3）采用降水、排水、截水等措施确保施工作业面在地下水位以上。

4.4 基础的类型

基础作为传递上部结构荷载至地基的下部结构，其形式多样，设计时应满足地基基础强度和变形要求。根据基础的埋置深度将其分为浅基础和深基础两类。通常把埋置深度小于 5m 的一般基础（柱基或墙基），以及埋置深度虽超过 5m，但小于基础宽度的大尺寸基础（如箱形基础），称为浅基础。而把埋置于地基深处承载力较高的土层上，埋置深度大于 5m 或大于基础宽度的基础，称为深基础。

4.4.1 浅基础

浅基础多用砖、石、混凝土或钢筋混凝土等材料修建。根据其材料可分为刚性基础和柔性基础。刚性基础因其材料的抗拉性能差，要求截面形式具有足够的刚度，基础在荷载作用下几乎不产生变形。柔性基础主要指钢筋混凝土基础，其材料的抗拉、抗压和抗剪性能都较好，基础在荷载作用下允许有轻微变形。

浅基础按其构造形式可分为独立基础、条形基础、筏板基础、箱形基础和壳体基础等。

1. 独立基础

独立基础按支撑的上部结构形式，可分为柱下独立基础（图 4-3、图 4-4）和墙下独立基础（图 4-5）。墙下独立基础是在上层土质松散而下层土质较好时，为了节省基础材料和减少开挖量而采用的一种基础形式，一般在独立基础上放置钢筋混凝土过梁，以承受上部结构荷载。

2. 条形基础

当地基承载力不足须加大基础底面面积，而配置扩展基础又在平面尺寸上受到限制时；或当荷载或地基压缩性分布不均匀，且建筑物对不均匀沉降敏感时，通常将同一排的柱基础连通，做成抗弯刚度较大的条形基础。条形基础的基础长度远大于其宽度，可分为柱下条形基础（图 4-6）和墙下条形基础（图 4-7）。

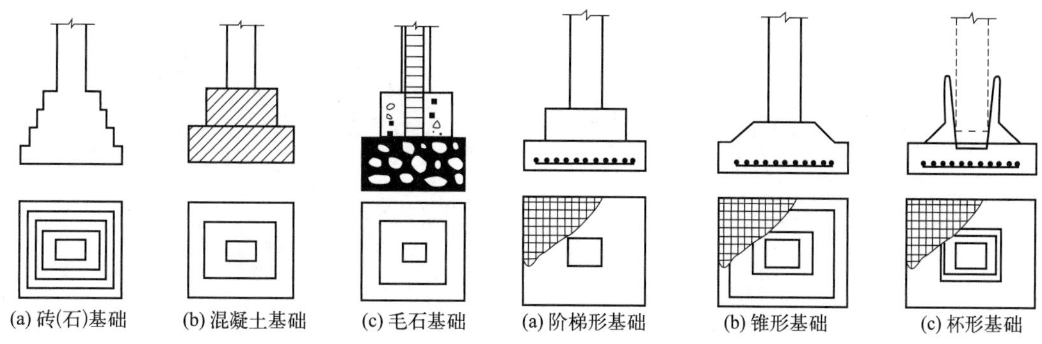

图 4-3　柱下刚性独立基础

图 4-4　柱下钢筋混凝土扩展基础

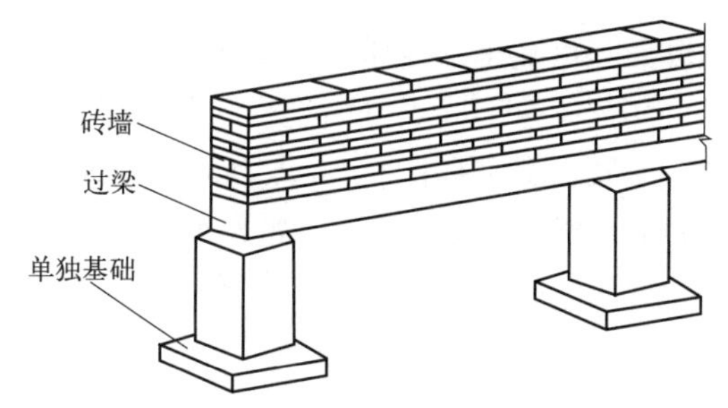

图 4-5　墙下独立基础

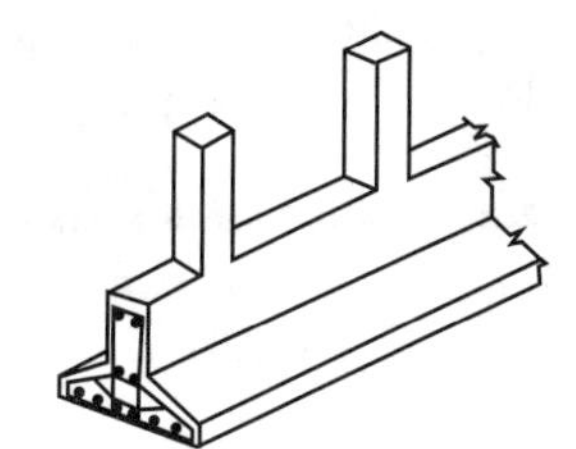

图 4-6　柱下钢筋混凝土条形基础

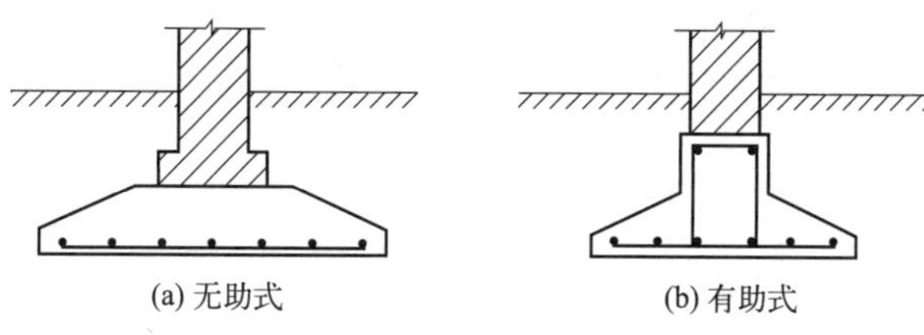

图 4-7　墙下钢筋混凝土条形基础

当单向条形基础的底面积可满足地基承载力要求，只需减少基础之间的沉降差，则可在另一方向加设连梁，形成连梁交叉条形基础，如图 4-8(a) 所示。当单向条形基础无法满足地基承载能力要求时，可采用双向相交的十字交叉条形基础，如图 4-8(b) 所示。

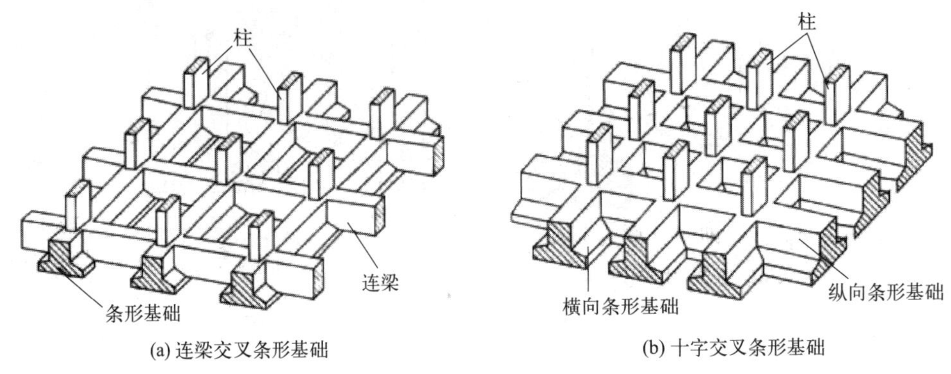

(a) 连梁交叉条形基础　(b) 十字交叉条形基础

图 4-8　交叉条形基础

3. 筏板基础

筏板基础的基底面积较大，可减小基底压力，易于满足软弱地基承载力的要求，也可避免建筑物的不均匀沉降。其按构造不同可分为平板式和肋梁式两类，如图 4-9 所示。平板式筏板基础的柱直接支撑于底板上，如图 4-9(a) 所示；当荷载较大时，可将柱下局部筏板加厚，如图 4-9(b) 所示。肋梁式筏板基础可将梁放置于板上，柱支撑在梁上，如图 4-9(c) 所示；也可将梁置于板的下部，底板上面平整，可作建筑物底层地面，如图 4-9(d) 所示。

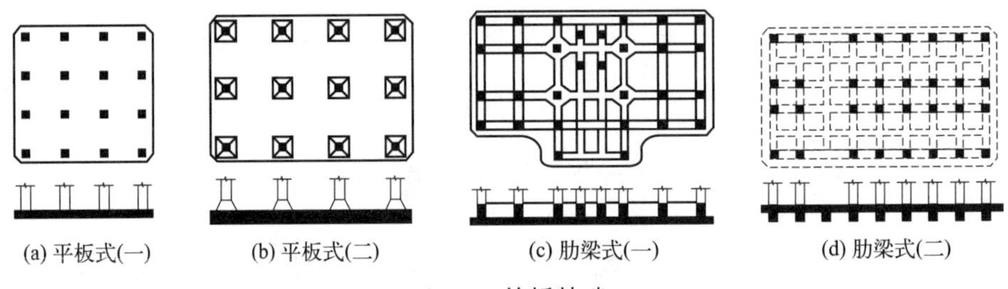
(a) 平板式(一)　(b) 平板式(二)　(c) 肋梁式(一)　(d) 肋梁式(二)

图 4-9　筏板基础

4. 箱形基础

箱形基础是由钢筋混凝土底板、顶板、侧墙和内隔墙组成的具有一定刚度的整体性结构，如图 4-10 所示。箱形基础适用于软弱地基上的高层、重型或对不均匀沉降有严格要求的建筑物，但其用料多、工期长、造价高、施工技术较复杂。

5. 壳体基础

为改善基础的受力性能，基础的形式可不做成台阶状，而做成各种形式的壳体，称为壳体基础，如图 4-11 所示。常见的壳体形式是正圆锥壳［图 4-11(a)］及其组合形式［图 4-11(b)、图 4-11(c)］。前者可用作柱的基础，后者主要在烟囱、水塔、储仓和中小型高炉等筒形构筑物中使用。

4.4.2　深基础

当建筑场地浅层地基土不能满足工程对地基承载力和变形的要求，而又不适宜采取地基处理措施时，一般考虑采用以下部坚实土层或岩层作为持力层的深基础方案。常用的深

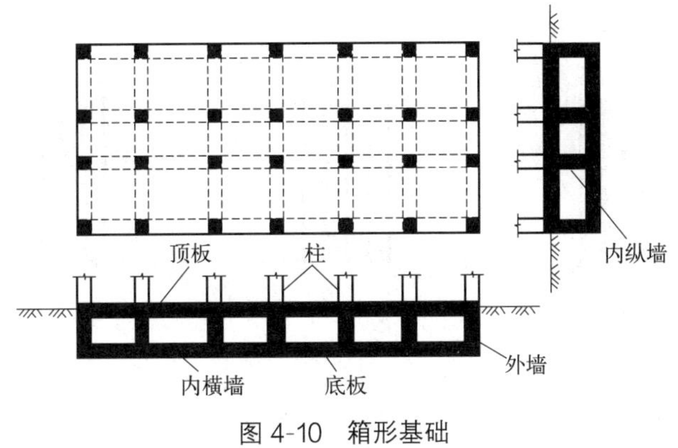

图 4-10　箱形基础

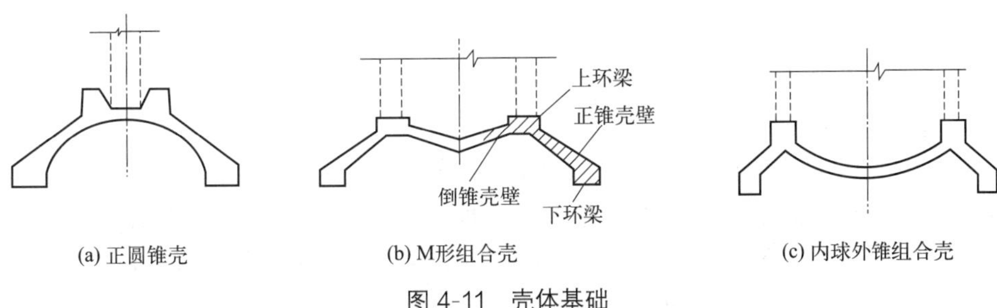

图 4-11　壳体基础

基础有桩基础、沉井和沉箱基础、地下连续墙基础等，其中以源自远古的桩基础应用最为广泛。

1. 桩基础

桩基础由设置在土中的桩和承接上部结构的承台组成。

(1) 按桩的材料可分为钢筋混凝土桩、混凝土桩、钢桩、碎石桩、木桩以及组合材料桩。目前，钢筋混凝土桩应用最广泛；碎石桩一般用于地基处理，形成复合地基；组合材料桩有钢管桩内填充混凝土，或上部钢管桩下部混凝土等形式。

(2) 按桩的承载性状可分为摩擦型桩和端承型桩。摩擦型桩的桩顶荷载全部或主要由桩侧摩阻力承受。当桩顶荷载几乎全部由桩侧摩阻力承担，桩端阻力可忽略不计时，称为摩擦桩，如图 4-12(a) 所示；当桩顶荷载主要由桩侧摩阻力承担，少部分由桩端阻力承担时，称为端承摩擦桩，如图 4-12(b) 所示。端承型桩的桩顶荷载全部或主要由桩端阻力承受。当桩顶荷载主要由桩端阻力承担，少部分由桩侧摩阻力承担时，称为摩擦端承桩，如图 4-12(b) 所示；当桩顶荷载几乎全部由桩端阻力承担，桩侧摩阻力可忽略不计时，称为端承桩，如图 4-12(c) 所示。

(3) 按桩的成桩形式可分为预制桩和灌注桩。预制桩是在工厂或现场预制，经锤击或振动等方法将桩沉入土中至设计标高的桩。灌注桩是在现场成孔，灌注混凝土等材料至设计标高的桩。灌注桩与预制桩相比，因无须锤击，故施工无振动、无噪声，桩的混凝土强度及配筋只需满足使用条件即可，具有节省钢材、降低造价、无须接桩及截桩等优点。其缺点是比同直径的预制桩承载力低、沉降大。

(4) 按桩轴方向可分为竖直桩和斜桩。当水平荷载和弯矩不大，桩不长或桩身直径较

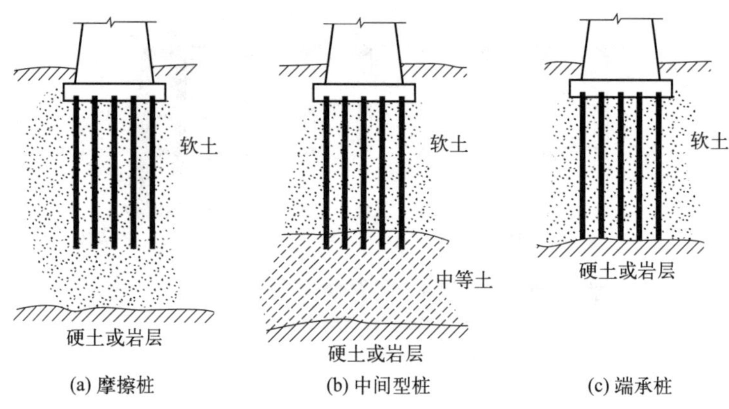

(a) 摩擦桩 (b) 中间型桩 (c) 端承桩

图 4-12 不同支撑力类型的桩基

大时，可采用竖直桩；当水平荷载较大且方向不变时可采用单向斜桩；当水平荷载较大且在多个方向都有可能作用时，可采用多向斜桩。

2. 沉井和沉箱基础

沉井是上无盖下无底的井筒状的结构物，它是在井内挖土，依靠井身自重克服井壁摩擦力后下沉至设计标高，经混凝土封底而成的基础，如图 4-13 所示。沉井是深基础或地下结构中应用较多的一种，如桥梁墩台基础、地下油库、矿用竖井、高层和超高层建筑物的基础。此外，沉井也可用作地下铁道、水底隧道等的设备井，如通风井、盾构拼装井等。

沉箱形似有盖无底的沉井，如图 4-14 所示。其顶盖上设有井管和气闸，最下部设置高刚度的气密性工作室，工人或机械在工作室内挖土操作，使沉箱在自重作用下沉入土中。当箱体进入水下时，通过井管和气闸压入压缩空气，可排出箱内的水。当箱体下沉至设计标高时，用混凝土填实工作室，即为沉箱基础。

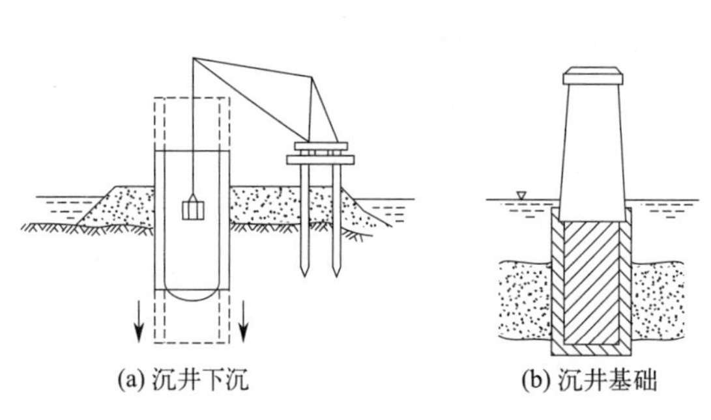

(a) 沉井下沉 (b) 沉井基础

图 4-13 沉井基础示意图

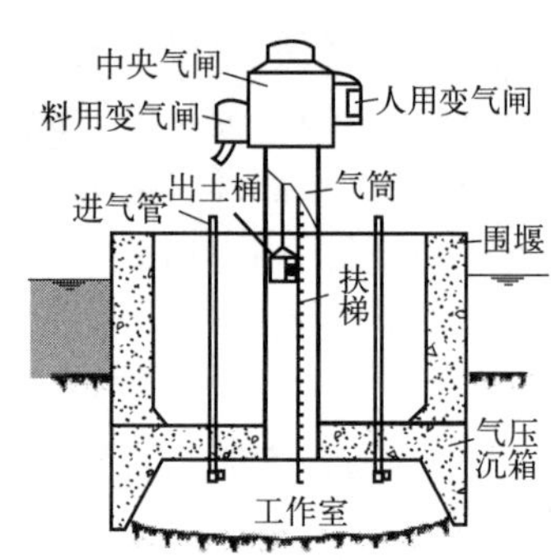

图 4-14 沉箱基础示意图

3. 地下连续墙基础

地下连续墙是采用机械挖槽设备在地下构筑而成的连续墙体，其施工顺序如图 4-15 所示。地下连续墙刚度大，整体性好，结构和地基的变形均较小，既可用于超深基坑的围护结构，也可作为主体结构；结构耐久性好、抗渗性能较好，可作为防渗墙。其可逆作法施工，施工安全、进度快、振动小、噪声低，在桥梁、高层建筑、地铁码头等工程中应用较为广泛。

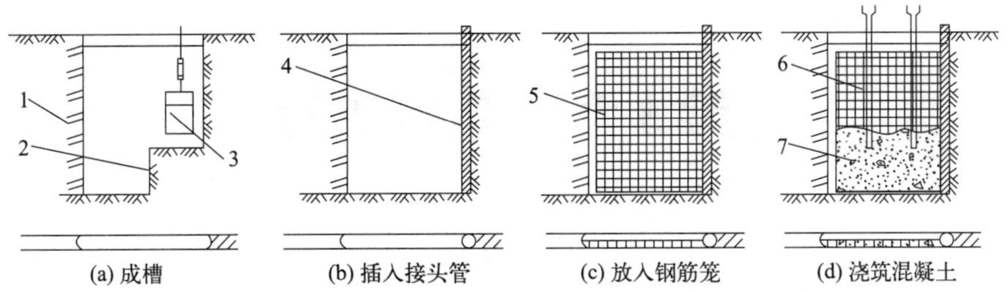

1—已完成的墙段；2—护壁泥浆；3—成槽机；4—接头管；5—钢筋笼；6—导管；7—混凝土

图 4-15　地下连续墙施工顺序

思考题

(1) 什么是地基？什么是基础？它们的联系与区别是什么？

(2) 什么是工程地质勘察？工程地质勘察的主要任务有哪些？

(3) 什么是工程地质测绘？工程地质测绘的主要方法有哪些？

(4) 什么是工程地质勘探？工程地质勘探的主要方法有哪些？

(5) 什么是地基土？地基土的分类有哪些？地基土有哪些显著的工程特性？

(6) 地基变形特征有哪些？如何有效防止地基有害变形？

(7) 影响地基承载力的因素有哪些？地基破坏模式有哪些？

(8) 什么是地基处理？常见的地基处理方式有哪些？

(9) 影响边坡稳定性的因素有哪些？如何防治滑坡？

(10) 工程中常见的基坑支护方式有哪些？

(11) 建筑的基础类型有哪些？

第 5 章　建筑工程

5.1　建筑工程概述

建筑工程是一门涉及各类建筑设计、施工和修复等工程问题的学科，实现对新建、改（扩）建工程的管理，包含规划设计、建筑施工和工程监理等一系列工程专业活动。

建筑工程专业主要负责土木工程专业建筑工程方向的教学与管理，主要培养掌握工程力学、土力学、测量学、房屋建筑学和结构工程学科的基础理论和基本知识的人才。此外，该专业的人才还应具备从事土木工程的项目规划或管理工作的高级工程技术能力。建筑是一种具有多重功能的产品，它具有一些自身的特点。

5.1.1　建筑的特点

1. 建筑三要素

建筑基本要素包含建筑功能、建筑技术、建筑形象。建筑功能为核心主导，建筑技术是达到建筑目的的手段，建筑形象是建筑技术与艺术的文化表现。

1）建筑功能

建筑功能即建筑的使用要求，它体现着建筑物的目的性。不同的功能要求会产生不同的建筑类型。例如，住宅满足居住功能，教学楼提供教学功能，办公楼提供办公场所，厂房则是满足工业生产功能等。

建筑不仅是实现功能的产品，还承载着经济、思想和文化内涵。一个好的建筑不仅可以让人们在里面舒适地生活和工作，还可以成为城市的地标，代表着一个时代的文化和艺术。建筑师需要具备多方面的知识和技能，包括对美学、结构、材料、环境等方面的考虑。他们需要与各种专业人士合作，如工程师、室内设计师、景观设计师等，来完成一个成功的建筑项目。在现代社会中，建筑已经成为一个重要的产业，它涉及许多方面的经济利益和协作关系，需要各方面的协调和合作。因此，好的建筑产品不仅是设计出一个美观实用的建筑，还需要考虑社会、经济和文化等多方面的因素。

中国建筑历史非常悠久，可以追溯到几千年前。自古以来，中国的建筑物一直以其独特的风格和精湛的工艺而闻名于世。在古代，中国的建筑多采用木材和砖石相结合的方式，如寺庙、宫殿、园林等。这些建筑不仅注重实用性和美观性，还体现了中国古代文化的特点。例如，在明清两代，北京的故宫和颐和园等建筑物成为中国建筑的代表作品，它们融合了古代建筑和园林艺术的特点，展现了中华文化的博大精深。随着时代的变迁，中国的建筑风格也在不断演变。到了近代，中国的建筑物逐渐采用了西方建筑风格，如上海的外滩和广州的沙面等。这些建筑物融合了中西方的建筑元素，成为中国近代建筑的重要代表。如今，中国的建筑风格正在逐渐回归传统，许多建筑物都采用了中国传统的建筑风格和文化元素。例如，北京的奥运村采用了中国传统的园林建筑风格，体现了中国文化的精髓。同时，中国的建筑师也在不断创新和发展，将中国传统建筑元素与现代建筑技术相结合，创造出了许多具有代表性的建筑物。

2）建筑技术

建筑技术是实现建筑空间的手段，它包括建筑材料、结构体系、设备选型、施工技术等有关方面的内容。建筑技术的进步与社会生产力水平和科学技术的进步相关。建筑材料性能决定了建筑的高度和性能；结构体系构成了建筑物的骨架，设备选型支撑建筑物正常运行，而施工技术则是建筑项目实现的手段。

社会科技水平的提高，建筑技术的不断发展，推动了整个建筑领域的专业化和现代化，为现代建筑的设计和实施提供了坚实的技术基础。技术演进推动了建筑行业的进步，使建筑能够更好地满足人们不断增长的物质与精神需求，创造了更美、更安全、更舒适的建筑产品。

3）建筑形象

建筑的形象体现，是建筑体型、立面处理、空间设计的综合思考，是建筑色彩与材料质感、细部设计等的综合反映。这些因素处理得当，就能产生具有文化背景的建筑艺术效果，给人以一定的感染力和美的享受。不同地域、不同文化、不同时期的建筑形象，反映了不同的思想文化和社会价值观。建筑形象通过建筑的外观和设计语言，使每幢建筑都成为一个文化的载体。它传达了精神信仰、文化认同和时代精神，激发社会责任感，强调文化传承并促进社会进步。

建筑构成的三要素之间存在着辩证统一的关系，彼此既相互依存又相互制约。建筑功能代表了建筑的目的，建筑技术则是实现这一目的的手段，而建筑形象则在形式美方面综合表现了前两者。一个优秀的建筑作品应当体现出设计者充分发挥的主观创意，进而实现这三者的完美结合。

2. 我国的建筑方针

我国的建筑方针经历了以下阶段：

（1）20 世纪 50 年代的“十四字方针”：适用、经济、在可能条件下注意美观。

（2）改革开放后的“六字方针”：适用、经济、美观。

（3）新时期的“八字方针”：适用、经济、绿色、美观。

2020 年 9 月，习近平主席在第七十五届联合国大会一般性辩论中向全世界庄严宣布，中国将提高国家自主贡献力度，采取更加有力的政策和措施，二氧化碳排放力争于 2030 年前达到峰值，努力争取 2060 年前实现碳中和。这是全球应对气候变化历程中的里程碑事件，体现了中国作为世界第二大经济体的责任与担当。推动城市绿色转型，对建立健全多层次绿色低碳循环发展的经济体系，实现碳达峰与碳中和的目标至关重要。

2021 年中央政府工作报告明确要求：制定 2030 年前碳排放达峰行动方案。优化产业结构和能源结构。推动煤炭清洁高效利用，大力发展新能源，在确保安全的前提下积极有序发展核电，扩大环境保护、节能节水等企业所得税优惠目录范围，促进新型节能环保技术、装备和产品研发应用，培育壮大节能环保产业。加快建设全国用能权、碳排放权交易市场，完善能源消费双控制度。实施金融支持绿色低碳发展专项政策，设立碳减排支持工具。

以上建筑方针变化历程，充分反映了我国生产力水平在不断提高，建筑行业在新时期对环保和可持续发展的重视，强调在建筑设计和施工过程中，要注重节能减排、低碳环保，以及建筑的美观和实用性。在“八字方针”下，我国的建筑行业将更加注重绿色建筑的设计和建设，推广可再生能源的使用，降低碳排放，保护环境。同时，也将更加注重建筑的美观和实用性，以满足人们的需求和提高生活质量。“八字方针”的实施将推动我国建筑行业的转型升级，促进可持续发展，为建设美丽中国做出更大的贡献。

5.1.2 建筑的分类

建筑是为满足人们生产和生活需求，利用已有的物质技术条件和社会条件所创造出的人为空间。我们通常把建筑物和构筑物统称为建筑。建筑物指供人们进行生产、生活或其他活动的房屋或场所，例如工业建筑、民用建筑、农业建筑和园林建筑等；而构筑物一般指人们不直接在内进行生产和生活活动的场所，如水塔、烟囱、栈桥、堤坝、蓄水池等。世界上建筑千姿百态、功能各异，人们常根据功能、技术要求对建筑物进行分类。

建筑物按其使用性质，通常可分为民用建筑和工业建筑。民用建筑按照空间活动的特性，又分为居住建筑和公共建筑，居住建筑指供人们居住使用的空间，如住宅、公寓、宿舍等；公共建筑则是供人们进行各种公共活动的空间，如办公建筑、文教建筑、科研建筑、托幼建筑、商业建筑、体育建筑、展览建筑、通信建筑、园林建筑、纪念建筑等。工业建筑分类则考虑用于生产关系，分为主要生产厂房、辅助生产厂房、动力厂房、贮藏厂房等。

针对建筑在使用过程中的防火要求，国家规范对不同高度的民用建筑进行分类，并采取不同的技术措施要求进行防火设计。根据《建筑设计防火规范（2018 年版）》GB 50016—2014 对民用建筑进行了消防等级分类，如表 5-1 所示。

民用建筑的分类 **表 5-1**

名称	高层民用建筑		单层、多层民用建筑
	一类	二类	
住宅建筑	建筑高度大于 54m 的住宅建筑(包括设置商业服务网点的住宅建筑)	建筑高度大于 27m，但不大于 54m 的住宅建筑(包括设置商业服务网点的住宅建筑)	建筑高度不大于 27m 的住宅建筑(包括设置商业服务网点的住宅建筑)
公共建筑	(1)建筑高度大于 50m 的公共建筑 (2)建筑高度 24m 以上部分任一楼层建筑面积大于 1000m^2 的商店、展览、电信、邮政、财贸金融建筑和其他多种功能组合的建筑 (3)医疗建筑、重要公共建筑、独立建造的老年人照料设施 (4)省级及以上的广播电视和防灾指挥调度建筑、网局级和省级电力调度建筑 (5)藏书超过 100 万册的图书馆、书库	除一类高层公共建筑外的其他高层公共建筑	(1)建筑高度大于 24m 的单层公共建筑 (2)建筑高度不大于 24m 的其他公共建筑

注：(1) 表中未列入的建筑，其类别应根据本表类比确定。

(2) 除《建筑设计防火规范（2018 年版）》GB 50016—2014 另有规定外，宿舍、公寓等非住宅类居住建筑的防火要求，应符合《建筑设计防火规范（2018 年版）》GB 50016—2014 有关公共建筑的规定；裙房的防火要求应符合《建筑设计防火规范（2018 年版）》GB 50016—2014 有关高层民用建筑的规定。

5.1.3　建筑的分级

1. 按照设计使用年限分类

根据《民用建筑设计统一标准》GB 50352—2019 中的规定，民用建筑的设计使用年限如表 5-2 所示。

设计使用年限分类　　表 5-2

类别	设计使用年限	示例
1	5	临时性建筑
2	25	易于替换结构构件的建筑
3	50	普通建筑和构筑物
4	100	纪念建筑和特别重要的建筑

注：此表依据《建筑结构可靠性设计统一标准》GB 50068—2018，并与其协调一致。

2. 建设项目设计规模分类

根据工程建设规模和建设复杂程度，国家相关法规对建设项目参与企业和人员有严格的准入要求和标准（表 5-3）。

建筑行业（建筑工程）建设项目设计规模划分表（部分）　　表 5-3

序号	建设项目	工程等级特征	大型	中型	小型
1	一般公共建筑	单体建筑面积	20000m^2 以上	5000～20000m^2	≤5000m^2
		建筑高度	≥50m	24～50m	≤24m
		复杂程度	大型公共建筑工程	中型公共建筑工程	功能单一、技术要求简单的小型公共建筑工程
			技术要求复杂或具有经济、文化、历史等意义的省（市）级中小型公共建筑工程	技术要求复杂或有地区性意义的小型公共建筑工程	高度≤21m 的一般公共建筑工程
			高度＞50m 的公共建筑工程	高度 24～50m 的一般公共建筑工程	小型仓储建筑工程
			相当于四星、五星级饭店标准的室内装修、特殊声学装修工程	仿古建筑、一般标准的古建筑、保护性建筑以及地下建筑工程	简单的设备用房及其他配套用房工程
			高标准的古建筑、保护性建筑与地下建筑工程	大中小型仓储建筑工程	简单的建筑环境设计及室外工程
			高标准的建筑环境设计和室外工程	一般标准的建筑环境设计和室外工程	相当于一星级饭店及以下标准的室内装修工程
			技术要求复杂的工业厂房	跨度小于 30m、吊车吨位小于 30t 的单层厂房或者仓库；跨度小于 12m、6 层以下的多层厂房或仓库	跨度小于 24m、吊车吨位小于 10t 的单层厂房或仓库；跨度小于 6m、楼盖无动荷载的 3 层以下的多层厂房或仓库
			—	相当于二、三星级饭店标准的室内装修工程	—

续表

序号	建设项目	工程等级特征	大型	中型	小型
2	住宅宿舍	层数	＞20 层	12～20 层	≤12 层(其中砌块建筑不得超过抗震规范层数限值要求)
		复杂程度	20 层以上居住建筑和 20 层及以下高标准居住建筑工程	20 层及以下一般标准的居住建筑工程	—
3	住宅小区工厂生活区	总建筑面积	＞30 万 m^2 规划设计	≤30 万 m^2 规划设计	单体建筑按上述住宅或公共建筑标准执行

3. 建筑物耐火等级分类

建筑物的耐火等级是由其组成构件的燃烧性能和耐火极限来确定。

1）建筑构件的燃烧性能

建筑构件的燃烧性能分为三类：不燃烧体、难燃烧体和燃烧体。

（1）不燃烧体：在空气中受到火烧或高温作用时，不起火、不微燃、不炭化的材料，如天然石材、人工石材等。

（2）难燃烧体：在空气中受到火烧或高温作用时，难起火、难微燃、难炭化，当火源移走后，燃烧或炭化立即停止的材料，即用难燃烧的材料做成的建筑构件，或用燃烧材料做成而用不燃烧材料做保护层的建筑构件，如沥青混凝土构件、木板条抹灰的构件等。

（3）燃烧体：在空气中受到火烧或高温作用时，立即起火或微燃，且火源移走后仍然燃烧或微燃的材料，如木材等。

2）建筑构件的耐火极限

在标准耐火试验条件下，建筑构件、配件或结构从受到火的作用时起，至失去承载能力、完整性或隔热性时止所用时间，用 h 表示。按现行《建筑设计防火规范（2018 年版）》GB 50016—2014 的规定，建筑物的耐火等级可分为四级。一级的耐火性能最好，四级最差，民用建筑、厂房和仓库各耐火等级建筑物构件的燃烧性能和耐火极限如表 5-4 所示。

不同耐火等级建筑相应构件的燃烧性能和耐火极限（h）　　表 5-4

构件名称		耐火等级			
		一级	二级	三级	四级
墙	防火墙	不燃性 3.00	不燃性 3.00	不燃性 3.00	不燃性 3.00
	承重墙	不燃性 3.00	不燃性 2.50	不燃性 2.00	难燃性 0.50
	民用建筑非承重外墙	不燃性 1.00	不燃性 1.50	不燃性 0.50	可燃性
	楼梯间和前室的墙，电梯井的墙，住宅建筑单元之间的墙和分户墙	不燃性 2.00	不燃性 2.00	不燃性 1.50	难燃性 0.50
	疏散走道两侧的隔墙	不燃性 1.00	不燃性 1.00	不燃性 0.50	难燃性 0.25
	房间隔墙	不燃性 0.75	不燃性 0.50	难燃性 0.50	难燃性 0.25

续表

构件名称	耐火等级			
	一级	二级	三级	四级
柱	不燃性 3.00	不燃性 2.50	不燃性 2.00	难燃性 0.50
梁	不燃性 2.00	不燃性 1.50	不燃性 1.00	难燃性 0.50
民用建筑/厂房和仓库楼板	不燃性 1.50	不燃性 1.00	不燃性 0.50	可燃性/ 难燃性 0.50
屋顶承重构件	不燃性 1.50	不燃性 1.00	难燃性 0.50	可燃性
民用建筑/厂房和仓库疏散楼梯	不燃性 1.50	不燃性 1.00	不燃性 0.50 不燃性 0.75	可燃性
吊顶(包括吊顶搁栅)	不燃性 0.25	难燃性 0.25	难燃性 0.15	可燃性

注：(1) 除《建筑设计防火规范（2018 年版）》GB 50016—2014 另有规定外，以木柱承重且墙体采用不燃材料的建筑，其耐火等级应按四级确定。

(2) 住宅建筑构件的耐火极限和燃烧性能可按现行国家标准《住宅建筑规范》GB 50368—2005 的规定执行。

木结构建筑的防火设计，建筑构件的燃烧性能和耐火极限应符合表 5-5 的规定。

木结构建筑构件的燃烧性能和耐火极限（h）　　表 5-5

构件名称	燃烧性能和耐火极限
防火墙	不燃性 3.00
承重墙，住宅建筑单元之间的墙和分户墙，楼梯间的墙	难燃性 1.00
电梯井的墙	不燃性 1.00
非承重外墙，疏散走道两侧的隔墙	难燃性 0.75
房间隔墙	难燃性 0.50
承重柱	可燃性 1.00
梁	可燃性 1.00
楼板	难燃性 0.75
屋顶承重构件	可燃性 0.50
疏散楼梯	难燃性 0.50
吊顶	难燃性 0.15

注：(1) 除《建筑设计防火规范（2018 年版）》GB 50016—2014 另有规定外，当同一座木结构建筑存在不同高度的屋顶时，较低部分的屋顶承重构件和屋面不应采用可燃性构件，采用难燃性屋顶承重构件时，其耐火极限不应低于 0.75h。

(2) 轻型木结构建筑的屋顶，除防水层、保温层及屋面板外，其他部分均应视为屋顶承重构件，且不应采用可燃性构件，耐火极限不应低于 0.50h。

(3) 当建筑的层数不超过 2 层、防火墙间的建筑面积小于 600m^2 且防火墙间的建筑长度小于 60m 时，建筑构件的燃烧性能和耐火极限可按《建筑设计防火规范（2018 年版）》GB 50016—2014 有关四级耐火等级建筑的要求确定。

5.1.4　建筑的组成和功能

一幢建筑物由多种不同功能构件组成，以一座建筑为例，它包含了基础、墙或柱、楼面、屋顶、楼梯、门窗、阳台等，这些构件可分为承重结构、围护结构和辅助结构三大类。

1. 承重结构

结构支撑系统通常由基础、墙或柱、楼地层、楼梯和屋盖五个主要部分组成（图 5-1）。这五个部分在建筑的不同位置和功能中发挥不同的作用。

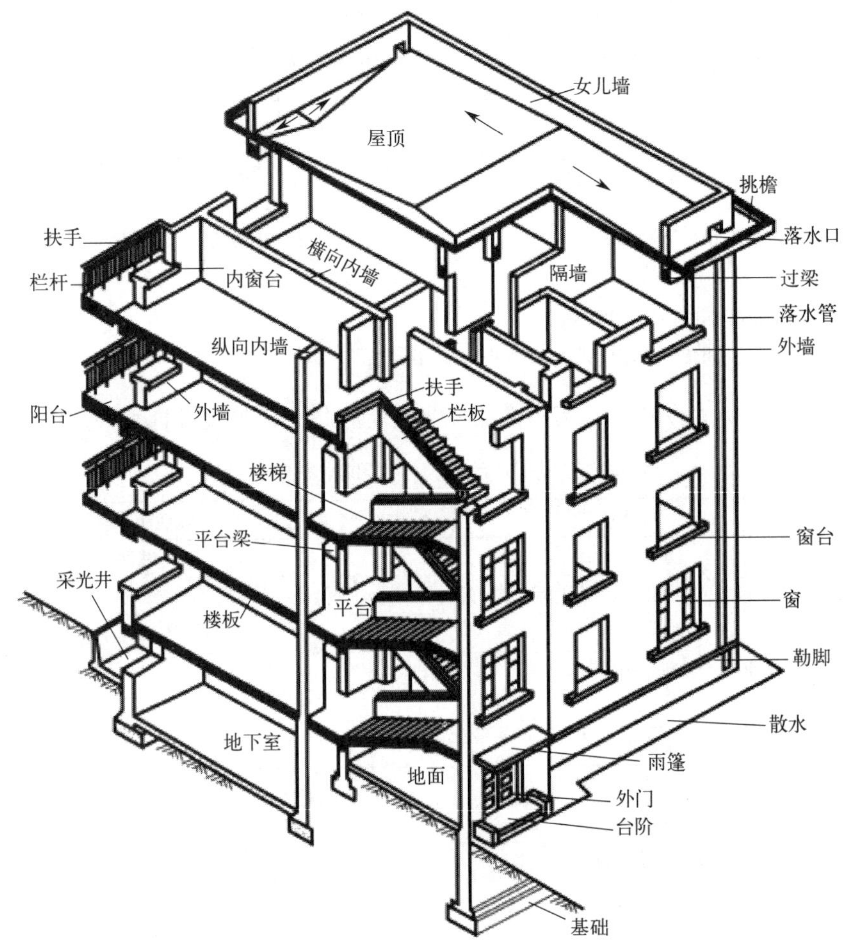

图 5-1 房屋的构造组成（墙承重结构）

1）基础

基础是位于建筑物最下部的承重构件，承受建筑物的全部荷载，并将这些荷载传给地基。因此，基础必须具有足够的强度，并能抵御地下各种有害因素的侵蚀。

2）墙或柱

墙或柱是竖向构件，是建筑物的主要承重构件和围护构件。墙体根据具体结构受力情况，分为承重墙和非承重墙。承重墙将承受屋顶或楼板的荷载，并将其传递到基础，以确保建筑物的结构稳定性和安全性；非承重墙则主要在建筑中承担围护、分隔和美化功能。外墙用于抵挡自然因素，如降水和风雪，以维护建筑室内的舒适性和耐久性；内墙用于分隔房间功能，同时也起到美化室内空间的作用。墙体设计需要满足强度、稳定性、保温性、隔热性、隔声性、防火性和防水性等功能。柱主要作用是承受屋顶和楼板层传来的荷载并传给基础，它必须具有足够的强度和刚度。

3）楼地层

楼地层包括楼板和地坪层。楼板是水平方向的承重构件，按房间层高将整幢建筑物沿水平方向分为若干层；楼板层承受家具、设备和人体荷载以及本身的自重，并将这些荷载传给墙或柱；楼板还对墙体起着水平支撑的作用，因此要求其具有足够的强度、刚度。地坪是底层建筑与地基土层相接的构件，起承受底层建筑荷载的作用，还要求地坪具有耐磨、防潮、防水、保温的性能。

4）楼梯

建筑垂直交通结构设施，供人们上下楼层和紧急疏散之用。楼梯应满足结构功能要求，还应具有良好的通行能力，包含通行宽度、台阶高度、通行防滑等使用要求。楼梯是最基本的交通设施，是紧急情况时人们撤离的通道。即使安装了电梯或自动扶梯的建筑，仍然应设置楼梯。

5）屋盖

屋盖也可以称为屋顶，是建筑物顶部的围护构件和承重构件。它避免下部建筑空间遭受风、雨、雪等大自然现象的侵袭；还承受屋面自重和各种屋面荷载。故屋盖也应具有足够的强度、刚度等结构要求。建筑屋盖分为平屋面、坡屋面和曲面屋面三种基本形式，建筑设计中应合理选用屋盖的形式，以达到美观和实用的要求。

2. 围护结构

围护结构的主要功能是分隔建筑内外，提供保温、防水、隔热、防火、隔声等功能。围护结构包括墙体、门窗和屋顶。门窗属围护结构，门主要供人们出入内外交通和分隔房间使用；窗主要起通风、采光、分隔空间等围护作用。门窗还应满足气密性、防水、保温、隔声、防火等使用功能要求。

3. 辅助结构

辅助结构包括女儿墙、雨篷、设备管井和室外防护等构件。这些构件在建筑中具有保护使用安全和提高结构耐久性等功能。

5.1.5　建筑设计依据

1. 设计前期的文件

1）主管部门的批文

包括项目立项的建筑功能、投资总额、选址意见、建设周期等内容。

2）国土规划部门意见

包括项目用地范围、规划条件、配套设施、景观环境等要求。

3）设计任务书

设计任务书是建设单位提交给设计单位的技术文件；设计任务书对拟建项目的投资规模、建设内容、单体功能、技术指标、质量标准所做出的规定。

2. 自然环境

1）气象条件

建设地区的温度、湿度、日照、雨雪、风向等是建筑设计的重要依据，对建筑设计有较大的影响。炎热地区需考虑隔热、通风和遮阳；寒冷地区注重保温节能；多雨地区关注屋顶排水和防水构造；建筑朝向和间距应根据当地日照条件和主导风向选择；主导风向用风玫瑰图表示，用于分析不同风向频率。风玫瑰图是依据该地区多年来统计的各个方向吹风的平均日数的百分数按比例绘制而成，通常采用 16 个罗盘方位表示。这种图表有助于直观地了解当地风向的分布情况（图 5-2）。

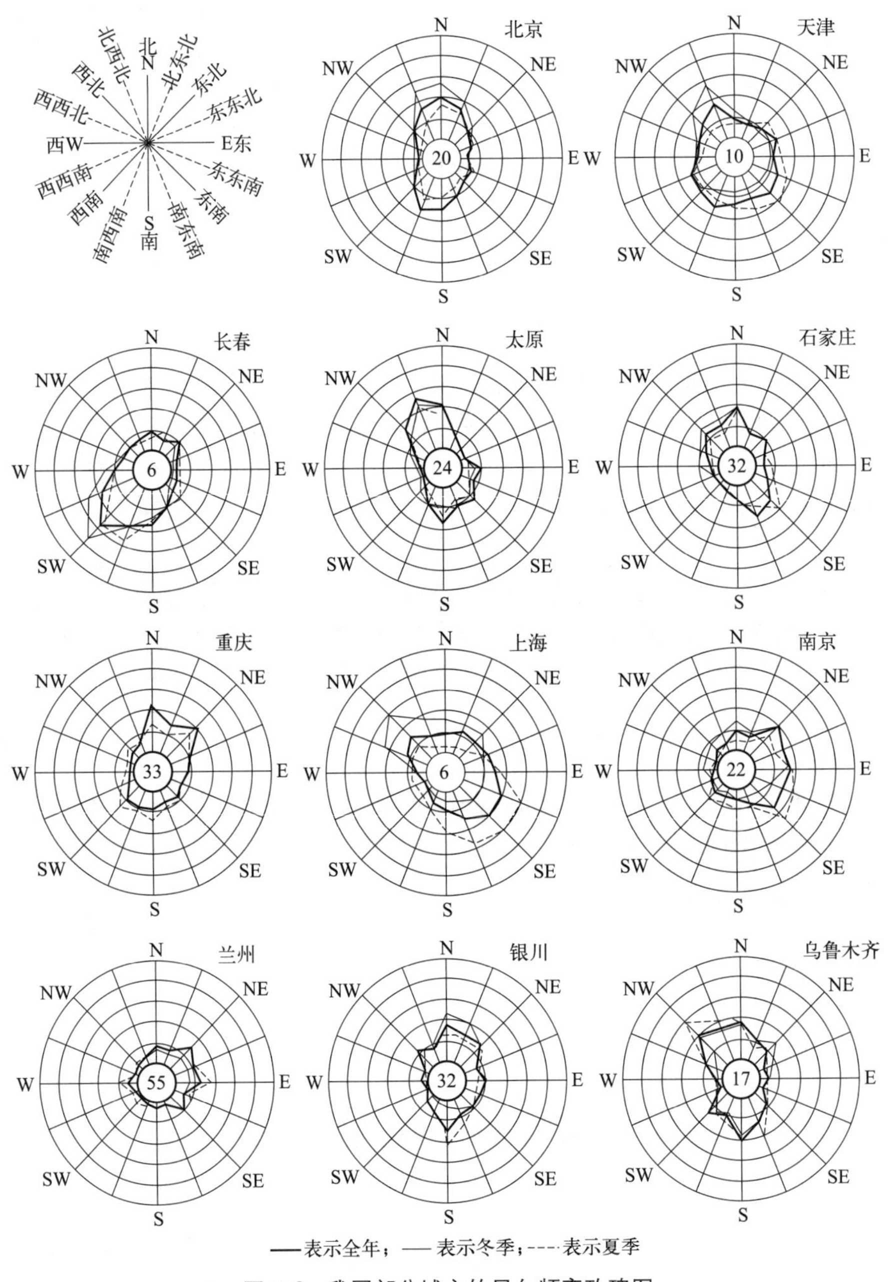

图 5-2　我国部分城市的风向频率玫瑰图

基地地形、地质构造、土壤特性以及地基承载力的情况，都对建筑设计产生深远影响。陡峭的地形可能需要采用错层、吊层或依山就势等灵活的组合方式。复杂的地质条件要求特殊的基础结构和构造处理。水文条件包括地下水位和水质，直接影响建筑物的基础和地下室。根据地下水位和水质的情况，必须采取相应的防水和防腐蚀措施，以确保建筑物的稳固和持久。这些因素在建筑设计中需要得到专业考虑，以保证建筑的质量和安全。

2）水文、地形、地质及地震烈度

水文条件是指地下水位的高低及地下水的性质，直接影响建筑物基础及地下室。一般应根据地下水位决定是否采取必要的防水和抗浮措施。基地的地形、地质条件对建筑物的平面布置、结构选型、建筑构造都有明显的影响。坡度陡的地形，常使建筑平面布置采用错层、退台、支护等因地制宜的方式；复杂的地质条件，要求基础采用相应的结构与构造措施进行设计处理。对于地震烈度大于 6 度的地区，还应重点考虑抗震设计措施。

3. 社会环境

社会环境对建筑设计的影响是多方面的。以下是一些主要的影响因素：

1）文化背景

不同的社会文化背景会对建筑设计产生深远影响。建筑设计需要考虑到当地的历史、文化和传统，与当地的社会环境相融合。

2）经济条件

经济条件是影响建筑设计的重要因素。不同地区的经济发展水平不同，对建筑设计的需求和投入也会有所不同。在经济发达的地区，建筑设计可能更加注重创新性和艺术性；而在经济欠发达的地区，建筑设计可能更加注重实用性和经济性。

3）政策法规

政府的政策法规对建筑设计也会产生影响。例如城市规划、建筑法规、环保政策等都会对建筑设计的理念、风格和实施产生约束和引导。

4）社会需求

社会需求是建筑设计的出发点和落脚点。不同的社会需求会导致不同的建筑设计方向。例如对老年人友好城市的需求增加，就会推动更多适合老年人的建筑设计方案的产生和实施。

5）科技发展

科技进步为建筑设计提供了更多的可能性和工具。新的建筑材料、结构技术、智能技术等的发展和应用，都会推动建筑设计理念和实践的创新。

社会环境中的文化背景、经济条件、政策法规、社会需求以及科技发展等多方面因素都会对建筑设计产生影响。建筑师需要综合考虑这些因素，才能创造出既符合社会需求又具有创新价值的建筑作品。

5.1.6　建筑设计内容

工程建设包含从拟定建设立项到建成使用，要经过编制工程设计任务书、选择建设用地、建筑设计、工程施工、工程验收及交付使用等阶段。设计工作是其中极为重要的阶段，具有较强的政策性和综合性，要将建设方的需求转化成清晰的图纸，包括空间关系和配套设施。设计需要经过多轮审查和修改，确保一致性和完整性，成为工程实施的指南。设计质量对工程成功至关重要。

建筑工程设计的内容包括建筑设计、结构设计、设备设计等方面的内容。各专业设计既要明确分工，又需密切配合。

1. 建筑设计

建筑设计是在总体规划的基础上，根据设计任务书的要求，综合考虑基地环境、使用功能、材料设备、经济成本和艺术等因素，重点解决内部功能与空间布局、与周围环境协调、艺术效果、细节构造等问题，以创造既科学又富有艺术感的生活和工作环境。建筑设计在整个工程设计中占据主导地位，需要考虑与结构和设备专业的协调，以确保建筑物具备适用性、安全性、经济性和美观性。建筑设计包括总体规划和单体设计，通常由建筑师负责完成。

同时应开展绿色建筑设计，主要包括节能设计、日照分析、建筑光环境、建筑声环境、建筑风环境和住区热环境。

2. 结构设计

结构设计主要是根据建筑设计选择合适的结构方案，进行结构计算，布置结构，设计结构构件，确保建筑物的稳定性和安全性。结构设计需要与建筑设计和设备工程协调，以满足不同专业领域的要求，确保建筑物在使用中稳定、可靠，结构设计由结构工程师完成。

3. 设备设计

设备设计包括给水排水、电气照明、强弱电、网络通信、采暖空调等方面的设计，确保建筑内部各系统高效运行，提供安全、舒适环境，由相关专业的工程师配合建筑和结构设计完成。

5.1.7 建筑设计程序

建筑设计程序有两个阶段：设计准备阶段和设计阶段，具体的工作要求及内容如表5-6所示。

建筑设计程序 **表 5-6**

设计程序	工作要求	主要工作内容
设计准备阶段	核实必要的文件	核实主管部门的批文、城建部门的批文，熟悉设计任务书
	收集资料	收集气象资料，地形、地质和水文资料，设备管线资料，定额指标，标准规范
	调查研究	材料供应和施工条件、现场踏勘、建筑传统和风俗习惯
设计阶段	方案设计	完成修订性详细规划、建筑总平面图、建筑单体平/立/剖面图、效果图及模型
	初步设计	在方案基础上，深化建筑设计、对建筑结构进行试算、水电等设备专业进行技术深化设计、编制工程概算书
	技术设计(扩大初步设计)	对于较复杂项目，完成各专业之间的技术论证，对建筑、结构、设备各专业技术文件进一步深化设计，编制更准确控制造价的工程概算书(修订)。技术设计主要是技术研究。一般建筑，可省略技术设计
	施工图设计	完成设计说明书、建筑总平面图、建筑单体平/立/剖面图、建筑构造详图、结构施工图、给水排水、电气照明、暖通等设备施工图。图纸深度需满足施工图预算要求，施工图设计是建筑施工的主要技术依据

5.2　建筑的结构体系

5.2.1　结构体系概念

建筑结构体系是指承受竖向荷载和侧向荷载，并将这些荷载安全地传至基础的结构系统。它一般分为上部结构和地下结构，上部结构是指基础以上部分的建筑结构，包括墙、柱、梁、屋顶等；地下结构指建筑物的基础结构。结构体系的简单定义就是建筑中承重的骨架构件，人们可按照外形和基本的物理性能来识别和理解构件之间传递内力的结构系统。

一方面，依据构件的几何形状，大致可分成线状和面状构件，线状又可分为直线状和曲线状，面状可以是平面状和曲面状，另一种基本的分类是基于刚度，分为刚性构件和柔性构件。刚性构件在荷载作用下只发生小的变形，没有显著的外形变化；而柔性构件在一种荷载条件下，就形成一种外形。当荷载条件发生变化，则构件外形随之又发生大的变化。建筑材料中，木材、钢筋混凝土构件属于刚性构件，而钢索则为柔性构件。另一方面，按照构件的空间布置，又可分为单向结构体系和双向结构体系。对前者，结构单向传递荷载；对后者，荷载传递复杂，至少双向传递。跨越在两个支座上的一根梁就是单向结构体系的例子，而搁置在四条连续边界上的刚性方板属于双向结构体系。

5.2.2　结构体系

1. 梁与柱

在建筑结构体系中，梁与柱是建筑工程中最基本的构件，通过水平的梁与竖向的柱联系在一起的结构非常普遍，水平构件为梁，承受着上部竖向的力；竖向构件称为柱，沿柱的长度方向将轴向受力传递到基础。梁是通过弯曲变形来承受竖向荷载。因为受到竖向荷载后梁发生弯弓状刚性变形，弯曲使梁内部产生内力和应变。

2. 墙与板

墙与板都是刚性面成形的结构。承重墙能同时承受竖向与侧向荷载。相对平面尺度而言，平板的厚度很小，被典型地应用于水平构件，以受弯的方式来承受荷载。板可支撑在其四周连续的边界上，也可只支撑在个别点上，也可是这两种情况的混合。板结构通常采用钢筋混凝土或者钢材来建造。可将狭长的刚性板在其长边的边缘处一块一块折线地连接起来，实现水平跨越承载。这种方式组成的结构，称为折板结构。它比原来的平板具有更高的承载能力。

3. 框架结构

一方面，框架结构是一种由线状构件梁和柱所组成的结构，构件之间在端部相互连接，连接处称为“节点”。虽然节点作为整体在受力后可转动，但是以相连的构件之间没有相对转角发生为计算条件。框架结构对跨度大的和跨度小的建筑都适用。框架最简单的形式之一是由两根柱和一根刚性连接的梁所组成的基本单跨框架；如将梁分成两段形成倾斜的、有屋盖顶点的框架称为人字形框架。单跨框架的概念可以扩展到多个单元的框架，例如水平方向扩展可形成多个节间的框架，竖向扩展可形成多个楼层的框架。框架结构能抵抗竖向荷载，也能抵抗水平荷载。当框架梁受到竖向荷载后，梁发生挠曲变形，梁端部趋于转角变形。另一方面，梁端与柱顶是刚性连接，梁端难以自由地转动，因为它受到柱子的约束。因此，柱子除了承受来自梁传递过来的轴力外，还要承受弯矩；然后，柱子又将这些内力传递至基础。当框架结构受到侧向或水平荷载作用后，借助梁柱之间的刚性连接，梁能约束柱子的转动。梁的刚度与框架抵抗侧向荷载的能力有着密切的联系，它也能起到将部分侧向荷载从一侧传递到另一侧的作用。侧向荷载将使框架中所有构件产生弯矩、剪力和轴力。

4. 桁架结构

桁架结构是一种由链连接的杆件组成的结构，通常采用三角形单元的平面或空间结构。桁架的杆件主要承受轴向拉力或压力，充分发挥材料强度，特别在大跨度的情况下能够节省材料、减轻自重并增加刚度。这种结构常见于大型厂房、展览馆、体育馆和桥梁等公共建筑，因其广泛应用于建筑屋盖结构，也被称为屋架。

桁架的各个杆件主要受单向拉力或压力，通过合理布置上下弦杆和腹杆，能够适应结构内部的弯矩和剪力分布。由于水平方向的拉压内力能够实现自身平衡，整个结构不会对支座产生水平推力。桁架结构的布置灵活，具有广泛的应用范围，特别适用于需要大跨度的建筑项目。

5. 排架结构

排架结构由屋架（或屋面梁）、柱和基础组成，柱与屋架铰接，而与基础刚接。根据不同的厂房生产工艺和使用需求，可采用等高或不等高等多种形式。目前，钢筋混凝土排架结构是单层厂房结构的主要形式，其跨度可超过 30m，高度可达 20～30m 甚至更高，吊车吨位可达 150t 以上。

排架结构在自身平面内具有较大的承载力和刚度，但排架之间的承载能力相对较弱。通常，在两个支架之间应添加相应的支撑，以防止风荷载的推动而导致侧向移动。排架结构适用于单层工业厂房。

排架体系通常用于高大空旷的单层建筑物，例如工业厂房、飞机库和影剧院的观众厅等。其柱顶采用大型屋架或桁架连接，并覆盖装配式屋面板。根据需要，有些排架建筑屋顶还可设置大型天窗，而有些则需要沿纵向设置吊车梁。由于排架体系的房屋刚度小、重心高，需承受动荷载，因此必须安装柱间斜支撑和屋盖部分的水平斜支撑，同时在两侧山墙设置抗风柱。

5.3 民用建筑

基于结构体系传递内力的机理，人们按照建筑工程结构使用的主要建筑材料，形成不同的建筑结构类型，民用建筑可以分为：木结构、砌体结构、混凝土结构、钢结构和组合结构。

5.3.1　木结构

木结构是将木材经过多种形式的连接形成的结构。木材常用的连接形式有榫卯连接、胶接、钉接和螺栓连接。木结构是一种古老而多样化的建筑结构，具有取材容易、加工简便、自重较轻、便于运输、抗震性能好和环保等优点，通常用于轻负载建筑和文化遗产保护项目。

应县木塔建成于我国辽代清宁二年，即公元1056年建成，是世界上现存最高大、最古老的全木结构塔式建筑。应县木塔总高65.86m，5个明层、4个暗层总共9层，相当于现在20层楼房的高度，总重量约7430t，全塔共应用54种斗栱，被称为“中国古建筑斗栱博物馆”。应县木塔完全由木材建造，完全采用中国特色的榫卯连接，结构中没有使用钉子或其他金属结构。这种木结构的建筑方式体现了中国古代木工艺的高超技能。屹立世间近千年的山西应县木塔，是中国文化的珍贵遗产，向世界展示了中国历史建筑的辉煌成就。

木结构具有环保、美观和施工便捷等优点，尤其在可持续建筑和绿色建筑方面，在现代建筑领域中，木结构越来越受到关注。轻型木结构建筑是现代木结构的发展趋势，木结构中密布的规格材骨架和结构覆面板材组成了各个结构构件，例如墙体、楼盖和屋盖，这些构件共同为结构提供了足够的强度和刚度以抵抗水平和竖向的荷载或作用。轻型木结构不仅可以用于住宅建筑，也广泛应用于商业建筑和公共建筑。

5.3.2　砌体结构

砌体结构是由砖砌体、石砌体或砌块砌体组砌而成的结构类型。

石材和砖是两种古老的土木工程材料，因此石结构和砖结构具有悠久的历史。早在5000年前，人们就开始使用石材来建造祭坛和石墙。公元前约3000年，埃及采用块石建成金字塔，公元前447年希腊的帕提农神庙，公元72—80年罗马建造了著名的罗马大斗兽场，15世纪梵蒂冈的圣彼得大教堂、印度泰姬陵等，这些著名的砌体结构建筑至今仍然开放供人们参观。

中国的长城始建于公元前7世纪春秋时期的楚国，而在秦代，长城被扩展，将燕、赵、秦三国的北部长城连为一体，成为一项跨越万余里的伟大工程。中国的长城是中华民族的精神象征，也是人类历史上最宏伟壮丽的建筑奇迹之一。

我国在公元595—605年间，李春建造了位于河北赵县的安济桥（赵州桥），这是世界上现存最早、跨度最大的空腹式单孔圆弧石拱桥。这座桥的建造展示了中国古代工匠的精湛技艺和聪明才智，其成为中国建筑史上最珍贵的遗产之一。

故宫旧称紫禁城，是明清两代皇宫，占地72万m^2，屋宇999间半，建筑面积15.5万m^2，建筑气势雄伟、豪华壮丽，是中国古代砌体结构建筑艺术的精华，也中国现存最大最完整的古建筑群。1988年，故宫被联合国教科文组织列为“世界文化遗产”。

常见的砌体结构是由砖或砌块为主要承重构件，广泛应用在工业与民用建筑中。随着环保理念引入建筑工程领域，我国已完成了从实心黏土砖向各种轻质、高强、高性能墙体材料的转变，形成以新型墙体材料为主、传统墙体材料为辅的产品结构，走上现代化、产业化和可持续的发展道路。现代砌体结构的发展趋势是采用配筋混凝土砌块的剪力墙结构。它与现浇钢筋混凝土剪力墙相比，具有结构造价低、施工速度快、节约钢材和良好的抗震性能等优势。我国从 20 世纪 80 年代以来，在吸收和消化国外配筋砌体成果的基础上，建立了具有我国特色的配筋混凝土砌块剪力墙结构体系，大大拓宽了砌体结构在高层建筑在抗震设防地区的应用。

5.3.3 混凝土结构

以混凝土为主制成的结构称为混凝土结构。混凝土结构主要包括素混凝土结构、钢筋混凝土结构和预应力混凝土结构等。

1824 年，英国人阿斯匹丁（J. Aspdin）发明了水泥。1850 年，法国人蓝波特（L. Lambot）制成了钢丝网水泥砂浆船。1861 年，法国人莫尼埃（J. Moier）获得了制造钢筋混凝土板、管道和拱桥的专利。这些里程碑标志着现代混凝土结构的诞生。尽管混凝土结构的历史相对较短，但因其高承载能力等特点，它不仅可用于一般建筑结构，还可用于高层建筑和大跨度建筑工程结构。此外，混凝土还具有其他结构难以媲美的优点，如节省钢材、可塑性好、耐久性高和耐火性强。因此，混凝土结构的发展速度迅猛，已经成为当今世界各国的主导结构。混凝土结构根据建筑层数采取不同类型的结构形式，如单层和多层可采用刚架、排架结构、框架结构；高层可采用框架、剪力墙、框架—剪力墙和筒体结构等结构类型。

单多层混凝土结构可以用于各种不同的用途，包括住宅、商业、工业和公共建筑；高层混凝土结构通常包含娱乐设施、餐厅、观景台等，成为人们聚集、社交和文化活动的场所，可在有限的土地面积上建造更多的办公室、住宅和商业空间。例如著名的纽约帝国大厦、吉隆坡双峰塔（世界上最高的双子塔，高度 452m）、俄罗斯圣彼得堡的拉赫塔（欧洲最高的建筑，总高度为 462m）、我国台湾 101 大厦、迪拜塔（目前世界上最高的建筑，总高度达 828m）。高层建筑通常成为城市的标志性建筑，塑造城市的形象和身份，它们吸引游客和投资，增强了城市的知名度和吸引力。

我国上海中心大厦总高度为 632m，大厦占地面积 30368m^2，该大厦不仅是一座标志性的摩天大楼，还是中国城市发展和国家形象的生动体现。这座亚洲最高的建筑、世界第二高的摩天大楼，是中国建筑工程和科技领域的巅峰之一。它不仅是上海市的标志性建筑，还是整个国家的象征，反映了中国在建筑和工程方面的卓越能力。

我国高层混凝土结构发展在以下几方面取得了显著成就：

（1）高层建筑数量的增长：过去几十年，我国高层建筑的数量迅速增长，尤其是在大城市中。这种增长反映了我国建筑业的快速发展和城市化进程的推进。

（2）结构体系的多样化：我国高层混凝土结构在结构体系上呈现出多样化的发展趋势。例如，框架—剪力墙结构、筒体结构、巨型框架结构等都在高层建筑中得到了广泛应用。

（3）混凝土强度的提高：通过采用高性能混凝土和先进的施工技术，我国高层混凝土结构强度不断提高。这使得高层建筑能够承受更大的荷载，同时提高了结构的耐久性。

（4）抗震性能的提升：我国在高层混凝土结构的抗震设计方面也取得了显著进展。通过采用先进的抗震设计理念和技术，如隔震和消能减震等，高层建筑的抗震性能得到了有效提升。

（5）绿色建筑的推广：近年来，我国积极推动绿色建筑的发展。在高层混凝土结构中，通过采用节能、环保的建筑材料和设计理念，绿色建筑得到了广泛应用。

（6）智能化建造技术的发展：我国正在积极推动智能化建造技术的发展，如 BIM 技术、3D 打印等。这些技术在高层混凝土结构中的应用，将进一步提高建造效率和质量。

5.3.4　钢结构

钢结构是用钢板、热轧型钢或冷加工成型的薄壁型钢制造而成的结构。钢结构通常包括各种形式的钢梁、钢柱、钢桁架、钢板和其他钢制构件，这些构件通过焊接、螺栓、铆接等连接方式形成结构体系。钢结构具有显著的优点，包括高强度、材质均匀、轻质、制造简便、施工周期短，具有大跨度和大开间的能力，以及适应各种复杂设计的能力。钢结构在现代建筑工程中占有重要的地位，尤其在高层建筑、大型桥梁、工业设施和空间结构方面。另外，钢结构也常用于可持续建筑和绿色建筑项目中，因为它可以通过回收和再利用旧钢材，减少对新资源的依赖，降低碳排放，并为建筑提供长期的可维护性。

英国伦敦眼、美国金门大桥和法国埃菲尔铁塔，这些钢结构建筑都成为著名的旅游景点和城市标志性建筑。

钢结构在我国民用建筑应用方面涌现了许多典型案例，如国家大剧院和国家体育馆，以新颖、现代外观创新突破了传统的建筑设计形式，传达了中国建筑发展道路上的开放理念和文化自信；钢结构在工业建筑应用方面得到了广泛应用，在应用上突出体现在高工业化程度、超高层应用、环保可持续等方面优势。

5.4　工业建筑

5.4.1　工业建筑概述

工业建筑是指专门用于各种工业生产以及为工业生产提供直接服务的建筑，通常被称为工厂、厂房或车间。这些建筑通常专用于生产、制造、加工、仓储等工业活动，具有特定的结构和设施，以满足工业生产的需求。

1. 工业建筑的特点

工业建筑的生产工艺具有多样性和复杂性，在设计、使用要求、室内环境、屋顶排水以及建筑构造等方面具有如下特点：

（1）工艺导向设计。工业建筑的设计始终以生产工艺需求优先，建筑设计必须紧密配合工艺设计图纸，确保建筑满足生产工业要求。

（2）内部空间较大。工业建筑的生产设备多、体量大，各部分生产联系密切，并需要多种起重和运输设备在建筑内部通行。因此厂房内部应有较大的开敞空间。

（3）宽敞的厂房。厂房通常具有较大的宽度，甚至采用多跨结构。为满足室内采光和通风的需求，通常在屋顶上设置天窗。

（4）复杂的屋顶构造。厂房屋面防水、排水构造复杂，尤其在多跨厂房中。

（5）承重结构复杂。单层厂房通常采用钢筋混凝土排架结构以支撑大跨度的屋顶和重型吊车；多层厂房则常使用钢筋混凝土骨架结构来承受更大的荷载；在特别高大的厂房或地震频发的地区，钢骨架结构被广泛应用。特别高大的厂房或地震烈度高的地区厂房，宜采用钢骨架承重。

（6）内部环境、局部构造应综合考虑。厂房多采用预制构件装配而成。此外，各种设备和管线的安装施工也相当复杂。

2. 工业建筑的类型

为了把握工业建筑的特征和标准，便于进行设计与研究，常将其分为如下几种类型：

1）按厂房用途分类

（1）主要生产厂房。用于完成从原材料到成品的生产工艺过程的各类厂房，如机械制造厂的铸造、锻造、冲压、机械加工等厂房。

（2）辅助生产厂房。为主要生产厂房提供支持和服务的各种厂房，如机修和工具车间。

（3）动力用厂房。提供工厂所需能源和动力的厂房，包括发电站、锅炉房和煤气站等。

（4）储藏用库房。用于储存各种原材料、半成品或成品的仓库，包括金属材料库、辅助材料库、油料库、零件库和成品库等。

（5）运输工具用库房。用于停放和维修各种运输工具的库房，如汽车库和电瓶车库等。

2）按厂房的生产状况分类

（1）冷加工车间。是指在常温状态下进行生产的车间，例如机械加工车间和金工车间等。

（2）热加工车间。需在高温和熔化状态下进行生产的车间。在生产中将产生大量的热量及有害气体、烟尘，如冶炼、铸造、锻造等车间。

（3）恒温恒湿车间。保持在稳定的温度（约 20℃）和湿度（相对湿度 50%～60%）条件下进行生产，适用于需要精密环境的车间，如精密仪器和纺织车间。

（4）洁净车间（无尘车间）。产品的生产对室内空气的洁净程度要求很高的车间。这类厂房围护结构还应保证严密，以免大气灰尘的侵入，保证产品质量，如集成电路车间、精密仪表的微型零件加工车间等。

3）按照建筑层数分类

（1）单层厂房。单层厂房广泛应用于机械、冶金等重工业行业。适用于有大型设备及加工件，有较大动荷载和大型起重运输设备，需要水平方向组织生产流程和运输的生产项目的单层工业厂房（图 5-3）。

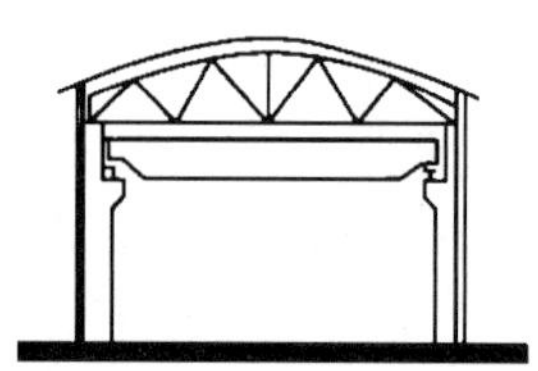
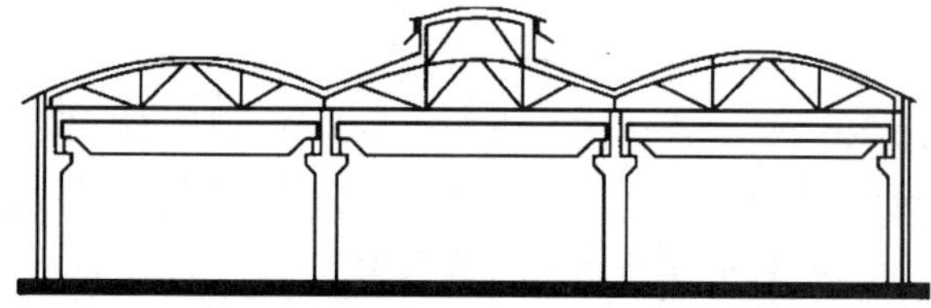

图 5-3 单层厂房

（2）多层厂房。通常指两层以上工业建筑。双层厂房广泛应用于机械制造工业、化纤工业等，而多层厂房则更适用于电子、精密仪器、食品和轻工业等行业。这类厂房的特点在于设备相对轻便且体积较小，通常将大型机床放置在底层，而小型设备则安排在上层。垂直运输主要依赖电梯，而水平运输通常采用电瓶车等设备。建设多层厂房有助于区域经济产业布局，并有效地节约建设用地。

（3）混合层数厂房。是指同一厂房内既有多层也有单层，单层内设置大型生产设备，多用于化工和电力工业，如图5-4所示。

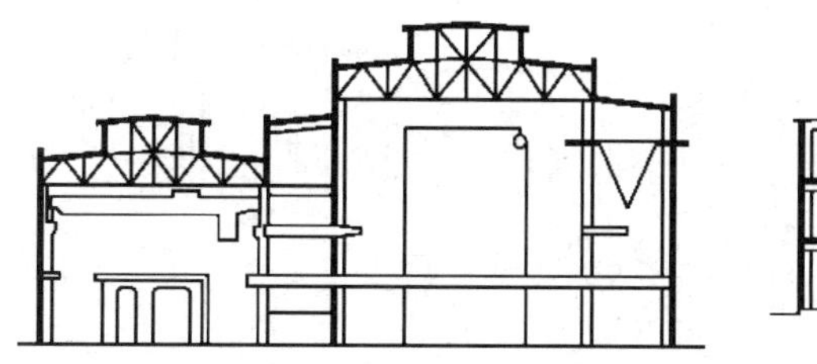
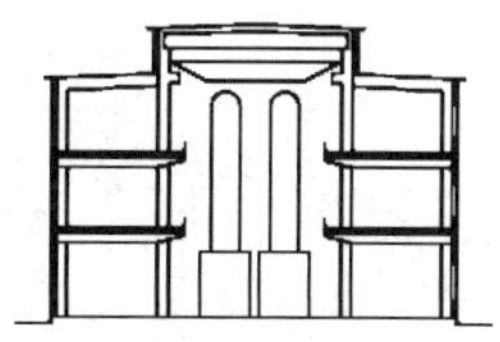

图5-4　混合层数厂房

3. 工业建筑设计要求

1）符合生产工艺要求

生产工艺是工业建筑设计的主要依据，生产工艺对建筑提出的要求就是该建筑使用功能上的要求。因此，建筑设计在建筑面积、平面形状、柱距、跨度、剖面形式、厂房高度以及结构方案和构造措施等方面必须满足生产工艺的要求。同时，建筑设计还要满足厂房所需机器设备的安装、操作、运转、检修等方面的要求。

2）满足建筑技术要求

（1）工业建筑的坚固性及耐久性应符合建筑的使用年限，能够承受自然条件、外力、温度和湿度变化和化学侵蚀等各种不利因素的影响。

（2）工艺不断更新，规模逐渐扩大，因此建筑设计应具备通用性和扩建的可能性。

（3）应严格遵守《厂房建筑模数协调标准》GB/T 50006—2010及《建筑模数协调标准》GB/T 50002—2013的规定，合理选择厂房建筑参数（柱距、跨度、柱顶标高），尽量采用标准通用的结构构件，从而提高厂房建筑工业化水平。

3）满足建筑经济要求

（1）在满足生产使用和结构安全的前提下，应适当控制厂房的建筑面积、体积，充分利用建筑空间，合理减小结构面积，提高使用面积，降低建筑造价。

（2）建筑层数是影响建筑经济性的重要因素。应根据工艺要求、技术条件等确定采用单层或者多层厂房。

（3）在满足生产要求的前提下，在不影响厂房的坚固、耐久、生产操作、施工进度的前提下，尽量减少材料消耗，从而减轻构件自重和降低建筑造价；尽量使厂房集中布置，减少占地面积，从而可相应减小外墙面积，缩短管网线路的长度，降低造价。

（4）结合当地情况，选择合适的材料、施工方法、施工机具等。

4）满足卫生及安全要求

（1）确保良好的自然通风，对散发有害气体、废气、辐射和噪声的厂房，应设法排除净化、隔离、消声，尽量减少或消除伤害。

（2）采取可靠的防火安全措施，美化室内环境，以提供有利于工人的身体健康的工作环境。

5.4.2 单层工业建筑

1. 单层工业建筑构件组成

钢筋混凝土排架结构是单层厂房常用的结构形式，这种体系由两大部分组成：承重构件和围护构件，如图 5-5 所示。

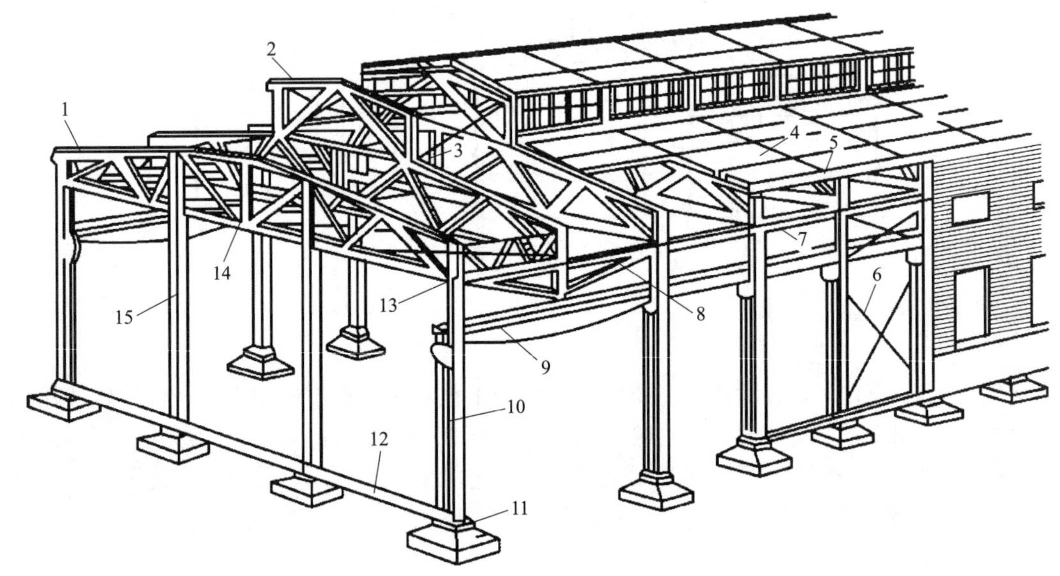

图 5-5 单层厂房构件组成

1—屋架；2—天窗架；3—天窗架垂直支撑；4—屋面板；5—天沟板；6—柱间支撑；7—连系梁；8—托架；9—吊车梁；10—排架柱；11—基础；12—基础梁；13—屋架端部垂直支撑；14—屋架下弦横向水平支撑；15—抗风柱

1）承重构件

（1）排架柱：作为厂房结构的主要承重构件，排架柱承受着屋架、吊车梁、支撑、连系梁和外墙传来的各种荷载，并将这些荷载传递到基础。

（2）基础：基础承受柱和基础梁传来的全部荷载，并将这些荷载传递到地基。

（3）屋架：屋架是屋盖结构的主要承重构件，负责承受屋盖上的各种荷载，并通过屋架将这些荷载传递给排架柱。

（4）屋面板：屋面板铺设在屋架、檩条或天窗架上，直接承受各种荷载，包括自重、围护材料、雪、灰尘以及施工和维护等荷载，并将这些荷载传递给屋架。

（5）吊车梁：吊车梁设置在柱子的牛腿上，承受吊车和起重机的重量以及运行中的各种荷载，并将这些荷载传递给排架柱。

（6）基础梁：基础梁承受上部墙体的重量，并将这些荷载传递给基础。

（7）连系梁：连系梁是厂房纵向柱列的水平联系构件，用于增加厂房的纵向刚度，承受风荷载和上部墙体的荷载，并将这些荷载传递给纵向柱列。

（8）支撑系统构件：这些构件分别设置在屋架之间和纵向柱列之间，用于增强厂房的整体空间刚度和稳定性，主要传递水平荷载和吊车产生的水平刹车力。

（9）抗风柱：单层厂房的山墙面积较大，所受风荷载也较大。因此，在山墙内侧设置抗风柱，以在山墙受到风荷载作用时分担一部分荷载。这一部分荷载由抗风柱上端通过屋顶系统传递到厂房纵向骨架，另一部分荷载则由抗风柱直接传递到基础。

2）围护构件

（1）屋面：单层厂房的屋顶面积较大，因此需要精心处理屋面构造措施，有效解决防水、排水、保温和隔热等问题。

（2）外墙：外墙是厂房的自承重结构，主要用于防风、挡雨、保温、隔热、遮阳和防火等功能。

（3）门窗：门窗用于交通、采光、通风以及安全。

（4）地面：地面需满足生产和运输要求，同时为厂房提供良好的室内工作环境。

2. 单层工业建筑结构类型

（1）排架结构（图5-6）。这是单层厂房中最常见的结构形式，由屋面梁或屋架、柱和基础组成横向骨架。排架结构的优点是具有一定的刚度和抗震性能，结构构件可以进行预制装配，促进了建筑设计的工业化。此结构形式的施工和安装相对方便，适用范围广泛。

（2）刚架结构（图5-7）。这种结构形式通常由柱和横梁刚接而成为同一构件，柱及基础可铰接或固端连接。

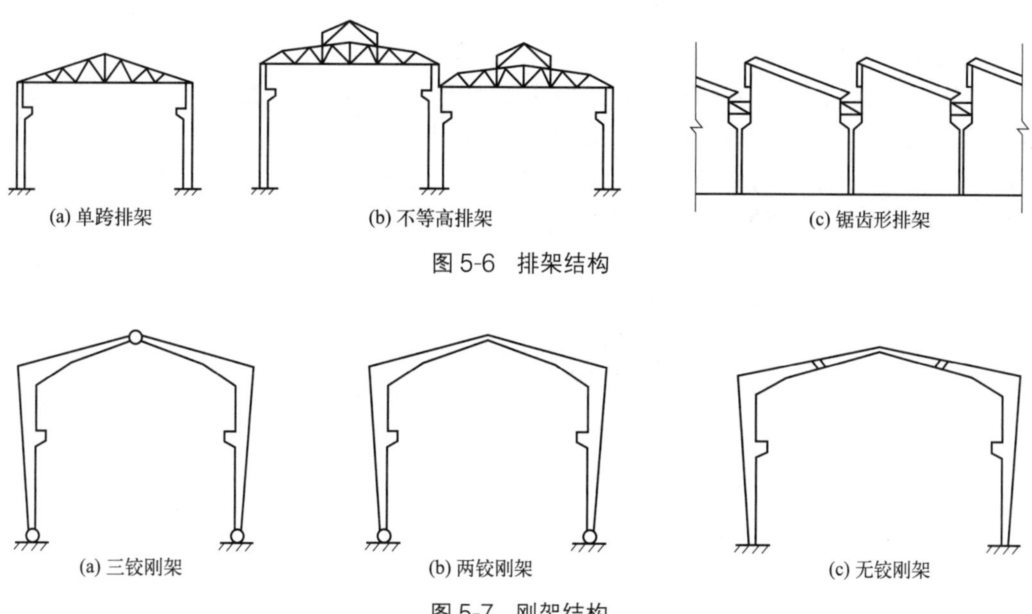

图5-6 排架结构

图5-7 刚架结构

5.4.3 多层工业建筑

1. 多层工业厂房的特点

多层厂房主要用于轻工业类厂房，如食品、纺织、化工、印刷、电子等行业。多层厂房具有以下特点：

（1）交通运输面积大。多层厂房在不同标高的楼层进行生产，除水平工作间的联系外，各层之间通过楼梯、电梯等垂直运输设备连接，以满足不同生产工艺需要的上下运输。增加了竖向空间的利用，使得生产流程更加灵活，但也增加了人流和货流的复杂性。

（2）建筑占地面积小。多层厂房占地面积较小，有助于节约土地资源。这不仅减少了基础工程量，还缩短了厂区道路、管线、围墙等的长度，降低了建设和维护费用。

（3）外围护面积小。与面积相同的单层厂房相比，多层厂房层数的增加减少了单位面积的外围护结构面积，从而减少了建筑材料的使用，提高了节能性。此外，在寒冷地区，它还有助于减少采暖费用。有空调的工段可以减少空调费用，并更容易满足恒温和恒湿的需求。

（4）屋顶结构简单。多层厂房的建筑宽度相对较小，因此屋顶面积较小，屋盖构造相对简单，不需要设置天窗，可以更好地利用侧面采光。此外，多层厂房也更容易排除雨雪和积灰，有助于保温和隔热处理。

（5）分间灵活：多层厂房分间灵活，有利于工艺流程的改变，但通常采用梁板柱承重结构，柱网尺寸较小。虽然分间布局更加自由，但柱子较多，结构面积较大，因此生产面积的使用率通常较低。

（6）设备布局合理。多层厂房设备布局方便合理。较重的设备通常放在底层，较轻的设备放在楼层。对大荷载、大设备、大振动的适应性较差，需做特殊的结构处理。

2. 多层厂房设计的一般原则

多层厂房设计与单层厂房一样，应根据生产工艺的要求，并结合建筑结构、采暖通风、水电设备等各个工种的技术要求和环境特征进行综合考虑：

（1）应保证生产工艺流程合理，以减少不必要的往返，特别是在不同楼层之间的往返。辅助工段应尽可能靠近其服务对象，以提高效率。

（2）在生产工艺可行的条件下，应将运输量大、荷载重、用水多的生产工段布置在底层。这可降低垂直运输的复杂性和成本，使运输更加高效。

（3）对于一些具有特殊要求的工段，应尽量将它们分别集中布置，以便进行竖向或水平的分区布局，以满足其特殊需求。

（4）在满足建筑物理要求，如通风和采光方面时，必须合理布置各生产工段的位置。对于那些可能对环境造成危害或具有危险性的工段，需要特别重视和采取合理的措施来处理。

5.5 建筑工程发展方向

建筑工程未来发展方向包括智能化、绿色化和数字化。

1. 智能化

随着物联网、人工智能、云计算等技术的发展，建筑工程将越来越多地采用智能化技术。智能化技术的广泛应用将改变建筑工程传统的工作方式，提高施工的精度和效率。例如建筑生命周期管理将运用智能化技术，实现全过程的数字化管理和监测，从设计到施工再到维护都能够实现精细化的管理和控制。同时，机器人施工将能够承担许多危险性高、人力难以完成的任务，例如深海作业、高层建筑施工等，提高施工的安全性和效率。智能安防系统也将广泛应用于各种建筑中，通过智能化技术实现安全监控、人脸识别、智能报警等功能，提高安全性和可靠性。

2. 绿色化

环保和节能已经成为建筑工程的重要指标。智能化技术还将促进建筑工程领域的绿色发展。例如，智能建筑将能够实现能源的自动化管理和控制，通过智能传感器、智能网关等技术，对建筑内的能源使用情况进行实时监测和控制，实现能源的精细化和智能化管理，提高能源利用效率，减少能源浪费。同时，智能化技术也将促进建筑材料的循环利用和智能化管理，减少建筑废弃物的产生和排放。

3. 数字化

建筑信息化将向数字化方向发展，数字化技术将在建筑设计、施工、运维等各个环节得到广泛应用。例如3D打印技术可以将数字建模转化为建筑结构，提高建筑结构的精度和复杂性，同时减少建筑材料和人工的浪费。

未来建筑工程发展方向将在传统设计、施工、管理方面更加注重智能化、绿色化和数字化的融合，以实现更高效、环保、节能的建筑发展目标。

思考题

（1）什么是建筑三要素？简述我国的建筑方针。

（2）什么是构件的耐火极限？

（3）建筑的基本组成部分有哪些？各部分有什么作用？

（4）简述建筑设计的依据、内容和程序。

（5）什么是建筑的结构体系？简述结构体系的分类。

（6）简述工业建筑的特点及类型。

（7）简述钢筋混凝土排架结构厂房的组成和厂房结构主要荷载的传递路线。

第 6 章　建筑环境与能源应用工程

6.1　建筑环境与能源应用工程的重要意义

城市和建筑是人类最伟大的工程创造，彰显了人类文明进步的历史，同时将原来一统的地球环境分割为自然环境、城市环境和建筑环境三个不同层次，如图 6-1 所示。自然环境的性状和变化由自然力量决定；建筑环境则是为满足使用者需要而人工创造的物理环境，由人类行为决定；现代社会，人类大多数时间的生活活动在建筑内开展；而且，为了提高生产水平，保护生态环境，包括农业在内的现代生产过程也越来越多地从自然环境转移进建筑环境。因此，建筑环境已成为现代人类社会生存发展的主要空间，建筑环境是实现人类美好生活的必要研究范畴。

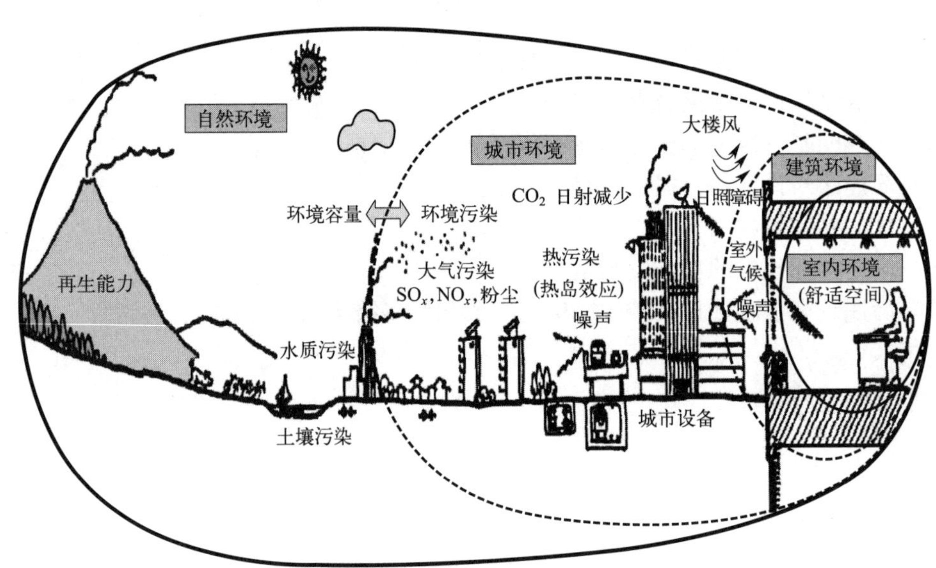

图 6-1　自然环境、建筑环境和城市环境的层次关系

（图片来源：《建筑环境学》，朱颖心）

营造满足人类需求的建筑环境均需要付出一定的代价，无论是通过建筑技术还是通过建筑设备技术营造建筑的物理环境，如室内温度、相对湿度、空气洁净度等，往往都需伴随消耗能源。

而能源的开发和生产环节，又均有一定的环境影响，特别是高品位能源，如电能的生产，其中火力发电每度电的二氧化碳排放达到 0.9kg 以上，碳排放进入大气中，给空气、水、土壤带来了不利影响，也影响处于自然环境和城市环境中的建筑环境。因此，采用一系列技术提高能源利用效率、降低建筑总能耗与采用一系列技术改善“建筑环境”是协调一致的。

21 世纪以来，人类社会发展面临的能源环境形势赋予了建筑环境与能源应用工程创造人类美好生活和可持续发展的重要任务，建筑环境与能源应用工程始终围绕建立和保持建筑环境与自然环境的良性生态循环以及提高能源利用效率两个方面开展工作，对于人类发展和应对气候变化具有重要意义。

6.1.1　土木工程中的环境与能源问题

土木工程是建造各类工程设施的科学技术总称，土木工程包含了建筑工程，也包含了道路、桥梁、水利、海洋等工程。这些工程活动都意味着对环境产生影响，传统的土木工程施工方法需要大量的原材料采集和运输过程，导致生态破坏和资源浪费，严重影响生态平衡，大量的能源消费和排放过程对气候变化产生不可忽视的影响，施工中的噪声、振动、尘埃对居民和周围人群生活和健康造成不利影响，施工中的废弃物处置不当也造成环境污染。同时，土地占用、土地开发、水资源开发都会造成资源消耗和环境破坏。因此，建筑和土木工程的全生命周期都意味着会对环境产生影响。

在人类不断开发和利用自然的今天，人口聚集、面积庞大的巨型城市正在积聚成群，不断改变城市环境。一方面，城市中建筑的规模猛烈膨胀，建筑环境的控制更加复杂；另一方面，人类各种宏伟的建造工程在越来越显著地改变着自然环境。这些因素使得不同层次环境关联异常复杂，因而减少土木工程的环境影响，建立和保持建筑环境与城市环境以及自然环境的空气、水、能源等良性生态循环是当今人类亟待解决的难题。

与此同时，人类建成各类土木工程和利用它们在为人类生存发展提供条件时，都需要消耗大量能源。世界的建筑能耗现已占社会总能耗的 1/3 左右，在全球能源紧缺、地球温室效应日渐显著的严峻形势下，在土木工程中开发利用新能源、充分利用可再生能源和低品位能源、提高建筑能源利用效率，是人类面临的又一个重大课题。

6.1.2　人工环境营造方法

狭义的人工环境是指一定围合空间内人工创造的物理环境，包括民用建筑内环境、生产场所内环境和交通运输工具的厢、舱内环境等，人们主要关注其内的人员安全、健康、舒适、劳动效率、产品质量等，所以关注的物理参数一般有温度、相对湿度、污染物和物理干扰等。

围合空间内温湿度调节的一般途径是通过热、湿传递，即向室内传递热量或从室内带走热量，以及向室内增加水蒸气或把室内多余的水蒸气带走，热和湿的载体都是空气；颗粒物、有害气体污染物的削减也是通过空气过滤或者对空气实施其他物理、化学的处理实现。因此，空气调节是营造人工环境的主要方法。

空气调节简称“空调”。《供暖通风与空气调节术语标准》GB/T 50155—2015 将空气调节定义为：使服务空间内的空气温度、湿度、洁净度、气流速度和空气压力梯度等参数达到给定要求的技术。空气调节的任务是使空气达到和维持所需要的状态，人工调节空气温度、相对湿度、空气流动速度、清洁度及空气压力梯度（简称“五度”），是技术措施。

最早实现提供人工温湿度环境可追溯到 1902 年，美国的威利斯 • 开利（Willis H. Carrier）博士为纽约一家印刷厂设计了世界上第一套科学空调系统以维持印刷厂需要的恒温恒湿环境，因为不稳定的温湿度条件造成了印刷画面出现重影等质量问题。这套空调系统具备温度控制、湿度控制、空气循环、净化空气四项功能。空调被列入 20 世纪全球十大发明之一，目前已经得到了较好的发展。

现代空调已从控制温湿度环境工程步入了对空间环境的品质全面调节与控制阶段，现代技术发展有时还需要对环境空气的压力、成分、气味及噪声等进行调节与控制。通常采用换气的方法保证内部环境的空气新鲜；采用热、湿交换的方法保证内部环境的温湿度，以及采用净化的方法保证空气的洁净度。因此，一定空间的空气调节并非是封闭的空气再造过程，而主要是置换和热质交换过程。

不同用途的人工环境有着不同的参数特征，以空气调节为主导的人工环境营造技术涉及的主要内容包括：内部空气环境各项参数控制指标的确定；影响内部环境空间的各种内外干扰量（通常主要指热、湿负荷）的计算；各种空气处理方法（加热、加湿、冷却、减湿及净化等）和设备的选择；空气调节的方式和方法；内部气流的合理组织；空气的输送和分配及在干扰量变化时的运行调节等。

营造应用于以人为主的环境的空气调节设备是舒适性空调，其作用是维持良好的室内空气状态，为人们提供适宜的工作或生活环境，以利于保证工作质量和提高工作效率，以及维持人们良好的健康水平。

工艺性空调主要应用于工农业生产及科学实验过程，其作用是维持生产工艺过程或科学实验要求的室内空气状态，以保证生产的正常进行和产品的质量。

除工业与民用建筑方面的应用外，空气调节技术还广泛应用于交通运输工具（如汽车、火车、飞机及轮船）及国防工业。如航天飞行中的座舱，其外部环境瞬息万变，但仍需保持舱内温湿度在一定范围。另外，在工业高温环境下工作的工程车、行车、核能设施、地下与海下设施以及军事领域等，空调技术都是必需的。

6.1.3 建筑用能和节能

在建筑的全生命周期中，兴建建筑、建筑运行、建筑拆除环节都需要用能，但建筑运行期间的用能占比最大。建筑使用运行时，用能的实体有空调系统、通风排烟系统、卫生热水系统、照明系统、供水系统、电梯、灶具等，直接消耗的能源形式主要是电能、燃气等。目前中国的建筑能耗占到社会总能耗的 1/4 以上，随着建筑品质的提高，用能需求还将继续增加。

根据清华大学建筑节能研究中心建立的中国建筑能耗模型（China Building Energy Model，CBEM）的研究结果，2001—2019 年间，我国建筑能耗总量及其中电力消耗量均大幅增长，其中公共建筑、城镇住宅、农村住宅及北方采暖四个用能分项分别占建筑总能耗的 34%、24%、22%及 20%。因各类公共建筑服务需求的提升及智能控制水平的落后，终端用能需求（如空调、设备、照明等）的增长，公共建筑的能耗已经成为中国建筑能耗中比例最大的一部分。2019 年，我国建筑运行阶段的二氧化碳排放量约占全社会总二氧化碳排放量的 22%。继续提升城乡建筑宜居品质，还会持续提高能源等资源消耗、增加二氧化碳及污染物排放。

根据重庆大学《2022 中国建筑能耗与碳排放研究报告》，2020 年全国建筑全过程（包括建材生产、建筑施工和建筑运行）能耗总量为 22.7 亿 t 标准煤，占全国能耗总量的

45.5%，全国建筑全过程二氧化碳排放总量则为 55 亿 t，占全国碳排放总量的 50.9%。

当今应对气候变化已经成为全球共识。长期以来，我国积极参与全球治理。为应对气候危机，我国提出“2030 年前碳达峰，2060 年前碳中和”的目标。我国建筑领域的能源消费与碳排放是全社会能源消费与碳排放的重要组成部分，其碳达峰的时间点及峰值直接影响其实现碳中和的可用时间和需完成的节能减排体量，因此，降低建筑用能是土木建筑领域科技工作者不可推卸的重任。

6.2　建筑环境工程

建筑环境工程的任务是应用一系列技术和设备为建筑营造所需的室内环境。

6.2.1　采暖、通风及空调工程

根据前述，空气调节是营造人工环境的主要途径，一般而言，民用的以舒适性为目的的空调工程可以包含采暖、通风和空调。采暖是使室内获得一定热量并保持一定温度，以达到适宜的生活条件或工作条件。供入室内的热能形式可以由电能转换或是蒸汽、热水、热风等载带。通风是采用自然或机械的方法对封闭空间进行换气，以获得安全、健康等适宜的空气环境的技术。空调则利用冷、热源和通风、净化等设备，以调节室内空气参数的方法为主，使空气温度、湿度、洁净度、气流速度和空气压力梯度等参数达到给定要求。

我国的采暖通风和空气调节的技术体系最先是从满足工业企业需求出发建立的，1976 年颁布实施了首部国家标准《工业企业采暖通风和空气调节设计规范》TJ 19—75（现已废止），到 20 世纪 80 年代以后，随着国民经济发展和人民生活水平改善，才将采暖通风和空气调节技术普及到民用建筑，并重视民用建筑的供暖通风和空气调节。民用公共建筑的采暖通风空调工程在为人民群众提供舒适健康的环境方面起到了重要的作用。图 6-2 为安装了采暖通风空调工程的人民大会堂，图 6-3 为安装了通风空调工程的北京大兴机场 T3 航站楼。

图 6-2　安装了采暖通风空调工程的人民大会堂

供暖的目的一般是提高室内的热舒适性。通过热介质载带热量，以热辐射、热对流为主的传热方式，传递至室内人员、内围护结构或室内空气来实现。采暖（供暖）系统一般由热源、输热管路、散热末端等构成。热源通常有锅炉、热泵等，输热管路通常有水管、

图 6-3 安装了通风空调工程的北京大兴机场 T3 航站楼

蒸汽管等类型。散热末端形式为多种多样的散热器。

建筑通风的主要任务是控制生产过程中产生的粉尘、有害气体、高温、高湿，控制室内有害物含量不超过卫生标准，创造良好的生产、生活环境，保护大气环境。通风的方式可分为自然通风和机械通风。前者主要利用建筑结构，在热压和风压效应下通风，无需风机等机械装置。通风系统因设置场所不同，其系统组成也不相同，常见的包括进风系统（一般由进风口、空气过滤器、风机、风道、送风口组成）和排风系统［一般由排风口（排气罩）、风道、除尘器（空气净化器）、风机、风帽组成］。

在采暖通风空调工程领域，虽然我国发展的历史不长，但我国十分重视人民生命健康和保障职工劳动卫生条件，不仅针对民用建筑、交通运载工具等环境的暖通空调研发应用了大量先进理论、技术和设备以提高生活环境的健康舒适度，且在工业除尘、废气净化领域开发了大量新技术、新设备、新工艺，与国家环保行业协调统一，实现绿色工业、清洁生产，保护了劳动者和人民健康。这些新技术多与新能源、新材料技术结合，实现节能和环境效益，为我国实现“双碳”目标、应对世界气候变化起到积极作用。

6.2.2 绿色建筑技术与可持续发展

随着世界科技的发展进步，人类对自身的可持续发展与自然环境的关系认识越来越科学，人类对生存活动的主要空间建筑环境的设计目标的演绎也经历了由舒适（或达到温湿度控制要求）到节能（满足室内环境参数的同时节约能耗）到健康（排出有害物质，提高空气品质）到生态（保护建筑内外环境，与自然和谐共生）的阶段。

20 世纪末期，由英国建筑研究院提出了世界上第一个绿色建筑评估体系 BREEAM（Building Research Establishment Environmental Assessment Method）。BREEAM 体系的目标是减少建筑物对环境的影响，体系涵盖了从建筑主体能源到场地生态价值的范围。BREEAM 体系关注环境的可持续发展，包括社会、经济可持续发展的多个方面。之后世界很多国家相继推出了各自不同的建筑环境评价方法，如美国能源及环境设计先锋奖（Leadership In Energy & Environment Design）、德国可持续建筑认证体系（German Sustainable Building Certificate）等。

中国也是较早研究绿色建筑标准的国家之一。2006年正式发布《绿色建筑评价标准》GB/T 50378—2006和《绿色建筑技术导则》。现行《绿色建筑评价标准》GB/T 50378—2019中的对绿色建筑的定义是：在建筑的全寿命周期内，最大限度地节约资源（节能、节地、节水、节材）、保护环境和减少污染，为人们提供健康、适用和高效的使用空间，与自然和谐共生的建筑。广义的绿色建筑，是建筑的科技、环保、绿色、可持续、低碳化发展的统称。

中国绿色建筑评价指标体系由节地与室外环境、节能与能源利用、节水与水资源利用、节材与材料资源利用、室内环境质量和运营管理六类指标组成。相应地，绿色建筑技术体系也可以分为这几个方面。

节能的含义不仅仅是节约能源的数量，而且包含开发利用可再生能源和废热等低品位能源。可再生能源（Renewable Energy）是指从自然界获取的、可以再生的非化石能源，包括风能、太阳能、水能、生物质能、地热能和海洋能等。

节水的途径也不只减少水的消耗，还包含利用非传统水源，即不同于传统地表水供水和地下水供水的水，包括再生水、雨水、海水等。

节材不仅是尽量减少材料的耗用，还包含利用循环材料（Reusable Material），即在不改变所回收物质形态的前提下进行材料的直接再利用，或经过再组合、再修复后再利用的材料。

全面推行绿色建筑，既可提升建筑宜居水平，又是实现建筑碳减排目标的最佳途径。

6.3 建筑能源应用工程

6.3.1 建筑能源系统和建筑节能

建筑能源系统包括能源供应系统和用能系统。建筑能源供应系统包括供电、供热（冷）、供燃气系统等。建筑用能主要是各种建筑设备，除去照明、电气、控制设备外，主要的用能设备是采暖、通风、空调系统。

建筑供热（冷）系统也称为冷热源，其类型多样，例如各种制冷机组、锅炉、热泵等。驱动能源类型既有电力也有化石燃料、可再生能源和余热。在能源日益紧张和环境压力日益严峻的今天，可再生能源，如太阳能、地热能、工业余热的利用日益受到重视，可再生能源利用和相关建筑节能具体措施被列入相关的设计规范和国家发展规划。对于冷热源节能技术，我国大力推荐太阳能建筑应用，一方面，要求根据太阳能资源条件、建筑利用条件和用能需求统筹太阳能光热和太阳能光伏利用，开展以智能光伏系统为核心，以储能和建筑电力需求响应等新技术为载体的区域级光伏分布式能源站应用示范。在农村推广被动式太阳房等适宜技术。同时，加强地热等可再生能源利用，因地制宜推广地源热泵技术，在夏热冬冷地区和寒冷地区推广空气源热泵技术。另一方面，充分发挥电力在建筑终端消费清洁性、可获得性、便利性等优势，结合储（电）能技术和光储直柔技术实施建筑电气化工程，在大型公共建筑推行热泵、电蓄冷空调等。图6-4为深圳机场T3航站楼的蓄能空调系统。

建筑节能技术涉及方面广泛，不仅涉及供能系统的节能，还涉及建筑结构和热工性能、用能设备节能等，因此是一个庞大的技术体系，但都可以归纳为利用低品位能源、提

图 6-4 深圳机场 T3 航站楼的蓄能空调系统

高系统能效等。

新建建筑节能的措施首先是遵循节能设计的原则，既有旧建筑则从节能诊断入手，进行节能改造，因地制宜地确定改造标准，发挥可再生能源利用系统的功能和效益。其次，在建筑建造过程中需强化施工阶段质量控制，例如建筑围护结构的气密性，确保热桥断桥等，还要提高建筑运行维护阶段的节能管理水平。

6.3.2 可再生能源利用

构建绿色经济体系是实现“碳达峰”“碳中和”的首要途径。实现“碳达峰”“碳中和”是一项复杂艰巨的系统工程，关键在于推动能源清洁低碳安全高效利用，在能源供给侧构建多元化清洁能源供应体系，在能源消费侧全面推进电气化和节能提效。为落实国家节能减排政策，实现“碳达峰”“碳中和”目标，我国政府对工程建设项目建筑节能与可再生能源利用提出了通用性底线要求，2022 年 4 月 1 日起实施的《建筑节能与可再生能源利用通用规范》GB 55015—2021 是我国在建筑节能领域首次发布的全文强制的工程建设性规范。

为实现“碳达峰”“碳中和”目标，必须强化可再生能源在建筑中的推广应用力度。可再生能源包括风能、太阳能、水能、生物质能、地热能和海洋能等。

太阳能系统包括太阳能热利用系统、太阳能光伏发电系统和太阳能光伏光热系统，这三类系统均可安装在建筑物的外围护结构上，将太阳辐射能转换为热能或电能，替代常规能源向建筑物供电、供热水、供暖及供冷，既可降低常规能源消耗，又可降低相应的二氧化碳排放。《建筑节能与可再生能源利用通用规范》GB 55015—2021 中强调了可再生能源利用的合理性，要求建设项目可行性研究报告、建设方案和初步设计文件中均应包含可再生能源利用及建筑碳排放分析报告。强化可再生能源系统监测、计量与运行，在保证系统安全性的同时，提高可再生能源系统的功能和效益。

《公共建筑节能设计标准》GB 50189—2015 中涉及了一系列的可再生能源利用措施：鼓励和扶持在新建建筑和既有建筑节能改造中采用太阳能、地热能等可再生能源。《建筑节能与可再生能源利用通用规范》GB 55015—2021 则规定：新建有采暖和空调系统的工业建筑和其他建筑都要安装太阳能系统。

6.3.3 低碳和零碳建筑

城乡建设是我国节能减排的重要领域。“十四五”规划提出单位国内生产总值二氧化碳排放降低18%的目标，力争2030年前达到二氧化碳排放峰值，2060年前实现碳中和。《城乡建筑领域碳达峰实施方案》提出推动低碳建筑规模化发展，鼓励建设零碳建筑，制定完善零碳建筑标准。

能效提升与用能结构调整是降低建筑碳排放最重要的两条技术路径。国际上通常认为充分利用建筑场地内及周边可再生能源和碳汇，结合碳抵消机制，使得碳排放总量小于等于零即可称为零碳。英国建筑研究院环境评估方法 BREEAM 评估体系在能源部分对建筑碳排放提出要求；美国绿色建筑委员会推出的 LEED Zero Carbon 认证体系，要求建筑通过可再生能源替代建筑剩余能源需求；加拿大绿色建筑委员会对零碳建筑本体的能源需求做出限值规定，建筑应尽可能地减少能源需求和消耗并优先考虑现场可再生能源。美国“Architecture 2030”的 Zero Code 2.0 中要求建筑自身为高能效的建筑，并就地产生或者购买足够的无碳可再生能源。国际相关零碳标准与评价体系均认为零碳建筑应充分发挥建筑节能与可再生能源利用的减碳潜力，但未对零碳建筑进行分级认证。而我国目前针对建筑能效等级提升与可再生能源应用的减碳效果尚未有量化研究，且由于建筑节能与可再生能源产能替代的协同实现难度较大，不利于推动零碳建筑的普及。

中国目前还存在发电总装机容量和尖峰发电量双缺口，后者的缺口更加巨大。电力用量需求在时间上极不均衡，按年周期计，寒冬和炎夏是电力紧缺的关口，而按日周期计，白天是电力紧缺的关口，这是由于除工业用电之外，居民和社会生活的用电需求时间不均匀造成的。目前可再生能源发电的装机容量比例在不断扩大，而电网本身不具备储存电能的功能，如果没有蓄能措施，会造成弃电浪费且不能均衡用电时间不均匀的矛盾。所以，我国节能领域目前大力发展蓄能技术。因建筑特有的季节性冷、热需求，所以应在建筑节能领域因地制宜采取蓄冷和蓄热技术，例如冰蓄冷、水蓄热等技术。国家通过制定峰谷电价差异推进蓄能技术应用，一般峰电价远高于谷电价，因此建筑用电通过蓄能技术可以在夜间谷电价期间利用介质如水，用电能加热或制冷蓄积能量，白天使用，以节约电费。在不同的气候区域，有不同的蓄能适用技术，目前在一些办公、医院、酒店、商业建筑和工业场合都有蓄能应用的成功案例，利用峰谷电价差来节省大量的运行费用。以工业生产用工艺冷冻水的冷源为例，如精密电子洁净厂房、化纤生产等行业，需要大量的恒温恒湿的环境需求冷量，且产品生产工艺上还需要消耗冷量。利用水蓄冷后，利用峰谷电价差节省的运行费用十分可观，在适应不同要求水温的调节上也更加方便。

6.4 未来展望

“双碳”目标是党中央、国务院统筹国内国际两个大局做出的重大战略决策，树立了负责任的大国形象，彰显了大国担当，为我国经济社会发展提供了新的动力引擎。碳排放既是资源环境生态问题，也是经济问题。实现“双碳”目标，根本上要依靠经济社会全面绿色转型，推动经济走上绿色低碳循环发展之路。智慧中国、无人驾驶技术发展，加快了5G网络、数据中心等新型基础设施建设进程，“新基建”驶入快车道，“双碳”目标的提出对建筑环境与能源应用工程领域提出了新的挑战，也带来了新的发展机遇。全国综合能耗预测值要从2025年的12.81kgce/(m^2·a)下降到2060年的9.39kgce/(m^2·a)，建筑领域需要贡献的综合能耗强度预测值从2025年到2060年下降1.2kgce/(m^2·a)，必将使建筑环境与能源系统的技术产生重大变革，我们应该应对挑战、抓住机遇，为实现“双碳”目标贡献力量。

思考题

（1）结合对工业和民用建筑的了解，理解建筑通风的重要性。思考如何利用建筑结构和建筑技术形成良好的建筑自然通风效果，思考城市风环境的营造方法。

（2）查阅文献，并了解青藏铁路如何通过能量传输装置有效维持冬夏不同季节冻土层的稳定。

（3）查阅文献，并了解土木建筑工程碳排放途径，分析思考当地校园建筑降低碳排放的措施。

第 7 章　地下空间和隧道工程

7.1　地下空间发展历史和趋势

地下空间从广义上讲是指地表以下的空间，从狭义上讲是指埋置于地表以下具有一定规模天然的或人造的空间，或者指在岩土层中天然形成或经人工开发形成的空间。地下工程为开发地下空间形成的土木工程。地下空间在城市开发中得到广泛应用，又称为城市地下空间。地下建筑是指建造在岩层或土层中的各种建筑物或构筑物在地下形成的建筑空间。

美国学者（Gideon S. Golang）认为地下空间是建在地下一定深度处的空间，室内顶棚到地面距离大于 3m。地下空间是一种不可再生资源，地下工程具有防护性强、造价较高、施工后难以变更等特点，以及使用时封闭性强、方向感差、事故产生后难以疏散等不足。

人类出现已有 300 万年以上历史，长期以来地下空间作为人类居住、防御自然灾害和躲避外敌入侵的设施被利用，现代以来，随着土建工程、水利水电工程、核电工程、城市建设发展和矿山工程等的发展，考虑到选线需要和城市逐步由“摊大饼”形式转变到内涵式发展，地下空间规模和埋深逐渐加大，工程环境越来越复杂。钱七虎院士指出，21 世纪是地下工程的世纪。截至 2020 年底，我国现有地下空间总面积约 24 亿 m^2，总面积世界第一。

7.1.1　地下空间发展历史

原始时期，人们利用天然岩洞作为居住场所，我国黄河流域就发掘了公元前 8000—公元前 3000 年的洞穴遗址 7000 余处。原始时期地下空间呈点状分布特征，如图 7-1、图 7-2 所示。

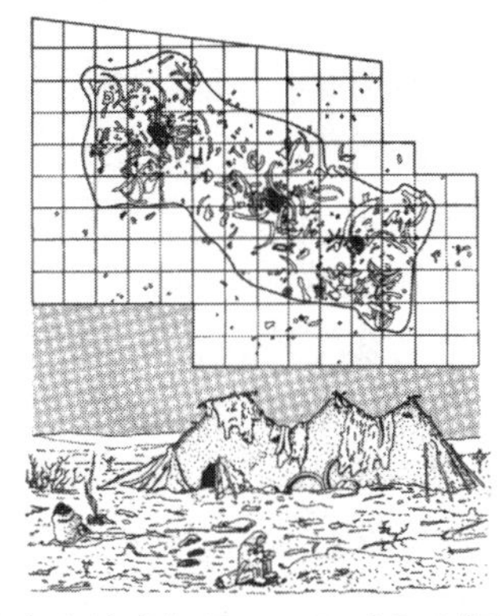

图 7-1　在乌克兰发掘的旧石器时代晚期的简陋住房

图 7-2　原始社会地下居住

进入奴隶社会和封建社会以后，地下空间得到了一定发展，包括地下粮仓、地下宗教活动场所等，这些空间大部分呈零散状分布，个别规模很大，如我国埋在地下的秦始皇兵马俑、龙门石窟等（图 7-3、图 7-4）。地下空间在封建社会有时用作储藏设施、运兵通道和水利工程。

图 7-3　秦始皇兵马俑

图 7-4　龙门石窟

随着炸药的发明和新型机械化施工设备的产生，特别是第一次工业革命以后，城市化进程加快，地下空间开始快速发展，世界上第一条地铁于 1863 年建成于英国伦敦，如图 7-5 所示。

图 7-5　英国伦敦地铁

两次世界大战对城市造成了毁灭性的破坏，当时主要战争参与国建设了大量的战争防护指挥所、人员掩蔽工程、医院等，并将原来的地铁在战时加以利用，形成人防空间，如 1940 年伦敦大空袭时地铁成为临时避难所。炸药的发明使大规模岩石地下洞室开挖变为可能。炸药起源于我国，唐代已发明黑火药，在宋代开始得到应用，但威力不够大。诺贝尔发明了胶质炸药，其广泛应用于钻爆法施工。1863 年开始生产甘油炸药，由于液体炸药容易发生爆炸事故，1866 年诺贝尔制造出固体的安全猛烈炸药“达那马特”；1867 年 5 月，获得英国的炸药专利，新的诺贝尔雷管发明成功；1878 年，完成发明可塑炸药；1887 年，取得喷射炮弹火药的专利。

进入现代以来，地下空间得到快速发展，地下空间的尺寸、复杂程度和类型大大超过以往。我国地下空间建设发展往往考虑人防作用，改革开放前，由于国际形势紧张，采用深挖洞方式进行地下空间建设，如防空洞，改革开放后对人防工程继续重视，采用平战结合方式开展建设，此时考虑了地下空间与城市建设相协调，对民生工程加大投入，如地铁、城市综合管廊、地下快速路等交通物流设施建设。1973 年石油危机的爆发，使人们认识到大型能源资源储备的重要性，美国、日本等国家逐步建立储备油库，中国也在 21 世纪初逐步建立起储油设施，地下储存石油、天然气等资源是一种典型储存方式。2018 年，国家能源局出台的《关于促进储能技术与产业发展的指导意见》首次明确支持储能系统直接接入电网，压缩空气储能作为一种大型储能技术在地下工程中得到开发应用。

地下大规模矿产资源开发使得地下空区稳定性受到重视，某金属集团某矿山经多年开采，形成了约 1500m×800m×100mm（长×宽×高）的间隔空区群，如图 7-6 所示，由于多次应力扰动，空区稳定性受到影响，如图 7-7 所示。

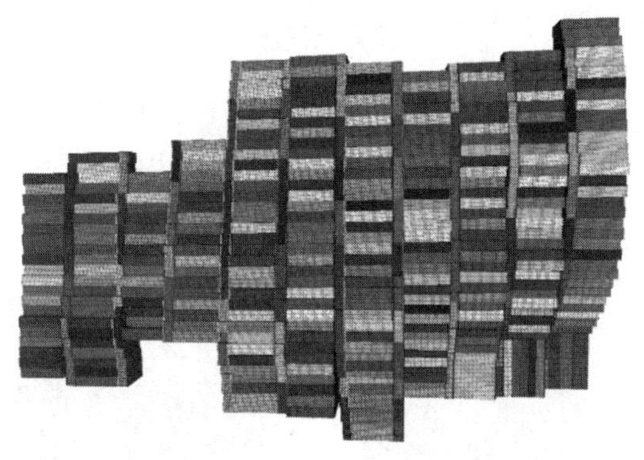

图 7-6　某矿山大规模空区模型

图 7-7　巷道顶板局部垮落

7.1.2　地下空间发展趋势

随着交通土建、水电工程和矿山开采等行业的发展，地下空间开发逐渐加快，在地下空间规模、复杂程度、新技术和新工艺方面都得到了长足发展。

我国大型水电工程，正朝着单机大容量、厂房洞室大跨度、洞室群结构大规模的巨型化方向发展，需要解决多洞室形成的洞室群在开挖过程中的洞室围岩稳定问题，确保地下厂房能长期安全稳定运行。大型水电站包括刘家峡水电站、葛洲坝工程、二滩水电站、三峡工程、锦屏水电站、白鹤滩水电站等，如图 7-8 所示。地下厂房面积巨大，涉及高地应力、高渗透水压和高地温特征，以及地下工程施工时产生的扰动，即所谓的“三高一扰动”。在上述典型工程情况下，地下洞室施工需要优化设计参数，合理设置支护措施和施工步序，加强施工监测分析和加强运营管理。

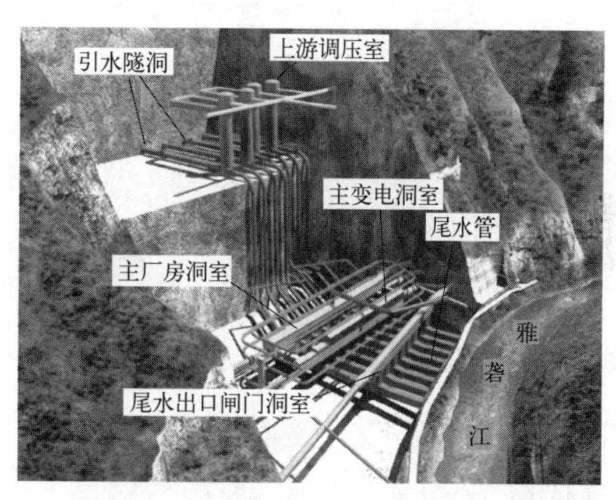

图 7-8　锦屏二级水电站地下厂房布置示意图

地下工程由于洞室众多，需要选择合理的建模分析平台，可选择 ArcGIS 等建模工具，目前发展方向是建模与计算一体化，并建立集成化的监测反馈信息系统，特别是在设计施工中预先布设传感器，为运营管理及健康养护提供硬件和软件平台，实现洞室监测数据可视化分析。在地下工程中，无人机、BIM 和 GIS 技术逐步得到应用。无人机结合激光雷达是目前应用最广泛的无人机测量技术之一，其通过测量激光束从发射源发出后反射回来所需时间，得到目标物体的距离信息，进行隧道测量，但由于隧道测量环境复杂，需要进行参数优化。翼目神 ST 是由澳大利亚联邦科学院研发的应用 SLAM 技术的连续性扫描仪，可以采用手持、延伸杆等方式测量，车载、机载（实现无人机自动避障），可应用于井下巷道测量、空区测量、露天建筑物测量等。

7.2 地下空间类型

地下空间按形成方式有自然空间和人工空间，自然空间包括天然溶洞、古矿遗址等，人工空间是指通过施工形成的空间；按地下空间用途分为交通、市政、矿山、水工、储存、生产、居住、商业和人防工程等，如图 7-9 所示。

(a) 周口店龙骨山的洞穴

(b) 市政综合管廊

(c) 矿山巷道

(d) 水工隧洞

(e) 地下粮仓

(f) 白鹤滩水电站发电厂房

(g) 居住洞穴

图 7-9 地下空间典型类型（一）

(h) 地下商业街

(i) 人防地下室

图7-9　地下空间典型类型（二）

交通地下空间有各类交通隧道，包括山岭铁路公路隧道、城市隧道、地铁隧道、沉管隧道、人行地下通道、地铁车站等。市政隧道最为常见的是地下综合管廊、顶管法修建的地下污水管道等。水工隧洞包括进水隧洞和尾水隧洞。矿山巷道包括各类开拓采准和回采所用的平巷、斜坡道、竖井、水仓和地下材料库等。储存地下空间包括地下粮仓、地下水仓、地下石油库、地下天然气库、地下压缩空气能储存库。生产地下空间包括地下厂房、地下污水处理厂等。

按地下空间断面形式有矩形、梯形、城门洞形（又称直墙拱形）、马蹄形（又称曲墙式）、带仰拱的扁平形式、圆形和异形结构等，如图 7-10 所示。

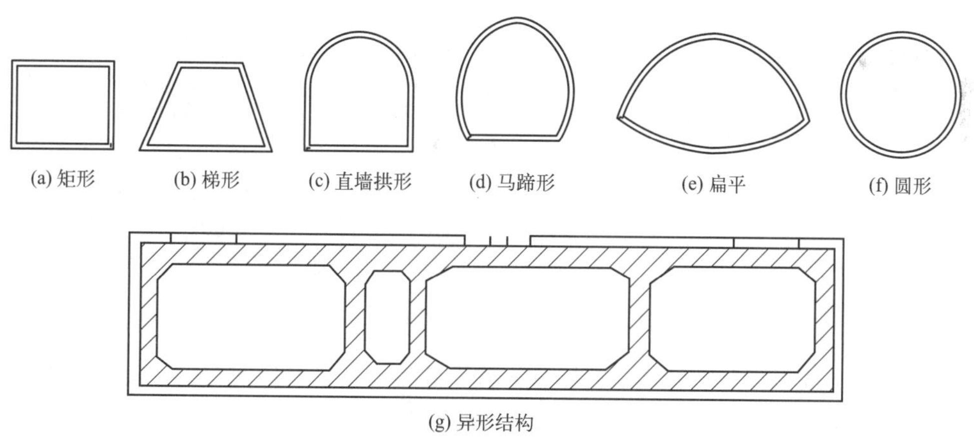

图7-10　地下结构断面形式

各种断面形式有不同的适用性，一般根据地下空间用途、地层性质和施工技术等确定。地下浅埋结构一般采用矩形及变化形式，其空间利用率高，梯形断面主要用于煤矿巷道，城门洞形巷道主要适用于围岩压力不大的高速和一级公路的横通道，以及二级以下山岭公路隧道，马蹄形隧道因其受力较好适用于各种围岩，当围岩较差时设置仰拱，演变为图 7-10(g) 的形式，圆形主要用于盾构法隧道、顶管法隧道，异形隧道主要用于沉管法隧道。

地下空间的施工方法有明挖法和暗挖法，前者适于浅埋且具备场地条件。明挖法又分为放坡开挖法、支护施工法，按主体建筑顺序分为顺作法、逆作法和盖挖法；暗挖法施工时应注意周围管线和地表建筑物的影响，又分为钻爆法、掘进机法、盾构机法、顶管法和沉管法等。钻爆法分为传统矿山法、新奥法和新意法，按开挖成型方式分为全断面法、分部开挖法。地下空间按所处位置有土质、岩质和岩土组合类型，按埋深大小有深埋和浅埋。按是否处于城市分为城市地下空间和非城市地下空间。水底隧道分为湖底隧道、跨江河隧道和海底隧道。

随着外太空事业发展，今后可能在月球和火星上建设地下工程，供人类居住和生产活动。快速交通的兴起，城市逐步建立地下快速通道，为推进城际间交流，正在研究真空管道式交通隧道。

7.3 隧道工程设计计算

地下工程的设计计算主要是如何确定作用在地下结构的荷载以及如何考虑围岩的承载能力。支护结构计算理论的发展可分为刚性结构、弹性结构、连续介质和信息化设计理论阶段。隧道工程设计包括材料选型和设计参数确定，然后采用合适的结构计算方法，计算应考虑施工过程（图 7-11）。

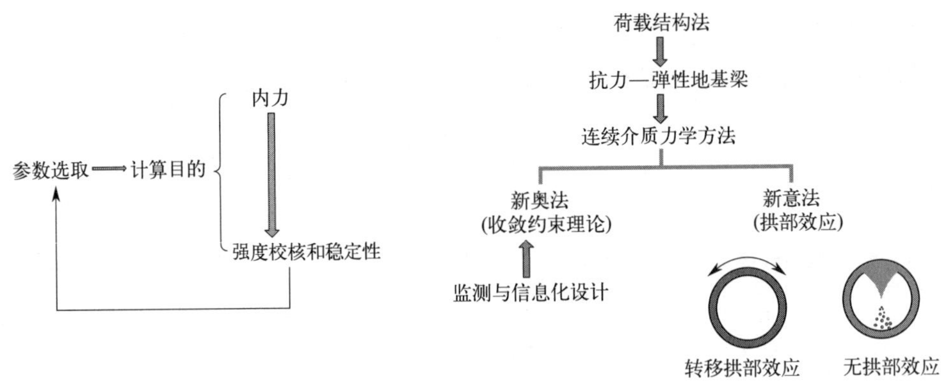

图 7-11 地下工程设计计算过程

隧道支护形式有现浇式和装配式，现浇式有喷锚支护、整体式衬砌、复合式衬砌，装配式包括盾构法、沉管法、顶管法和水中悬浮隧道法。

山岭隧道喷锚支护采用工程类比法进行设计，并通过验算确定。喷射混凝土强度不低于 C20，厚度不小于 50mm，钢筋网直径不小于 6mm、不大于 12mm，钢筋间距宜为 150～300mm，永久支护采用全长粘结型锚杆，临时支护可采用管缝式锚杆，对于成孔困难的，采用自钻式锚杆，亦称为迈式锚杆。对于局部危岩，采用局部锚杆进行加固，大范围加固采用系统锚杆，其计算方法可采用收敛—约束法、剪切滑移法、弹塑性力学法和有限元等数值计算方法，如图 7-12 所示。

山岭隧道整体式衬砌主要应用于隧道洞口，采用模筑混凝土衬砌。围岩压力直接作用于衬砌上，设计时应考虑两侧回填土石内摩擦角不小于岩土体与衬砌背面的摩擦角以免增

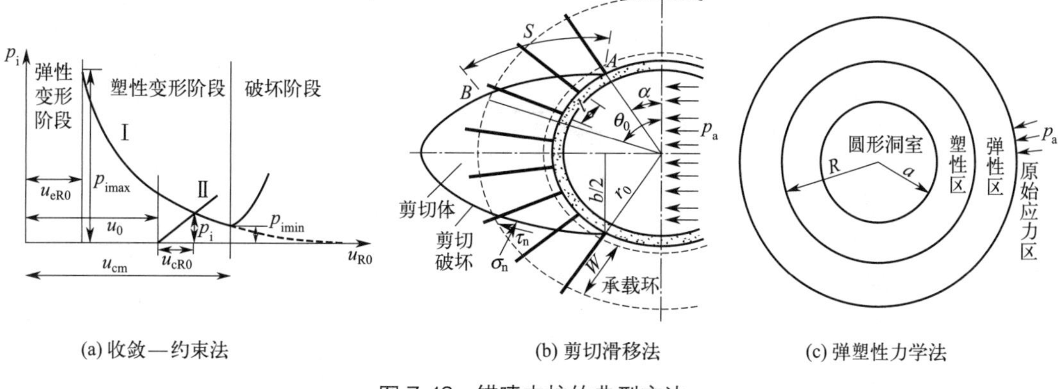

(a) 收敛—约束法　(b) 剪切滑移法　(c) 弹塑性力学法

图 7-12　锚喷支护的典型方法

大围岩压力。山岭隧道地层与支护间的作用可采用顶部无约束法、弹性抗力法、弹性地基梁法、多链杆支撑法和岩石力学分析方法，如图 7-13 所示。

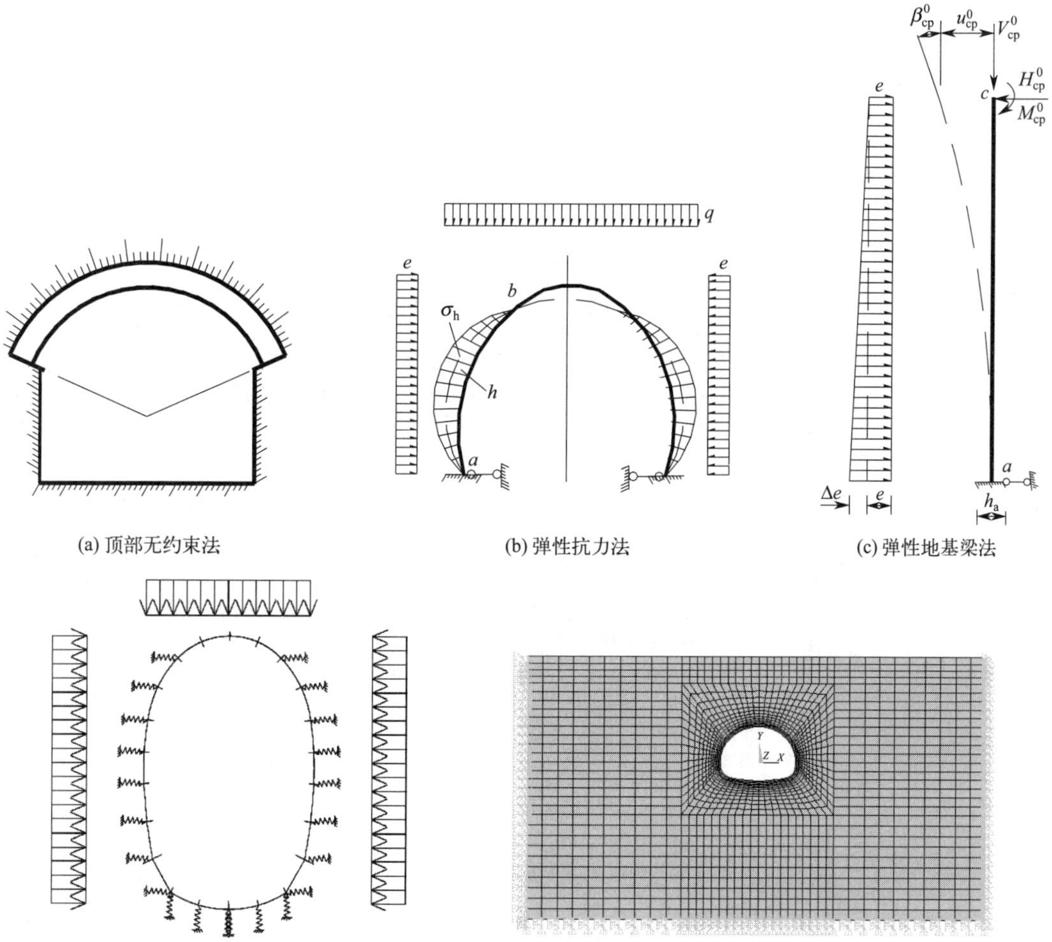

(a) 顶部无约束法　(b) 弹性抗力法　(c) 弹性地基梁法

(d) 多链杆支撑法　(e) 岩石力学分析方法

图 7-13　山岭隧道支护结构计算典型方法

各国对隧道设计方法各有不同，如表 7-1 所示。

各国隧道设计方法 **表 7-1**

国家	盾构开挖的软土质隧道	喷锚钢支撑的软土质隧道	中硬石质深埋隧道
奥地利	弹性地基圆环	弹性地基圆环、有限元法、收敛—约束法	经验法
德国	覆盖层厚＜2D，顶部无约束的弹性地基圆环；覆盖层厚＞3D，全支撑弹性地基圆环、有限元法	覆盖层厚＜2D，顶部无约束的弹性地基圆环；覆盖层厚＞3D，全支撑弹性地基圆环、有限元法	全支撑弹性地基圆环、有限元法、连续介质或收敛—约束法
法国	弹性地基圆环、有限元法	有限元法、作用—反作用模型、经验＋测试有限元法	连续介质模型、收敛—约束法、经验法
日本	局部支撑弹性地基圆环	初期支护：有限元法、经验＋测试有限元法	弹性地基框架、有限元法、特性曲线法
中国	自由变形或弹性地基圆环	初期支护：有限元法、收敛—约束法、二期支护：弹性地基圆环	初期支护：经验法 永久支护：作用—反作用法 模型大型洞室：有限元法
瑞士	—	作用—反作用模型	有限元法，有时用收敛—约束法
英国	弹性地基圆环 Muir Wood 法	收敛—约束法、经验法	有限元法、收敛—约束法、经验法
美国	弹性地基圆环	弹性地基圆环、作用—反作用模型	弹性地基圆环、有限元法、锚杆经验法

注：表中 D 为洞室（隧道）直径或跨度。

随着数值模拟技术的发展，隧道设计计算软件越来越丰富，如表 7-2 所示。

不同的隧道设计计算软件 **表 7-2**

软件名称	Midas GTS	同济曙光隧道设计系统	纬地隧道CAD系统	Ansys	FLAC 2D/FLAC 3D	Abaqus	Adina
简介	三维有限元软件，可分模块，主要针对隧道的有限元计算，隧道模拟采用静力模块，而考虑地震情况下用动力分析模块。可以对隧道交叉口及断面变化进行很好的模拟计算，同时可以计算地震作用下的内力情况	二维软件，能够通过交互输入得到隧道设计所用的内力和位移等数据。二维软件适用于计算单一断面的应力分布，软件操作简单，不具有动力分析和地震计算功能	本软件是在CAD基础上的一款成图软件。计算功能相对弱化，不适用于复杂结构计算，且没有考虑动力功能	大型通用有限元软件，英文版本，多用命令流进行交互输入，不仅能用于岩土领域问题分析，而且还广泛应用于结构、桥梁、机械、航天等领域，应用面更广，但是操作难度大，更适用于科研机构研究	岩土行业专用有限元软件，英文版本，多用命令流进行交互输入，多应用于科研机构研究，随着各单位技术水平提高，各种企业也逐步开始应用，计算准确性和专业性好于其他的软件	大型通用有限元软件，英文版本，多用命令流进行交互输入，不仅能用于岩土领域问题分析，而且还广泛应用于结构、桥梁、机械、航天等领域，应用面更广，但是操作难度大，更适用于科研机构研究	大型通用有限元软件，英文版本，多用命令流进行交互输入，不仅能用于岩土领域问题分析，而且还广泛应用于结构、桥梁、机械、航天等领域，应用面更广，但是操作难度大，更适用于科研机构研究

续表

软件名称	Midas GTS	同济曙光隧道设计系统	纬地隧道CAD系统	Ansys	FLAC 2D/FLAC 3D	Abaqus	Adina
分析方式	动力、静力分析	静力分析	不具有分析功能	动力、静力分析	静力分析	静力、动力分析	静力、动力分析
计算和成图	可内力计算，无成图功能	可内力计算，无成图功能	可简单内力计算，无动力计算功能，可成图	可内力计算，无成图功能	可内力计算，无成图功能	可内力计算，无成图功能	可内力计算，无成图功能
计算书等结果文件	可出云图	计算书及云图	无	可出云图	可出云图	可出云图	可出云图

隧道进出洞口和掌子面稳定是保证施工进度和安全的重要因素。山岭隧道施工时，洞口浅埋段一般采用大管棚加套拱形式进行支护，以顺利进洞，对于岩层很差的情况，则可通过水平旋喷桩进行预加固再进洞，隧道洞口边坡稳定性较差时，采用预先支护方式加固然后进洞，如图 7-14 所示。

(a) 套拱+超前大管棚加固洞口地层

(b) 水平旋喷桩加固洞口

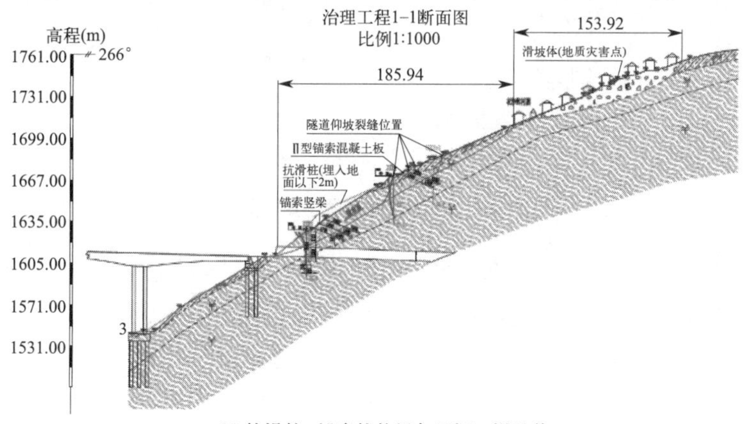

(c) 抗滑桩+锚索格构梁加固洞口滑坡体

图 7-14　山岭隧道洞口支护

破碎岩体隧道施工时容易垮塌，采用分部开挖法、超前支护、掌子面喷射混凝土、掌子面预先支护等方式加固，确保施工安全，如图 7-15 所示。

隧道进洞洞门墙常采用削竹式洞门和重力式挡墙两种形式，前者主要用于地形平缓的山岭地带，后者可与隧道进出口段整体式衬砌组合而成，如图 7-16 所示。

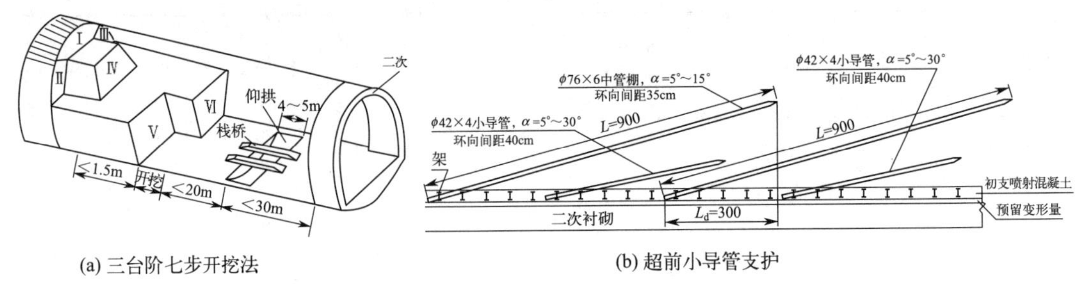

(a) 三台阶七步开挖法　　(b) 超前小导管支护

图 7-15　破碎岩体掌子面超前支护及施工控制

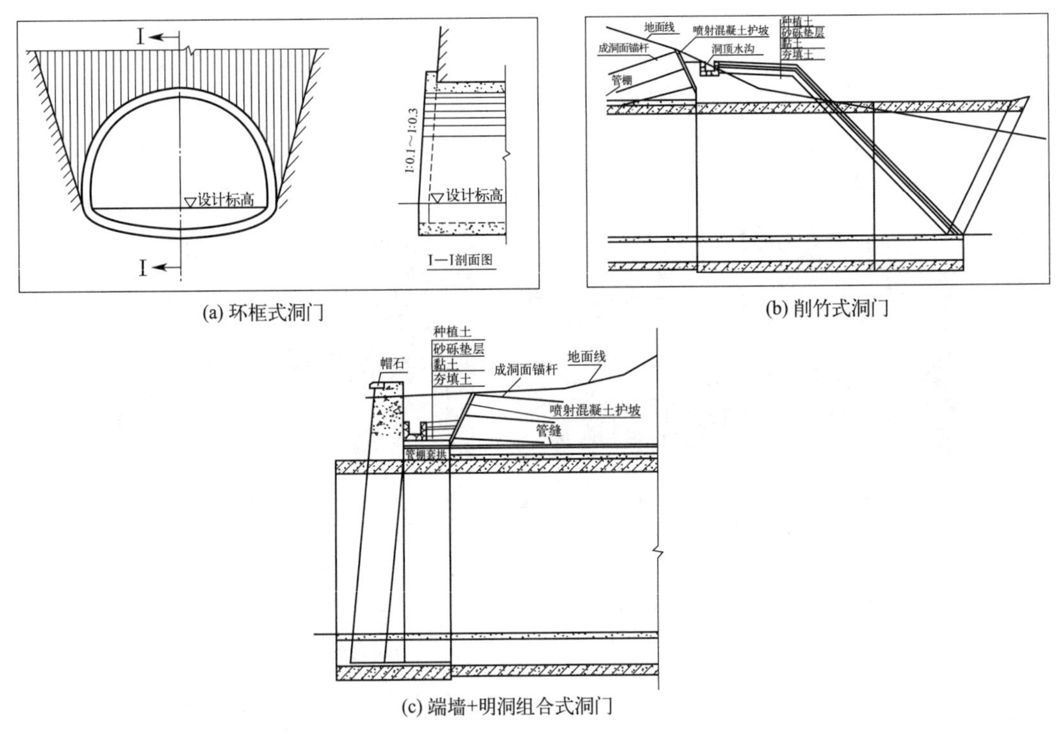

(a) 环框式洞门　　(b) 削竹式洞门

(c) 端墙+明洞组合式洞门

图 7-16　山岭隧道典型洞门形式

盾构法施工时，应保证土压平衡，防止工作面垮塌或被过分挤压导致地表沉陷或隆起。土压平衡盾构开挖面稳定系统必须保持充填在压力仓的泥土压力，调节排土量，以便平衡开挖面的土压力和水压力。泥水加压式盾构的开挖面稳定性需考虑以下因素：泥浆压力平衡土压力和水压力；开挖面上形成不透水的泥膜以保证泥浆发挥效能；泥浆渗透到周围一定范围的地层中增加开挖面地层黏聚力。

7.4　隧道工程施工

隧道施工方法和施工机械的选择与地层性质、埋深大小、开挖参数、周围建筑物、技术条件等因素有关。隧道工程施工主要采用明挖法和暗挖法，另外还有最新开始研究的悬浮隧道法，按成型方式分为现浇式和装配式。隧道施工包括主体土建结构施工，以及附属结构施工，一般讲的施工指前者。以下针对钻爆法和 TBM 施工技术、盾构法、顶管法、沉管法、明挖法进行介绍。

1. 钻爆法和 TBM 施工技术

山岭隧道施工包括洞口段施工、洞身和附属结构施工。洞口段施工需要比选隧道进洞方案，对于洞口段岩土体强度较高、完整性较好和坡率平缓的地段，采用从上而下削坡，削坡量应遵循早进晚出原则，进洞前做好上部边坡支护，采用机械开挖和微爆破进洞。对于洞口段岩土体条件不好的地段，施作大管棚支护进洞，可采用长导洞扩帮的方法形成开挖断面，洞口仰坡则采用锚杆加树根桩等方式加固。

洞身施工根据围岩级别、施工条件和技术可采用钻爆法和 TBM 施工技术。钻爆法施工由传统矿山法演变而来。新奥法即新奥地利隧道施工方法（New Austrian Tunnelling Method，NATM），新奥法概念是奥地利学者拉布西维兹（L. V. RABCEWICZ）教授于 20 世纪 50 年代提出的，它是以隧道工程经验和岩体力学的理论为基础，将锚杆和喷射混凝土组合在一起，作为主要支护手段的一种施工方法。20 世纪 70 年代中期，意大利的 Pietro Lunardi 教授创立了岩土控制变形分析法（ADECO-RS），其是指通过对隧道掌子面前方超前核心土的勘察、测量，预报围岩的应力—应变形态进行信息化设计和施工，确保隧道安全穿越各种地层（尤其是复杂不良地层）和实现全断面开挖的一种隧道设计、施工方法。新奥法对地层变形反应的分析仅限于掌子面的后方，仅对隧道收敛进行分析；新意法不仅对掌子面后方的地层变形反应（收敛）进行分析，而且更注重对掌子面及掌子面前方地层的变形反应（掌子面挤出变形和预收敛）进行分析，如图 7-17 所示。

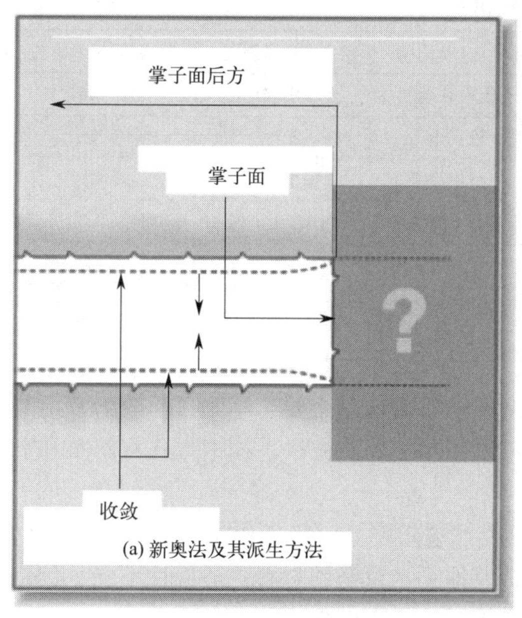

(a) 新奥法及其派生方法

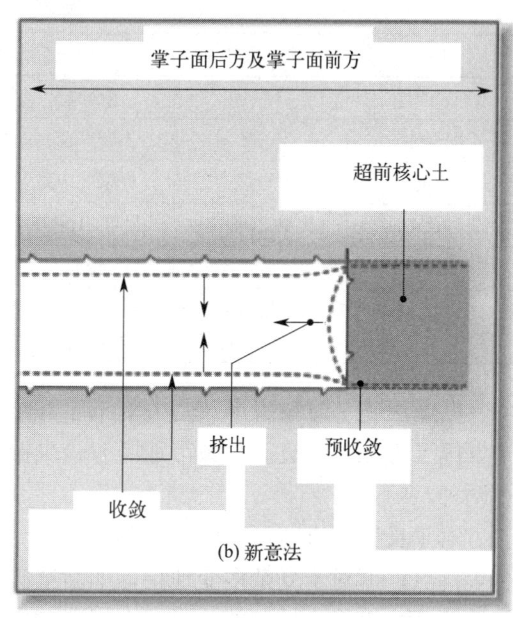

(b) 新意法

图 7-17 新奥法及其派生方法和新意法施工控制区别

为控制围岩稳定，隧道洞身施工可采用全断面施工和分部施工方式，前者适合围岩完整的情况，TBM 施工也采用这种方法。破碎岩体隧道施工方法有全断面法、台阶法、预留核心土法、导坑法等，如图 7-18 所示。

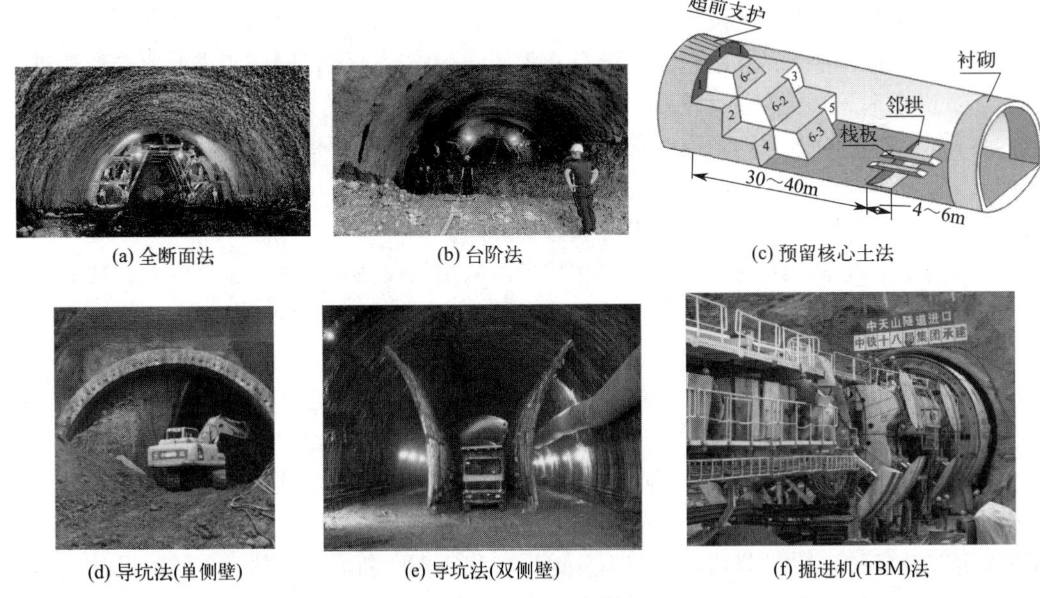

(a) 全断面法　(b) 台阶法　(c) 预留核心土法
(d) 导坑法(单侧壁)　(e) 导坑法(双侧壁)　(f) 掘进机(TBM)法

图 7-18　隧道洞身施工方法

各种施工方法有其适用条件，具体如表 7-3 所示。

各种施工方法适用条件　**表 7-3**

指标	全断面法	台阶法	导坑法(单侧壁)	导坑法(双侧壁)	掘进机(TBM)法
围岩条件	硬岩	较硬岩	土质松软地层	土质松软地层	软中硬岩
安全性	一般	较安全	较安全	安全	安全
施工机械	大型	大型或中型	中型或小型	小型	大型
工序及工期	简单、工期快	简单、工期快	较多、较慢	复杂、工期慢	简单、工期快
造价	低	较低	较高	高	较高
围岩变化的适应性	向低较难，向高适应	向低及高变化均能适应	各种适应性不强	向低变化适应	适应性不强

钻爆法施工时钻眼爆破是关键工序，对于坚硬岩石而言是必要工序，目前较为常用的钻爆施工为光面爆破。在城市地区为减少振动可采用预裂爆破方法，掏槽方式有斜眼和空孔两种。

对于长大隧道，可采用 TBM 法掘进。其具有掘进效率高、施工质量好和对围岩扰动少等优点；但对于复杂多变地层，如断层破碎带、地下水及坚硬岩石，适应性不强、价格较高、开挖直径不易调整，目前在川藏铁路隧道施工中得到较多应用。

2. 盾构法

盾构法是用钢制的活动防护装置或活动支撑在地表以下土层和松软地层施工的暗挖法，是集开挖、推进、衬砌、出渣等功能于一体的施工方法。盾构法最早由法国工程师

M. I. Brunel 于 1818 年提出，并在 1823—1841 年应用于英国泰晤士河水底隧道的修建。盾构法在水底隧道、地铁和市政隧道中得到广泛应用，其构成如图 7-19 所示。

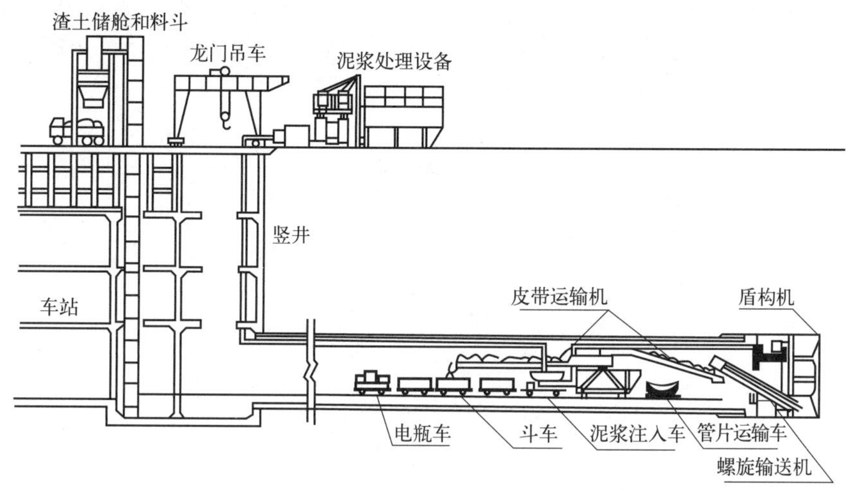

图 7-19　盾构法隧道施工结构组成

盾构按其构造和开挖方法可分为不同类型，如图 7-20 所示。

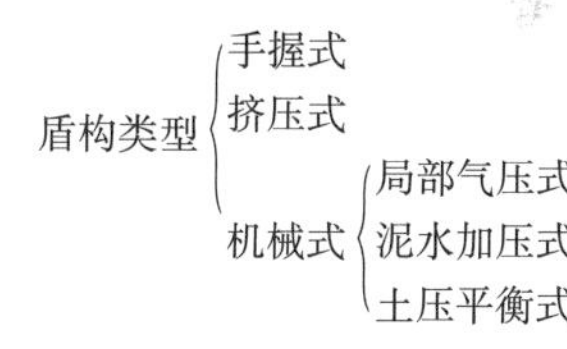

图 7-20　盾构分类

盾构法由于在盾构壳体和盾构管片的保护下工作，因此具有安全施工的优点，盾构施工时振动和噪声小、施工工序紧凑简单便于管理。

3. 顶管法

顶管法是在盾构施工基础上发展起来的暗挖法，最早应用于 1896 年美国北太平洋铁路铺设工程，我国最早应用于 1953 年北京。顶管施工开挖部分仅有工作坑和接收坑，掘进过程中仅挖去管道断面的土体，开挖经济性好，对环境保护好，施工较为安全，如图 7-21 所示。

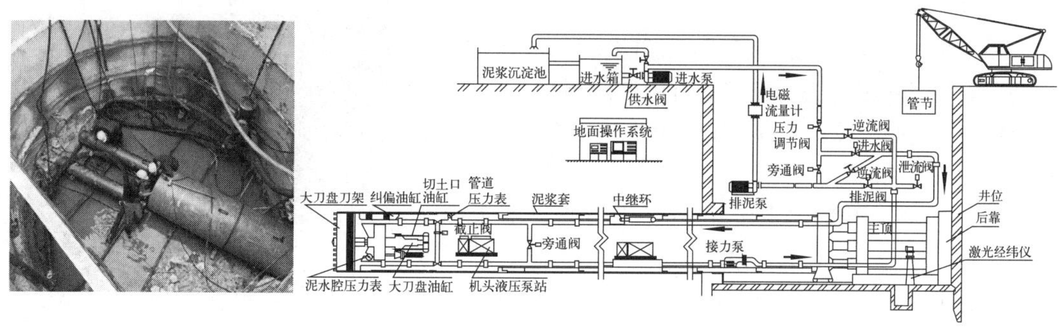

图 7-21　顶管施工工艺

顶管施工基本原理是借助于主顶千斤顶及管道间、中继间等的推力，将工具管或掘进机从工作坑穿过土层推到接收坑内吊起，同时将紧随的管道埋设在两坑之间。管内径大于 2000mm 的称为大口径顶管，900～2000mm 的称为中口径顶管，小于 900mm 的为小口径，人只能在管道内爬行，而小于 400mm 的微型口径顶管则只能采用机械挖土。

4. 沉管法

沉管法是跨越江河湖海建造隧道的一种施工方法。港珠澳大桥海底隧道是世界最长的公路沉管隧道，水底部分长度达到 5664m。沉管法修筑隧道，需要在水底预先挖好沟槽，将预制好的沉管段，用拖轮拖运到沉放点，定位后向管段水箱内灌水压载下沉，然后进行水下连接，具体施工工艺如图 7-22 所示。

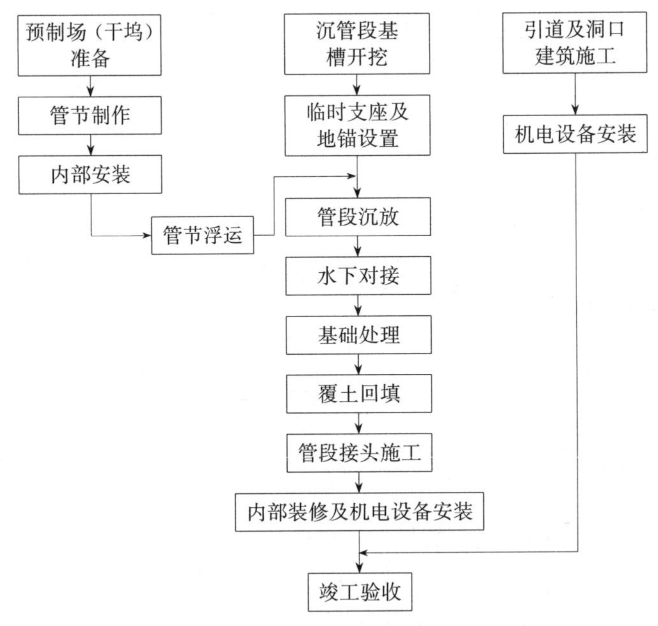

图 7-22 沉管法施工工艺

沉管法沟槽应整平，防止管段底面与地基之间出现空隙，施工方法主要包括刮铺法、喷砂法、压砂法三种。管段沉放完成后需要进行覆土回填，防止流水对管段的冲刷和拖船等对管段的冲击。管段水下连接的方法采用水下混凝土法和水力压接法，后者施工简便应用较广。

5. 明挖法

明挖法是指敞口开挖，其优点是工作面布置方便，适合浅埋地段。采用明挖法施工的有山岭隧道削竹式洞门、端墙式洞门的明洞段、人行过街通道和地下综合管廊，如图 7-23 所示。

图 7-23 明挖法地下综合管廊

明挖法施工可采用现浇或装配式结构，由于不是隐蔽工程，施工质量容易保证，但在城市施工时影响交通，并且由于敞口开挖，粉尘和噪声对周围环境有影响。

7.5 隧道工程检测和养护

隧道工程检测包括材料检测、施工工序和施工质量检测。随着隧道工程发展，隧道全生命周期理念提出，如何评价隧道服役状态逐渐受到重视。隧道常见质量问题包括：衬砌渗漏、衬砌开裂、限界受侵、衬砌和围岩结合不密实、路面开裂隆起、通风照明不良、钢筋锈蚀、管片开裂、边仰坡因年久失修而变形开裂、洞门墙不稳等，如图 7-24 所示。

(a) 隧道涌水

(b) 衬砌渗漏

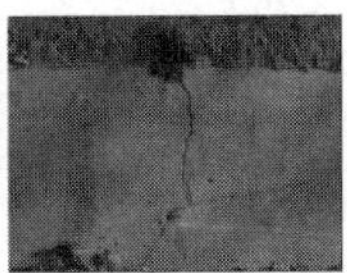
(c) 衬砌开裂

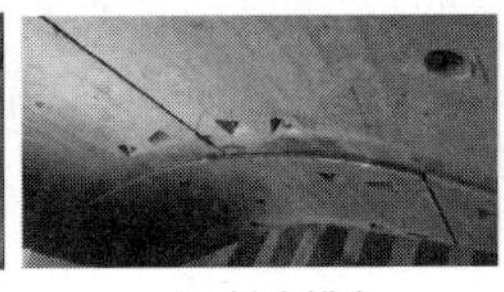
(d) 衬砌错台

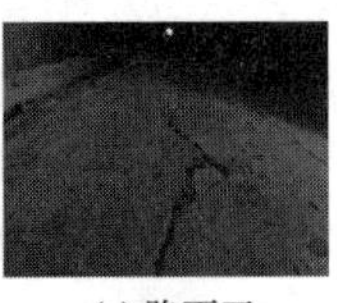
(e) 路面开裂隆起

图 7-24　隧道常见病害

隧道施工期间和建成运营后，地下水的侵蚀、混凝土抗渗等级不满足要求、接缝不严和排水不畅均会导致衬砌渗漏，目前很大一部分隧道建成期间和建成后存在不同程度的水害问题。由于围岩压力传递不够均匀，设计时考虑不够，施工未满足要求，隧道偏压导致衬砌发生开裂错动，施工时后浇与先浇混凝土之间可能形成冷缝。

隧道施工时未注意建筑限界导致空间不满足要求，隧道修筑补强时忽略了断面要求或施工失误导致限界受侵，对于限界受侵等情况，有时只能采取破除才能满足要求。衬砌背后脱空可能是由于回填不密实，地下水侵袭等。地下水对隧道衬砌的影响还包括钢筋锈蚀，若衬砌保护层厚度不够和预制管片运输过程中碰撞或吊装等因素导致开裂，也会加快锈蚀。隧道属于永久工程，除服役周期短的矿山巷道外，一般隧道主体结构设计年限为 100 年，隧道质量检测是质量管理的重要手段。

1. 隧道施工检测

隧道常用材料有：砂石料、水泥、锚杆、砌块、预制构件（如盾构法管片）、注浆材料、防排水材料、钢筋、型钢、小导管、钢管等，要保证隧道施工质量，必须首先保证原材料质量。施工检测包括施工质量检测和施工监控。

施工质量检测包括施工工序和时间是否正确和到位，施工参数是否满足要求。隧道质量检测包括：材料质量、超前与加固质量、开挖质量、初期支护质量、预制构件质量、防排水质量、隧道监控量测、衬砌质量及与围岩结合程度、通风照明检测等。

1）洞口工程

公路隧道遵循早进晚出的原则，尽量避免对边坡的大切大挖。洞门、明洞衬砌尽早施作。洞门墙地基承载力需经试验满足要求，且地基不存在虚渣和杂物等。洞口段开挖遵循自上而下分层开挖原则，不得交错开挖。洞口导向墙基础必须稳定，导向钢管定位方向及角度与设计一致，控制好浆液配合比、注浆压力和持压时间，护拱达到 90%以上强度时，方能架设大管棚和注浆。边仰坡的危石必须在进洞前清理干净，边坡成型应平顺，岩质边坡必须实施光面或预裂爆破。

2）洞身施工

洞身施工包括超前支护、预注浆和洞身开挖支护。超前支护主要针对软弱破碎岩体，可采用地面砂浆锚杆、地表注浆加固、超前注浆加固、旋喷桩加固、掌子面加固、超前小导管和超前管棚、超前锚杆等措施，也可将上述措施组合使用。

超前支护和预注浆措施应根据设计方案，并通过现场检测方式确定效果。超前小导管、超前锚杆和超前大管棚尾部应置于钢拱架上，并焊接牢固。钢拱架脚部应稳定，型钢拱架可采用螺栓连接，格栅钢拱架应将主筋焊接于接头钢板上，通过螺栓连接，如图 7-25 所示。钢筋混凝土构件中受力钢筋的混凝土保护层最小厚度不小于 3cm。对于严重腐蚀环境下的构件，浇筑在混凝土中并部分暴露在外的吊环、连接件等铁件应与混凝土构件中的钢筋隔离，或对外露铁件采取可靠的防腐措施。

图 7-25 钢拱架连接

洞身混凝土平顺性、强度和轮廓断面需要满足要求，公路隧道要求如表 7-4 所示。

混凝土衬砌施工质量标准 **表 7-4**

序号	检查项目		规定值或允许偏差	检验频率	检验方法
1	混凝土强度(MPa)		在合格标准内	按《公路隧道施工技术规范》JTG/T 3660—2020 附录 B.1 检查	试件检测
2	坍落度(mm)	<100	±20	按《公路隧道施工技术规范》JTG/T 3660—2020 附录 B.1 每组试件一次	坍落度桶
		≥100	±30	按《公路隧道施工技术规范》JTG/T 3660—2020 附录 B.1 每组试件一次	坍落度桶
3	衬砌厚度(mm)		90%的检查点厚度≥设计厚度；最小厚度≥0.5 倍设计厚度	立模后，每模端头沿模板弧线不大于 2m 间距检查一个点，台车每振捣窗检查一个点，两侧拱脚必须检测	尺量
				混凝土浇筑后，双车道分别在隧道拱部、边墙设不少于 3 条测线，三车道、四车道隧道在拱部、边墙设不少于 5 条测线，连续测试。厚度判定测点沿测线间距不大于 2m	地质雷达
4	衬砌背部密实状况		衬砌背后无杂物、无空洞	拱顶、两拱腰、边墙脚	目测：地质雷达探测
5	墙面平整度(mm)		拱、墙部位≤5	每模边墙、拱腰、拱顶不少于 5 处	2m 靠尺，顺隧道轴线方向靠紧衬砌表面
6	施工缝表面错台(mm)		施工缝、变形缝±20	每条施工缝边墙、拱腰、拱顶不少于 5 处	靠尺、直尺
7	隧道净高(mm)		不小于设计值	每模检查 2 个断面	水准仪
8	总宽度		≥设计值	每模检查 2 个断面，每个断面最大跨度位置和拱脚位置	卷尺、经纬仪、全站仪
9	中线偏差(mm)		≤20	每模检查 2 个断面	

注：衬砌背部密实状况，指模筑混凝土衬砌与初期支护之间的密实情况。

钻爆法施工隧道开挖时应控制欠挖，减少超挖，拱脚、墙角以上 1m 范围内及净空断面折角处严禁欠挖，超挖应回填密实。隧道掌子面与仰拱步距不大于 35m，为控制破碎围岩变形，可适当减小，但应满足施工作业空间要求。

施工应注意通风，独头掘进超过 150m 时，应采用机械通风，每人供应新鲜空气不小于 $3m^3/min$，对于不同类型粉尘有不同浓度上限值，有毒物质浓度、氧气含量等应符合规定。

2. 隧道监测

盾构施工时需要控制变形，包括土层变形、建筑物变形和地下管线变形。在盾构推进过程中，沿盾构纵向地面会循环出现沉降—隆起变形，如图 7-26 所示。盾构管片混凝土强度等级、钢筋保护层厚度和接头均应符合要求。

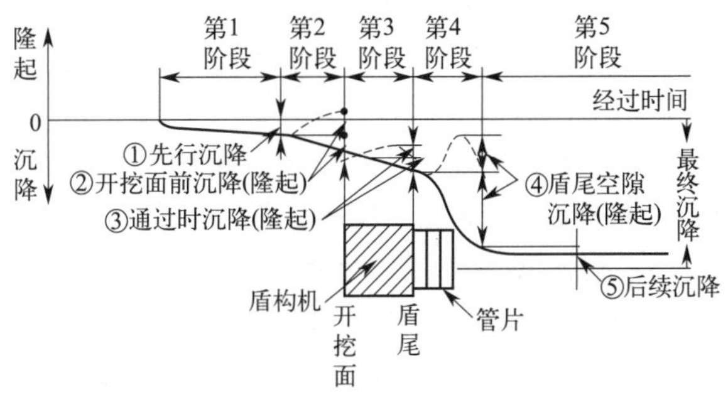

图 7-26　盾构推进时地面变形

浅埋顶管施工时需要对地表沉降、土层沉降、水土压力和地下水位进行观测。顶管施工时应进行管道内力、管道与土体之间接触压力、水土压力、管道接头相对位移测量和管道收敛变形测量。

隧道监控量测是保证施工质量的主要手段之一。山岭隧道典型的测量参数为位移监测、压力监测、内力监测和混凝土裂缝观测。位移监测包括沉降观测、收敛观测，压力监测主要指初支与二衬之间压力、围岩压力监测，内力监测包括初支钢拱架、二衬钢筋内力监测和锚杆轴力监测，裂缝观测主要是混凝土表面裂缝监测，如图 7-27 所示。

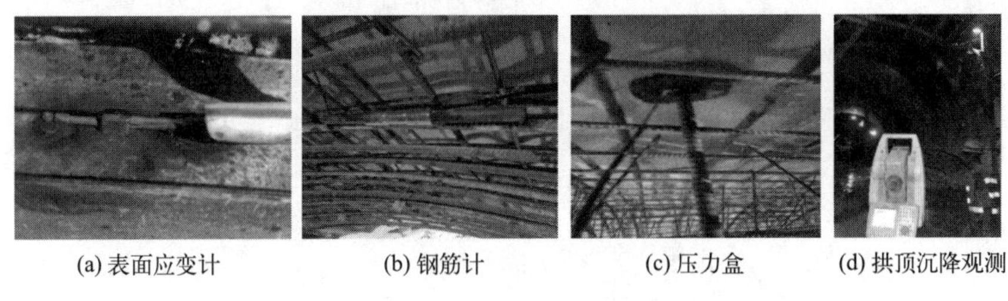

(a) 表面应变计　(b) 钢筋计　(c) 压力盒　(d) 拱顶沉降观测

图 7-27　隧道监测

通过隧道监控数据反映隧道施工质量和稳定性，按位移速率和位移值判断隧道稳定发展情况，通过内力和压力监测数据进行辅助分析。当位移速率大于 1mm/d 时，围岩处于急剧变形阶段，应加强初期支护，若仍无法控制，则采用预留核心土和超前支护加固等措施解决。当隧道变形量超过预留变形量的 1/3 时，需要加强监控，若超过 2/3，则需要及时处理。若有邻近建筑物，也应对其进行监测。钻爆法施工时应控制爆破振动速度，采用爆破测振仪观测。

隧道施工监测点的元件类型及布置、监测频率和监测范围等应根据施工方法、建筑物和构筑物位置及特征等因素确定。监测数据应及时分析判断，以解决施工安全，确保文明施工，减少对周围环境影响和事故发生。

3. 隧道养护

隧道在长期水土压力、地下水侵蚀、交通荷载和交通污染出现老化，隧道养护是保证隧道安全运营的主要途径。如前所述，隧道主体结构包括衬砌、洞门墙、水沟、电缆沟、内装、路面等均随运营而产生劣化。养护主要处理开裂、破损、治水等，养护前要进行隧道病害检查和评价。

隧道检查包括日常检查、定期检查、特别检查和专项检查。《高速铁路桥隧建筑物修理规则》（2011 版）、《铁路桥隧建筑物劣化评定 第 2 部分：隧道》Q/CR 405.2—2019、《公路隧道养护技术规范》JTG H12—2015 对定期检查内容和评定标准做出了规定，并对不同技术状况的养护措施给出了说明。

主体结构检测包括：①渗漏水检测，主要采用目测法、尺量和勾画湿渍范围，条件具备时可采用红外温度场照相法和多光谱分析法；②裂缝检查，通过目测、仪器法（刻度放大镜、塞尺、超声波仪）、机器视觉法方法，可用砂浆扁饼、灰块测标、金属板等方法观测裂缝发展情况；③混凝土强度检测，主要采用回弹和超声法，必要时采用抽芯确认；④混凝土碳化深度，采用酚酞酒精溶液试剂；⑤混凝土劣化和钢筋锈蚀；⑥隧道限界检测采用断面仪，厚度检测采用地质雷达和抽芯。

病害调查后进行隧道健康诊断，日本、德国、美国、法国等均制定了相应的标准和规范。国内也出台了标准和规范。诊断方法有专家系统法、可靠性评估法、理论分析法、模糊综合评判等，可根据其得出隧道安全综合评价。以隧道主体结构健康评价为例，多层次评价方法如图 7-28 所示。

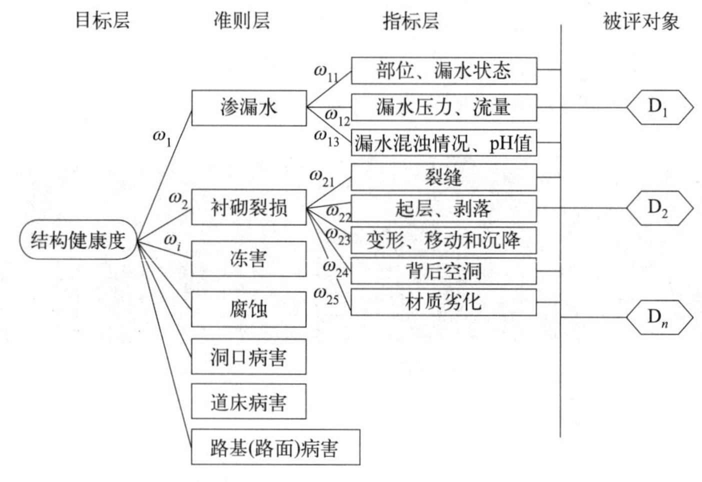

图 7-28 隧道结构健康评价

对于病害隧道，可通过结构计算方法，引入各种缺陷对其进行分析，将围岩压力、裂缝、衬砌厚度、背后空洞、混凝土劣化等因素引入计算模型，研究缺陷对其影响程度。

根据上述分析，提出隧道养护方案和具体措施，包括隧道整修、加固模筑混凝土衬砌、锚喷混凝土、环氧树脂加固裂缝、路面开裂翻修、整治渗漏水、排水沟返修等；对于附属设施，如更换照明电缆和灯具，通风机维修或更换等。

保养方式分为保养维修和预防性养护两种，前者指出现问题的维修，后者是在问题出现前进行预防性维修，以确保主体结构 100 年以上的使用期限，公路隧道土建结构预防性保养主要内容如表 7-5 所示。

公路隧道土建结构预防性保养主要内容 表7-5

序号	分项名称	保养维修工作内容
1	洞口、洞门	(1)对可能出现危石与浮土的边、仰坡开展预加固、预防护； (2)定期对洞口金属棚架进行防腐蚀处理； (3)采取措施根除截、排水沟杂草，防止杂草根系破坏
2	洞身衬砌	(1)半山洞，无衬砌隧道增设锚喷支护或混凝土衬砌； (2)冬季来临前完成渗漏水处治，防止冬季挂冰和衬向结构冻融破坏； (3)分析衬砌起层与剥离原因，及时处治； (4)发现裂缝及时监测与封闭
3	路面	(1)同路面工程预防性养护工作； (2)修复、更换窨井盖或其他设施盖板时，改变加盖方式，防止再次出现损坏
4	辅助通道	定期对通道内金属设施进行防锈蚀处理
5	检修道	定期对护栏进行防蛀蚀处理
6	排水设施	(1)对极端天气条件下，不能满足排水要求的排水设施进行改造； (2)查明排水沟冬季结冰堵塞的原因，采取防冻或其他处治措施，保证冬季水流畅通
7	吊顶、内装饰	(1)定期对全隧道预埋件和桥架等进行防锈蚀处理，而不是发现一处处理一处； (2)对可能出松脱的预埋设施进行加固处理

随着人工智能、大数据和BIM技术的引入，基于全生命周期的隧道健康养护理念逐步得到发展，其核心理念是将监测数据、数值计算、健康评价和寿命预测一体化，构建隧道健康诊断和预测平台。

第 8 章　道路工程

8.1　道路的概述

8.1.1　道路工程的概念

现代交通运输系统主要由铁路、道路、水运、航空及管道五种运输方式组成。道路是供各种车辆和行人通行的工程设施的总称，是为国民经济、社会发展和人民生活服务的公共基础设施；道路运输，以其便捷直达、通达深度广、覆盖面积大等特点在交通运输系统中起着主导作用，是国民经济发展的主动脉。道路工程则是以道路为对象而进行的规划、设计、施工、养护与管理工作的全过程及工程实体的总称。

8.1.2　道路工程的主要内容

道路工程的主要内容有：道路网规划、路线比选、路基工程、路面工程、道路排水工程、桥涵工程、隧道工程、附属设施工程和养护工程等。

（1）道路网规划应考虑各种交通运输综合功能的协调发展，以及路网布局的完善。

（2）路线比选应选定技术经济最优化的路线，对平、纵、横三个面进行综合设计，力争平面短捷舒顺、纵坡平缓均匀、横断面稳定经济，以求保证设计车速、缩短行车时间、提高汽车周转率。对路基、路面、桥梁、隧道、排水等构造物进行精心设计，在保证质量的条件下降低施工、养护、运营和交通管理等费用。

（3）路基既是路线的主体，又是路面的基础，并与路面共同承受车辆荷载。路基按其断面的填挖情况分为路堤式、路堑式、半填半挖式三类。路基工程在道路建设中，工程量大、占地广，常为控制施工进度的关键。

（4）路面构造一般由面层、基层（承重层）、垫层组成，表面应做成路拱以利排水。路面按其使用特性分为高级、次高级、中级、低级路面四级。按其在荷载作用下的力学特性，路面可分为刚性路面和柔性路面。

（5）水的作用是造成路基、路面和沿线构筑物的病害和冲毁的主因。根据来源不同分为地表水和地下水。地面排水设施一般有：边沟、截水沟、排水沟、跌水、急流槽、倒虹吸管和渡槽等。地下水排出一般以导流为主，不宜堵塞，主要设施有暗沟、渗井、渗沟。

（6）道路跨越河流沟谷时，需建涵洞、桥梁或渡口等构筑物；与铁路或其他道路交叉，也常建桥跨越。桥涵要根据当地的地形、地质、水文等条件，行车及外力等荷载，建桥涵目的要求等，因地制宜，就地取材，合理选用桥型，做到坚固、适用、安全、经济、美观。

（7）在地面以下开挖供汽车通行的构筑物称道路隧道。按所经地区情况分为：避免地面干扰建在城市地下的城市隧道；有利于航运和国防在河流或海峡底下的水底隧道；降低越岭高程，或避绕山体，取消急弯陡坡，改善线形以缩短行程节约行车时间和油耗的隧道；或避让表面不稳定山坡和水文地质不良地段，改由稳定岩石较深部位通过的山岭隧道。

（8）附属设施工程主要包括：①安全防护设施。②改善环境设施。重点是绿化，可稳定路基、防治污染、美化路容路貌，其他如减小噪声干扰的隔声墙等。③养护管理设施。如养路道班房、治超站等。④路旁服务设施。如综合服务区、停车场、旅游服务设施等。

（9）养护工程是指维护道路完好状况，预防和及时修复各种缺陷损坏，提供并保证安全、快速、经济、舒适的行车条件，有计划地改善道路技术状况，以适应交通发展需要。

8.1.3　道路工程的特点

道路建设与道路运输是物质生产过程，因而它必然具有物质生产的基本属性，即有生产资料、劳动手段和劳动力以及作为物质产品而存在的道路。同时，它又有其本身特有的基本属性。

（1）公益性。道路分布广、涉及面宽，能使全社会受益，同时也受到社会各方面的关注和支持。特别是近年来，由于道路运输在促进社会商品经济发展方面发挥了巨大的作用，使得道路建设受到社会的更多关注与重视。

（2）商品性。道路建设是物质生产，道路是产品，必然具备商品的基本属性，它既具有商品价值，又具有使用价值。这一属性是目前发展商品化道路（也称收费道路）的基本依据。

（3）超前性。道路的超前性主要是指道路的先行作用。道路是为国民经济和社会发展服务的，它作为国家联结工农业生产的链条和经济腾飞的跑道，其发展速度应高于其他部门的发展速度。这就是通常所说的“先行官”作用。

（4）储备性。道路运输是资金密集型和技术密集型产业，属于国家基本建设项目，道路的建设不仅要满足其现行通行能力的要求，还要考虑今后一段时间内通行能力增长的要求，即要有一定的储备能力。这就要求建设之前，必须要有统一的规划、可行性论证、周密的经济和交通调查加强交通预测以及精心设计等工作，以满足远景发展的需要。

（5）道路的经济特征。道路作为一种特殊的物质产品，它还具有一些经济特征，主要是固定在地面上的线形建筑物、道路的生产周期和使用周期较长。道路虽是物质产品，但不具有商品的形式，道路作为一个完整的系统，发挥其作用，为社会和经济服务。

另外，道路运输与其他运输相比，也存在一些缺点，如运量小、运输成本高、油耗和环境污染较大等。

8.2　道路的发展历程

8.2.1　中国古代道路

原始的道路是由人践踏而形成的小径。东汉训诂学著作《释名》中有“道，蹈也，路，露也，人所践蹈而露见也”的记载。距今 4000 年前的新石器晚期，中国有记载役使牛马为人类运输而形成驮运道，并出现了原始的临时性的简单桥梁。相传中华民族的始祖黄帝，发明了车轮，以“横木为轩，直木为辕”制造出车辆，对交通运输做出了巨大贡献，故后世尊称黄帝为“轩辕氏”。随着车辆的出现产生了车行道，人类陆上交通出现了新局面。

商周时，人们已懂得夯土筑路，道路初具规模。《诗经·小雅》记载：“周道如砥，其直如矢。”说明当时道路坚实平坦如磨石，线形如箭一样直。此时对道路网的规划、标准、管理、养护、绿化以及沿线的服务性设施方面，也有所创建。最初把道路分为市区和郊区，可以说是现代城市道路和公路划分的先河。战国时期，当时在陡峭山间凿石成孔，插木为梁，上铺木板，旁置栏杆，称为栈道，是中国古代道路建设的一大特色。秦汉时期发展了邮驿与管理制度，五里设邮，十里设亭，三十里设驿或传。秦驰道可与罗马道路网相媲美，秦始皇统一道路宽度，修建以咸阳为中心的通向全国的道路网；随着城市和道路的发展，沟通欧亚大陆的丝绸之路随之兴起。唐代是中国古代道路发展的鼎盛时期，城市建设极为突出，为中国以后的城市道路建设树立了榜样，而且影响远及日本。之后的朝代都对驿道网的建设和管理有所发展，而清代在筑路及养路方面也有新的提高，规定得很具体。在低洼地段，出现高路基的“叠道”，在软土地区用秫秸铺底筑路法，对道路建设有不少新贡献。

总观中国古代道路，实质系广大人民创造之成果，特别是道路的发展与维持，至今尚能看到若干人民劳动的遗产。中国古代道路建设取得了辉煌的成就，无论是工程艰巨的栈道和秦驰道，还是促进经济文化传播的驿站都在中国和世界道路发展史中占据一定地位。

8.2.2 西方古代道路

公元前 1900 年，亚述帝国曾修筑了从巴比伦辐射出的道路；今天在巴格达和伊斯法罕之间，仍留有遗迹。传说非洲古国迦太基人（公元前 600—146 年）曾首先修筑有路面的道路，后来为罗马所沿用。

古罗马时期，西方道路开始飞速发展，实现了以罗马为中心、四通八达的道路网。由首都罗马用道路和意大利、英国、法国、西班牙、德国、小亚细亚部分地区、阿拉伯以及非洲北部连成整体。这些区域分成 13 个省，有 322 条联络干道，总长度达 78000km。道路建设时会先开挖路槽，然后分四层用不同大小的石料并用泥浆或灰浆砌筑，总厚达 1m，此外道路两旁还会建设排水沟。当时的道路工程结构水准甚是高超，至今尚留有隧道、桥梁、挡土墙等的遗址。因此有着“条条道路通罗马”的美称。然而随着罗马帝国的衰亡，西方道路的发展陷入停滞。

8.2.3 中国现代道路建设

20 世纪初，汽车开始进入我国，于是通行汽车的公路便发展起来。但在半殖民地半封建的旧中国，公路建设十分缓慢，到 1949 年全国通车的公路里程仅为 8.07 万 km。1949 年以来，前 30 年由于国民经济处于恢复期，发展较慢。但从 1978 年起我国实行改革开放政策，我国的交通运输业取得跨越式发展。

1988 年，沪嘉高速公路通车，我国大陆高速公路实现“零”的突破。随后，沈大、京津塘、济青等高速公路相继贯通。2007 年底，历经 15 年奋斗，承载着几代交通人梦想的“五纵七横”国道主干线提前基本贯通。截至 2017 年底，以 13.65 万 km 高速公路

（总里程数位居世界第一）为主骨架，总规模达到 477.35 万 km 的公路系统已经为中国实现“两个一百年”奋斗目标铺就坚实基础。至 2020 年底，全国公路总里程 519.81 万 km，其中高速公路里程 16.1 万 km。国家公路运输主通道基本形成，路网结构得到逐步完善，公路客货运输的空间时距大大缩短，运输成本显著降低。公路运输条件的改善为铁路、航空、水运等其他运输方式的集、疏、运创造了更加便利的条件，使综合运输结构层次更加清晰，国家现代化的交通运输体系日趋完善。公路运输企业依托高速公路，其优势得以发挥；与铁路、航空水运的分工愈加科学；多种运输方式在合作和竞争中有效提升了服务品质，使旅客的出行和货物的运输更加便利。

在道路发展的几十年里，我国完成了一个又一个的奇迹。在湖南省湘西吉首德夯大峡谷之上，矮寨特大悬索桥宛如一条彩带连接着两边的青山。在雨天或是雾天，这座大桥周围云雾缭绕，如同悬浮在空中的“天桥”。在大桥的下方，就是有着“公路奇观”之称的矮寨盘山公路。矮寨盘山公路始建于 1935 年的湘川公路（现为 319 国道）矮寨段，水平距离不到 100m，垂直高差竟达 440m，中间是 26 段“之”字形折叠向上的“天梯”。2019 年吉首市结合全域旅游规划，对 G209 矮寨盘山公路进行提质改造后，盘山公路犹如一条蜿蜒的祥龙，在崇山峻岭中盘旋俯仰，被网友称为最美“网红公路”。矮寨盘山公路已经成为中国公路文化的经典，在邻近坡顶的第一个回头弯耸立着“湘川公路死难员工纪念塔”，站在路边可远眺开路先锋铜像和创造四项世界第一的矮寨大桥，俯视可见矮寨公路奇观的连续回头弯及中国第一立交桥（图 8-1、图 8-2）。

图 8-1　原矮寨盘山公路

图 8-2　现“矮寨网红公路”

而位于新疆的独库公路又是一大奇观，独库公路于 1974 年开始建设，历时 9 年完工，南北疆路程由原来的约 1000km 缩短了近一半。这条路十分险峻。曾经，上万筑路官兵斗酷暑战严寒，腰缠麻绳吊在悬崖上排险。独库公路从克拉玛依市独山子区穿越天山到达库车市，全长约 560km。东西走向的天山占新疆面积约 1/3，宽大高耸的山体造就多样地貌，进而孕育出风姿绰约的美景。从独山子区出发，沿途是沟壑纵横的峡谷、参天蔽日的雪岭云杉、风光旖旎的草原、神秘而惊艳的雅丹。其也被《中国国家地理》评选为“最美公路之一”。

雅西高速公路（图 8-3）由四川盆地边缘向横断山区高地爬升，穿越我国西南地质灾害频发的深山峡谷地区，整条高速公路穿梭在崇山峻岭之间，翻越了拖乌山、泥巴山等五座山，翻越拖乌山的段落每向前延伸 1km，平均海拔高程就将上升 7.5m，从 700m 一直爬升到 2200m。它还跨越了青衣江、大渡河、安宁河等水系和 12 条地震断裂带，是公认的国内乃至全世界自然环境最恶劣、工程难度最大的山区高速公路之一。同时，作为“土木工程的粮仓”，这里砂石资源少、建设材料匮乏。为了翻越重山、规避地形风险，全线大建桥梁、开挖隧道，桥隧比高达 55%。拖乌山至石棉这段约 50km 长的路，几乎全是长大纵坡，为了克服地形的不利条件，采用“双螺旋隧道”设计方案。隧道两次跨越同一个地震带，设置了避险车道、紧急停车带、强制休息区，解决驾驶安全顾虑。其中重点控制性工程泥巴山隧道（图 8-4）则是四川首座总长超过 10km 的隧道。在全线勘测过程中，恶劣的自然环境时刻考验着勘测人员的意志。两个深孔钻探孔深分别达到 1388m 和 1330m，是国内公路建设中史无前例的第一深孔。值得一提的是，全线桥梁多达 278 座，穿越的地震带最高烈度达 9 度。干海子特大桥全长 1811m，与相连的干海子螺旋隧道一起，是世上罕见的螺旋形桥隧工程。它是世界上最长的钢管混凝土桁架梁桥，同时也是桥梁建设中难度最大的弯桥。它的结构设计与施工技艺创造了四项世界第一，使之在世界著名大桥中享有一席之地。腊八斤大桥主桥上部结构采用连续钢构桥，桥梁高度 271m，最大墩高 182.5m。钢混组合结构桥梁轻质高强，抗震性能高，同时又节约资源。雅西高速开通，畅通了交通路网，串联起雅安与凉山，方便了两地的物资交流，更为两地经济社会发展提供了巨大的助力。

图 8-3　雅西高速

图 8-4　泥巴山隧道

当下，放眼全国，一张干支衔接、四通八达的公路网已经形成。它不光是支撑人流、车流、物流移动不可缺少的基础设施网，还成为我们伟大祖国版图上的动脉血管，为经济社会发展、改善出行条件、提高人民生活水平提供了关键支撑。

8.3　普通国省干线公路

8.3.1　道路的组成与构造

道路的组成可以分为道路线形和道路结构两大部分。

1. 道路线形

道路线形是指道路在空间的几何形状和尺寸，简称“路线”。平面线形由直线、圆曲线与缓和曲线等基本线形要素组成。纵断面线形由直线（直坡段）及竖曲线等基本要素组成。横断面由行车道、路肩、分隔带、路缘带、人行道、绿化带等不同要素组合而成。公路线形设计时必须考虑技术经济和美学等的要求。

1）平面线形

道路平面线形由直线、圆曲线与缓和曲线三种线形要素构成。但是由于道路是连续不断的线形结构，更由于路线所经地形常常千差万别，所以道路的平面线形更多的是以直线、圆曲线与缓和曲线相结合而成的各种线形。

平面线形设计的一般要求：

（1）平面线形应连续，并与地形相适应，与周围环境相协调。

（2）受条件限制采用长直线时，应结合具体情况采用相应的技术措施。

（3）连续的圆曲线间应采用适当的曲线半径比。

（4）各级公路不论转角大小均应敷设曲线，并宜选用较大的圆曲线半径。转角过小时，不应设置较短的圆曲线。

（5）两同向圆曲线间应设有足够长度的直线，两反向圆曲线间不应设置短直线段。

（6）六车道及以上高速公路和干线的一级公路，同向或反向圆曲线间插入的直线长度，应符合路基外侧边缘超高过渡渐变率的规定。

（7）设计速度小于或等于40km/h的双车道公路，两相邻反向圆曲线无超高时可径相衔接，无超高有加宽时应设置长度不小于10m的加宽过渡段；两相邻反向圆曲线设有超高时，地形条件特殊困难路段的直线长度不得小于15m。

（8）设计速度小于或等于40km/h的双车道公路应避免连续急弯的线形。地形条件特殊困难不得已而设置时，应在曲线间插入规定长度的直线或回旋线。

当车辆在曲线路段上行驶时，受到离心力的作用，为保证行车安全并增强车辆的横向稳定性，应设置超高；当路线平曲线半径较小时，车辆后轮轨迹偏向曲线内侧加之车辆的摆动等，应增加曲线段部分的路面、路基宽度，即进行平曲线加宽；驾驶员在各级道路上行驶时，都应能看到行车路线上前方一定距离的道路，以便发现障碍物或迎面来车时，及时采取停车、避让、错车或超车等措施，即道路应为司机提供足够的行车视距保证。我国公路规定了停车、会车和超车三种视距标准（表8-1、表8-2）。道路平面线形设计的主要任务是根据汽车行驶的横向稳定性、行车轨迹、驾驶员的视觉和心理、线形美观、工程经济性、环境保护与协调等方面的要求，合理确定道路平面线形三要素的几何参数，力求线形的连续和均衡，使线形与地形、地物、环境和景观等相协调。

高速公路、一级公路停车视距表　　**表8-1**

设计速度(km/h)	120	100	80	60
停车视距(m)	210	160	110	75

注：摘自《公路工程技术标准》JTG B01—2014。

二、三、四级公路停车、会车与超车视距表　　**表8-2**

设计速度(km/h)	80	60	40	30	20
停车视距(m)	110	75	40	30	20
会车视距(m)	220	150	80	60	20
超车视距(m)	550	350	200	150	100

注：摘自《公路工程技术标准》JTG B01—2014。

2）纵断面线形

道路纵断面线形由直坡段、竖曲线组成。竖曲线分为凸形竖曲线和凹形竖曲线，如图 8-5 所示。

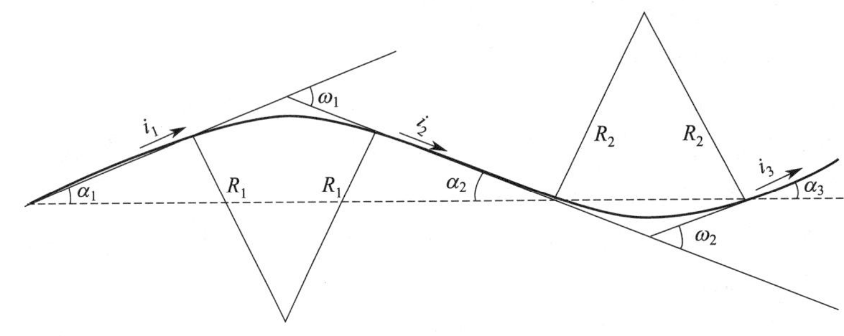

图 8-5　道路纵断面线形示意图

纵断面线形设计的一般要求：

（1）纵断面线形应平顺、圆滑、视觉连续，并与地形相适应，与周围环境相协调。

（2）纵坡设计应考虑填挖平衡，并利用挖方就近作为填方，以减轻对自然地面横坡与环境的影响。

（3）相邻纵坡之代数差小时，应采用大的竖曲线半径。

（4）连续设置长、陡纵坡的路段，上坡方向应满足通行能力的要求，下坡方向应考虑行车安全，并结合前后路段各技术指标设置情况，采用运行速度对连续上坡方向的通行能力及下坡方向的行车安全性进行检验。

（5）路线交叉处前后的纵坡应平缓。

（6）位于积雪冰冻地区的公路，应避免采用陡坡。

纵断面线形设计主是解决道路线形在纵断面上的位置、形状和尺寸问题，具体内容包括纵坡设计和竖曲线设计两项。纵断面设计应根据道路性质、任务、等级和自然因素，考虑平纵组合、路基稳定、排水、工程量和环境保护等要求，对纵坡的大小，长短、竖曲线半径以及与平面线形的组合关系等进行综合设计，从而得出坡度合理、线形平顺圆滑的最优线形，以达到行车安全、快速、舒适、工程造价较低、营运费用省的目的。纵断面线形的设计质量在很大程度上决定着道路的安全性与使用功能。

3）空间线形

一条道路仅具有好的平面线形或纵断面线形并不等于就有好的道路空间线形。道路空间线形设计，对汽车行驶的安全、快速、舒适、经济、美观以及道路的通行能力都起着决定性的作用。道路平、纵线形组合效果是驾驶人员的主要视觉实体，将直接影响道路的适用性。这就要求道路设计者掌握汽车运动学和力学的要求，掌握驾驶员在各种空间线形上行驶时的良好的视觉和心理需求，努力使道路空间线形安全、连续协调舒适美观，符合驾驶员的驾驶期望，与周围环境相协调，并具有良好的排水措施。

4）道路交叉口

道路交叉口，是指道路与道路（或其他线形工程）的相交处。在道路网中，各种道路纵横交错，必然会形成许多交叉口，它们是道路系统的重要组成部分，是道路交通的咽喉。在道路交叉口处各种车辆和行人间的干扰，会使车速降低，交通阻滞，还容易发生事故。因此，如何合理组织交通、正确设计交叉口，对提高交叉口的车速和通行能力、减少延误和交通事故、避免交通阻塞，具有重要意义。

道路交叉口可分为平面交叉口和立体交叉口两大类。

（1）平面交叉口（图 8-6）。

交叉口分类的方式很多，通常多按交叉口岔数及形式划分，主要类型有十字交叉口、T 形交叉口、斜交叉口、Y 形交叉口、错位 T 形交叉口、折角交叉口、漏斗形交叉口、环形交叉口、斜交 Y 形交叉口、多路交叉口。

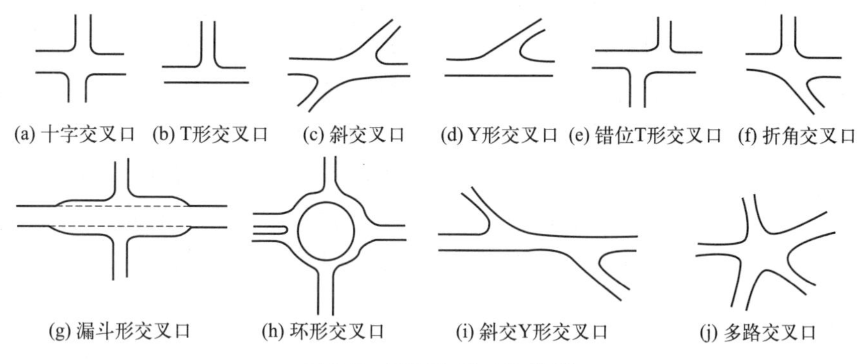

图 8-6　平面交叉口的类型

（2）立体交叉口（图 8-7）。

道路立体交叉是指两条或多条路线（道路与道路、道路与铁路、道路与其他交通线路）在不同平面上相互交叉的连接方式，又称道路立交枢纽。由于立交处设置有跨线结构物（桥梁隧道或地道）和转向的匝道，使相交路线的交通流在平面和空间上分隔，车辆转向行驶互不干扰，从而保证了交叉口行车的快速、安全和顺畅，从根本上解决了道路交叉口的交通问题。道路立交枢纽是现代道路的重要交通设施，也是实现交通立体化的主要手段。

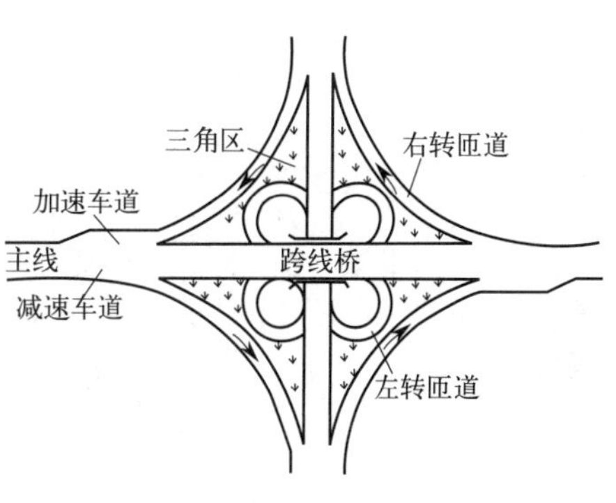

图 8-7　立体交叉口

一个完整的全互通式立体交叉，由主体和附属设施两大部分组成。

立交的主体是指直接为车辆的直行、转向行驶的组成部分，包括跨越设施、主线、匝道三个部分。

主线：又称为正线，是指相交道路的直行车道。两条相交主线，在空间分离时又有上线和下线之分。上跨的正线从立交桥到两端主线起点的路段称为引道，下穿的正线从立交桥下到两端主线的降坡点的路段称为坡道。引道和坡道使相交的路线与跨越设施连接而实现空间的分离。

匝道：不同水平面相交道路的转弯车辆转向使用的连接道。匝道使空间上分离的主线连接起来，形成互通式结构。根据匝道的功能，分为左转匝道、右转匝道和左右转共行匝道。匝道的转弯半径是决定互通式立交形式、占地、造价及规模的主导因素，并直接影响到立交的使用功能。

2. 道路结构

道路结构是承受荷载和自然因素影响的结构物，它包括路基、路面、桥梁与涵洞、隧道、排水系统防护工程、特殊构造物及交通服务设施等。不同等级的公路在不同的条件下其组成会有所不同，如汽车停车场在汽车行驶数量少的公路中就不必设置。

1）路基

路基是指按照路线位置和一定技术要求修筑的带状构造物，是路面的基础。路基通常是指路面以下一定范围的土体，包括为获得具有均匀承载能力而进行的局部换土部分，回填、移挖作填连接处的缓和区段部分等，是整个公路构造的重要组成部分。

路基横断面的典型形式有路堤、路堑和填挖结合路基三种类型。

（1）路堤：路基面高于天然地面，以填筑方式构成的路基。

按填土高度不同，路堤可划分为低路堤、一般路堤和高路堤。填土高度小于路基工作区深度的路堤属于低路堤；一般填土高度大于 20m 的路堤属于高路堤。填土高度介于高路堤和低路堤之间的路堤属于一般路堤。根据路堤所处环境条件和加固类型的不同，还有浸水路堤、护脚路堤及挖沟填筑路堤等形式。图 8-8 为常见的路堤横断面形式。

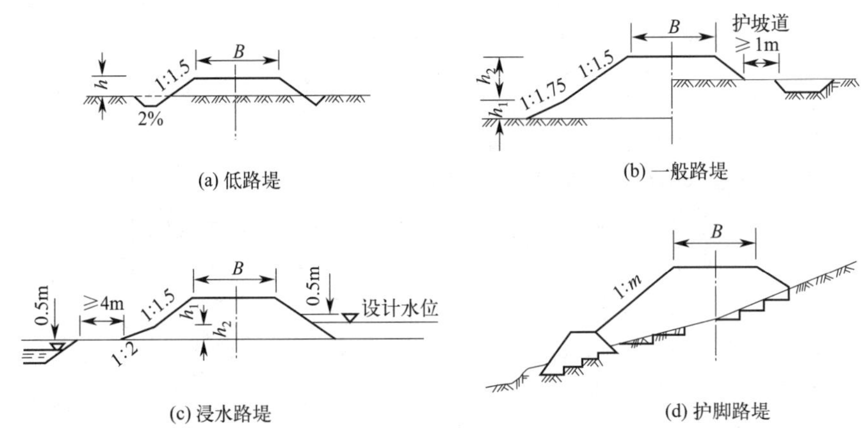

图 8-8 路堤的几种常见横断面形式

（2）路堑：当路基面低于天然地面时，以开挖方式构成的路基。

图 8-9 是路堑的几种常见断面形式，有全挖式、台口式和半山洞三种。路堑开挖破坏了原地面的天然平衡状态，其稳定性主要取决于土壤地质与水文条件以及边坡的高度和边坡坡度，因此，路堑的设计需要根据土壤地质条件、水文条件和边坡高度，设置成直线或折线型，并选择合适的边坡坡度。

（3）填挖结合路基：天然地面横向倾斜部分以填筑方式构成而另一部分以开挖方式构成的路基。

路基本体由宽度、高度和边坡坡度三者构成。路基宽度取决于公路技术等级；路基高度（包括路中心线的填挖深度，路基两侧的边坡高度）取决于路线的纵坡设计及地形；路基边坡坡度取决于土质、地质构造、水文条件及边坡高度，并由边坡稳定性和横断面经济性等因素比较确定。路基宽度、高度和边坡坡度是路基本体设计的基本要素，就路基稳定性和横断面经济性的要求而论，路基的边坡坡度及相应的防护、加固措施，是路基本体设计的基本内容。

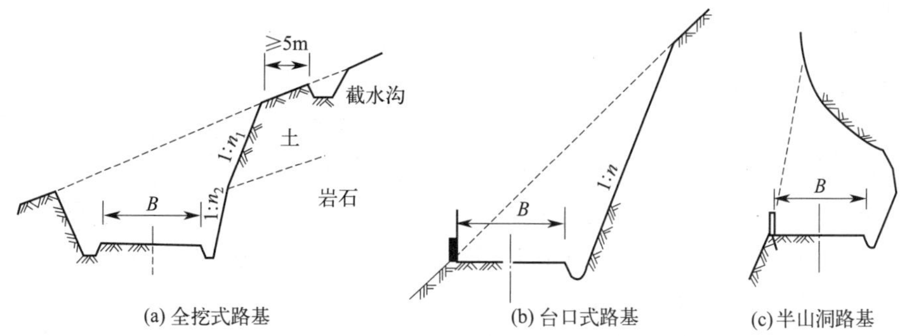

图 8-9　路堑的几种常见横断面形式

（图片来源：《道路工程第四版》，凌天清）

路基在各种自然因素及行车荷载作用下，常发生变形，最后导致破坏。其破坏形式多种多样，原因也错综复杂。常见的破坏形式主要有以下几种：

①路堤的变形破坏，包括：路堤沉陷；边坡溜方及滑坡；路堤沿地基滑动。

②路堑的变形破坏，包括：边坡剥落和碎落；边坡滑坍和崩塌。

③特殊地质水文条件下的破坏。

2）路面

行车荷载和自然因素对路面的作用和影响，随着深度增加而递减。因此，对路面结构的强度抗变形能力和稳定性的要求也随深度的增加而逐渐降低。根据这一特点，同时考虑到筑路的经济性，路面结构一般由各种不同材料分多层铺筑，各个层位分别承担不同的功能。通常将路面结构划分为面层、基层和垫层，如图 8-10 所示。

（1）面层：

面层是路面结构的最上层，直接与车辆荷载和大气相接触，与其他层次相比，面层应具备更高的强度、抗变形能力，较好的稳定性、平整度，同时应具有较好的耐磨性抗滑性和不透水性。

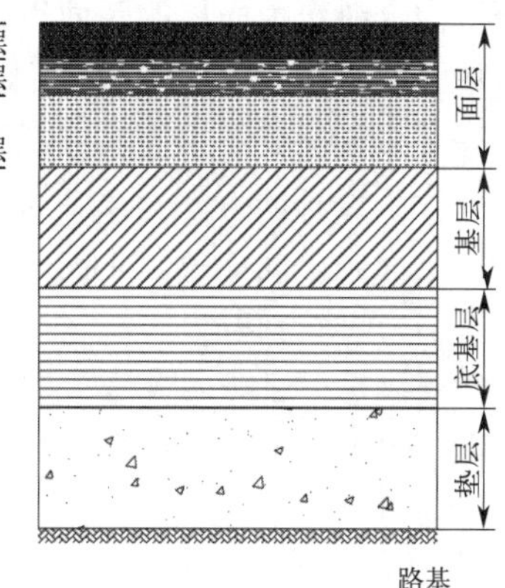

图 8-10　路面结构层次示意图

铺筑面层的材料主要有：水泥混凝土、沥青混凝块石沥青碎（砾）石混合料等。

等级高的道路路面面层通常由两层或三层构成，分别称为上面层和下面层，或上、中、下面层。

（2）基层：

基层设置在面层之下，承受由面层传递下来的行车荷载，并将它扩散和传递到垫层和路基。虽然基层位于面层之下，但仍然难以避免大气降水从面层渗入，而且还可能受到地下水的侵蚀，因此，基层除应具有足够的强度和刚度外，还应具有良好的水稳定性。同时为了保证面层的平整度，要求基层也有一定的平整度。

修筑基层的材料主要有：各种结合料（如石灰、水泥或沥青等）稳定土或碎（砾）石，以及各种工业废渣（如煤渣、粉煤灰、矿渣、石灰渣等）组成的混合料，贫水泥混凝土，各种碎（砾）石混合料，天然砂砾及片石、块石等。

等级高的道路基层通常较厚，一般分两层或三层铺筑，位于下层的叫底基层，对底基层的材料在质量和强度方面要求相对较低，应尽量使用当地材料修筑。

(3) 垫层：

路面设计时，视情况需要设置具有排水、防水或抗冻等性能的垫层，位于基层和路基之间，它的功能是改善路基的湿度和温度状况，保证基层和面层的强度、刚度和稳定性不受路基的影响。同时，它还将基层传下来的车辆荷载进一步扩散，从而减小路基顶面的压应力和竖向变形；另外，它也能阻止路基挤入基层。在地下水位较高的路基上，如遇地质不良或冻深较大等情况，通常都应设置垫层。

垫层材料的强度要求不一定高，但水稳定性和隔温性要好。常用的材料有两类：一类为松散粒料，如砂砾石、炉渣、煤渣等透水性垫层；另一类为水泥、石灰煤渣稳定粗粒土等稳定性垫层。

路面类型一般按所使用的面层材料划分，如水泥混凝土路面、沥青路面、砂石路面等，但在进行路面结构设计时，主要从路面结构的力学特性出发，将路面划分为柔性路面、刚性路面两大类。

(1) 柔性路面：

柔性路面结构整体刚度较小，在行车荷载作用下产生的弯沉变形较大，行车荷载通过路面各结构层传给路基的应力也较大。路面整体结构抗拉强度不高，主要靠抗压强度、抗剪强度承受行车荷载作用。柔性路面主要有：各种未经处理的粒料基层和沥青面层、碎砾石面层或块石面层组成的路面结构。

(2) 刚性路面：

刚性路面主要指用水泥混凝土作为面层或基层的路面结构（用水泥混凝土作为基层、沥青混合料作为面层的路面也称为复合式路面）。与柔性路面相比，刚性路面具有较高的抗压强度、抗折强度和弹性模量，刚度大、板体性好，具有较强的扩散应力的能力。因此，在车辆荷载作用下通过混凝土路面板体传递给基层或路基的应力比柔性路面小得多。

为了提高沥青路面的高温抗剪切能力，在大空隙基体沥青混合料中（空隙率高达20％～28％）灌注特殊水泥砂浆形成一种密实的新型路面称为“半柔性路面”。

3) 桥梁与涵洞

桥涵是指道路在跨越河流、沟谷和其他障碍物时所使用的构筑物（图 8-11、图 8-12）。

图 8-11 跨线桥

图 8-12 拱涵

根据桥涵构筑物跨径的大小可分为桥梁和涵洞（单孔跨径小于 5m 或多孔跨径总长小于 8m）。涵洞是指横贯并埋设在路基中供排泄水流、灌溉或交通使用的渠道或管道。涵洞按结构形式可分为圆管涵、箱涵、盖板涵和拱涵；按涵顶填土情况可分为明涵（涵顶无填土）和暗涵（涵顶填土大于 50cm）根据当地材料情况，涵洞常采用砖、石、（钢筋）混凝土等材料建成。

4）隧道

隧道是修建在地下或水下或者在山体中，铺设铁路或修筑公路供机动车辆通行的建筑物。隧道的结构包括主体建筑物和附属设备两部分。主体建筑物由洞身和洞门组成，附属设备包括避车洞、消防设施、应急通信和防排水设施，长的隧道还有专门的通风和照明设备。

隧道根据其所在位置可分为山岭隧道、水下隧道和城市隧道三大类。为缩短距离和避免大坡道而从山岭或丘陵下穿越的称为山岭隧道；为穿越河流或海峡而从河下或海底通过的称为水下隧道；为适应铁路通过大城市的需要而在城市地下穿越的称为城市隧道。按交通用途可以分为公路隧道和铁路隧道；按照隧道的长度可分为短隧道、中隧道、长隧道、特长隧道。

1949 年初，我国铁路隧道仅有 429 座，铁路隧道总长度 112km。近年来，我国隧道和地下工程发展迅速，取得显著成就（图 8-13、图 8-14）。2016—2022 年，我国隧道总里程呈逐年增长趋势，截至 2022 年底，我国隧道总里程达到 48762km，较 2021 年增长 3008.1km。其中，公路隧道里程占全国隧道总里程的 54.93%；铁路隧道里程占全国隧道总里程的 45.07%。

图 8-13　铁路隧道

图 8-14　公路隧道

5）其他交通工程及沿线设施

公路的其他交通工程有防护路基稳定的挡土墙工程、排水工程等；公路的沿线设施有交通安全设施（如跨线桥、地下横道、色灯信号、护栏等）、管理设施（如路面标志、安全岛、交通监视设施等）和服务设施（如养护室、加油站、收费所等）三种。各项设施的建设规模和标准应根据公路网规划，公路的功能、等级和交通量等确定，应按照“保障安全、提供服务、利于管理”的原则进行设计和修建。虽然交通工程及沿线设施在公路工程建设项目中所占的投资比重相对较小，仅占总投资的 5%～10%，但其规划、设计、施工和养护状况的好坏，直接关系到公路整体效益的发挥。

8.3.2 道路的分类与等级划分

道路按其使用特点分为公路、城市道路、专用道路等。

1. 公路

公路是指连接城市、乡村，主要供汽车行驶的具备一定技术条件和设施的道路。

根据我国现行的《公路工程技术标准》JTG B01—2014，公路按使用任务、功能和适应的交通量分为高速公路、一级公路、二级公路、三级公路、四级公路五个等级：

(1) 高速公路为专供汽车分方向、分车道行驶，全部控制出入的多车道公路。高速公路的年平均日设计交通量宜在 15000 辆小客车以上。

(2) 一级公路为供汽车分方向、分车道行驶，可根据需要控制出入的多车道公路。一级公路的年平均日设计交通量宜在 15000 辆小客车以上。

(3) 二级公路为供汽车行驶的双车道公路。二级公路的年平均日设计交通量宜为 5000～15000 辆小客车。

(4) 三级公路为供汽车、非汽车交通混合行驶的双车道公路。三级公路的年平均日设计交通量宜为 2000～6000 辆小客车。

(5) 四级公路为供汽车、非汽车交通混合行驶的双车道或单车道公路。双车道四级公路年平均日设计交通量宜在 2000 辆小客车以下；单车道四级公路年平均日设计交通量宜在 400 辆小客车以下。

公路按行政等级可分为：国家公路、省公路、县公路、乡公路、村公路（可简称为国道、省道、县道、乡道、村道）以及专用公路六个等级。一般把国道和省道称为干线，县道和乡道称为支线。

(1) 国道是指具有全国性政治、经济意义的主要干线公路，包括重要的国际公路，国防公路，连接首都与各省、自治区、直辖市首府的公路，连接各大经济中心、港站枢纽、商品生产基地和战略要地的公路。国道中跨省的高速公路由交通运输部批准的专门机构负责修建、养护和管理。

(2) 省道是指具有全省（自治区、直辖市）政治、经济意义，并由省（自治区、直辖市）公路主管部门负责修建、养护和管理的公路干线。

(3) 县道是指具有全县（县级市）政治、经济意义，连接县城和县内主要乡（镇）、主要商品生产和集散地的公路，以及不属于国道、省道的县际间公路。县道由县、市公路主管部门负责修建、养护和管理。

(4) 乡道是指主要为乡（镇）村经济、文化、行政服务的公路，以及不属于县道以上公路的乡与乡之间及乡与外部联络的公路。乡道由人民政府负责修建、养护和管理。

(5) 村道是指直接为农村生产、生活服务，不属于乡道及以上公路的建制村之间和建制村与乡镇联络的公路。乡（镇）人民政府对乡道、村道建设和养护的具体职责，由县级人民政府确定。

2. 城市道路

城市道路是指在城市范围内，供车辆及行人通行的具备一定技术条件和设施的道路。城市道路按其地位、功能可划分为快速路、主干路、次干路和支路。城市道路是城市组织生产安排生活、发展经济、物质流通所必需的交通设施。城市道路将城市的主要组成部分如居民区、市中心、工业区、车站、码头及其他部分之间联系起来，形成完整的道路系统。

3. 专用道路

由工矿、农林等部门投资修建，主要供该部门使用的道路。

1）厂矿道路

厂矿道路指主要为工厂、矿山运输车辆通行的道路。通常分为厂内道路和厂外道路及露天矿山道路。厂外道路为厂矿企业与国家公路、城市道路、车站、港口相衔接的道路或厂矿企业分散的车间、居住区之间连接的道路。

2）林区道路

林区道路是指修建在林区，主要供各种林业运输工具通行的道路。由于林区地形及运输木材的特征，其技术要求应按专门制定的林区道路工程技术标准执行。

各类道路由于其位置交通性质及功能均不相同，在设计时其依据标准及具体要求也不相同。因此，必须按其相应的技术规范（标准）进行设计与施工。

8.4 高速公路

8.4.1 高速公路的特点

高速公路，简称“高速路”，是指专供汽车高速行驶的公路（图8-15、图8-16）。高速公路在不同国家地区、不同时代和不同的科研学术领域有不同规定。根据《公路工程技术标准》JTG B01—2014规定，高速公路为专供汽车分向行驶、分车道行驶，全部控制出入的多车道公路。高速公路年平均日设计交通量宜在15000辆小客车以上，设计速度80～120km/h。

图8-15 沪嘉高速

图8-16 雅西高速

高速路面包括主道、匝道和辅助车道。主道即车行道，根据不同数量由左向右依次设为超车道、快车道和慢车道（行车道）。匝道形式复杂多样，根据具体功能细分立交匝道、加速车道、减速车道、引道、集散车道以及转向匝道等。辅助车道有应急车道（紧急停车带）、掉头车道、爬坡车道、避险车道以及降温池车道等。有些高速公路为保留原有普通公路的功能，还需在主道两侧设平行辅道。除路面车道外，高速公路还包括路基、路堤边坡、边沟、路肩（硬路肩和保护性路肩）等基础构造部分。

高速公路与一般等级公路相比，具有以下特点：

（1）分道、分向行驶，互不干扰，互不影响。高速公路均具备双向四条以上车道，且中间设置有分隔带（也称隔离带），与此同时，在与其他公路、铁路的交叉处和城镇附近的出入口处全部采取立体交叉的形式，使车辆进、出高速公路或在高速公路行驶时互不干扰，互不影响，除同向超车外，避免了车辆横向和纵向交会。

（2）全部封闭，控制出入。高速公路均在两侧设置有钢网等屏障，阻碍其他车辆、行人、牲畜进入，路面上只有机动车辆行驶，排除了其他通行者带来的干扰。机动车辆驶进或驶出的大门是高速公路的专用出入口，不可能从其他任何地方驶入或驶出。

（3）工程设施健全。为解决道路使用者（道路管理人员、驾驶员、乘客等）在处于与外界隔绝的环境中购物、饮食、车辆维护、补充燃油等困难，在高速公路沿线设置有交通工程设施、安全监视设施以及服务与管理区域。

（4）通行能力强、效益高。高速公路一般能适应按各种汽车（含摩托车）折合成小客车的年平均日交通量（25000 辆以上）。例如一个双向车道的高速公路日通行能力是一级普通公路的 1 倍以上，是二级普通公路的 4～5 倍。据统计，一条四车道的高速公路通行能力可达 34000～50000 辆/日，六车道和八车道可达 70000～100000 辆/日。

机动车在高速公路上正常行驶的速度一般都在 80～100km/h 范围内，高者可达 110km/h，比在普通公路上大大加快了行驶速度。我国的高速公路共分为四个等级：平原区为一级，其设计车速为 120km/h；微丘区为二级，其设计车速为 100km/h；重丘区为三级，其设计车速为 60km/h；山岭区为四级，其设计车速为 80km/h。在高速公路上行驶时，其最高行驶车速通常低于设计车速的 10%。

（5）事故率低。高速公路由于采取了全部封闭、立体交叉、分道分向行驶等措施，排除了大量的交通干扰，所以事故大大减少。据有关资料，在同等里程（以亿车公里为计算单位）条件下，因交通事故而死亡的人数，高速公路比普通等级公路下降 50%左右。但在高速公路上一旦发生了交通事故，其性质则较为严重。

尽管我国高速公路基本适应国民经济社会的发展需要，方便了人们的出行，但目前我国高速公路建设还存在以下一些问题：

（1）造价昂贵：高速公路的线形标准和建筑材料要求高，建筑材料、征地拆迁和通信监控设施等费用较高，使得高速公路的建设初期投资量大。高速公路每千米造价达数千万元至上亿元不等，视不同地理环境情况而定，最贵可达将近两亿元人民币。

（2）影响环境：高速公路单条线路占地面积比普通公路大，且常服务中远距离，线路较长，从而对生态环境影响大。

（3）工程较长：高速公路整体施工要求比普通公路高很多，如建设过程遇阻不能及时解决，容易导致工期大幅拖延。

（4）事故严重：高速公路虽然事故率比普通公路低，但一旦发生车辆交通事故，通常性质更严重，堵车不易疏散。

（5）运力局限：高速公路的运输能力不如轨道交通，易受恶劣天气干扰，部分线路难以适应日趋增长的汽车流量。

8.4.2　高速公路的战略意义

1. 加快国内循环，促进协调发展

“十四五”时期，随着区域协调发展战略、新型城镇化发展战略的深入推进，经济和人口向大城市、城市群及都市圈集中的趋势将更加明显，高速公路主通道和城市群交通集聚效应不断增强，城市群城际间及都市圈区域客货运输繁忙程度继续加深，中短途交通需求明显增加，城际高速公路的运输需求更加旺盛，交通量仍将快速增长。

2. 扩大内需，带动就业

高速公路的建设属于基础设施建设，是扩大内需的有效手段。一条高速公路的建设，从原材料到技术到施工，都带动了相关产业的发展。除此之外，高速公路建设周期长，从设计到施工提供了大量的工作岗位。建成之后，道路的养护、收费、配套建设设施等，也需要大量的岗位和从业人员，缓解了一部分就业压力，也培养了相关领域人才。

3. 推动科技快速发展

近年来，高速公路的建设技术创新成果丰硕。公路和铁路小垂距软岩交叉隧道设计、施工、监测技术及装备投入使用，保障高速公路建设提质增效；软土地基综合处置成套技术、三维成像隧道地质超前探测装置和分析系统助力提前避风险，让施工更安全；高温隔热板技术、特殊聚丙烯纤维混凝土技术，解决了温泉岩高地热混凝土开裂、结构安全及耐久性影响问题……我国高速公路建设成套技术、深水大跨径桥梁和长大隧道修筑技术接近或者达到世界先进水平，攻克了多项重大技术难关。

4. 促进民族团结，维护国家稳定

生产力的发展是国家致富和稳定的根本，加大交通基础设施建设，将极大改善人们出行条件、促进区域生产力水平提升，提高人们生产生活水平和生活质量。国家高速公路网的修建将大大改善沿线区域民生水平、带动沿线人民创富致富，抵御各种分裂势力和国际敌对势力的不轨图谋，筑牢反对分裂、维护稳定的基础，对于促进民族团结和睦、社会繁荣进步具有十分重要的意义。

5. 促进文化传播，弘扬中国精神

随着“一带一路”倡议、京津冀协同发展、长江经济带发展战略部署的落实，各民族之间加强了文化交流，中华传统文化也随之传播到了东南亚、俄罗斯等邻国地区，加强了我国与世界各国的联系，中华传统文化扬名海外。对于推进社会主义文化强国建设、提高国家文化软实力具有重要意义。

8.4.3　我国高速公路的发展历程及规划

1）发展历程

1970 年，我国台湾兴建北起基隆、南至高雄南北高速公路，该公路于 1978 年 10 月竣工通车，全长 373km。1984 年 6 月 27 日，沈阳至大连高速公路（最初为一级公路标准）动工建设，为中国大陆第一条开工兴建的高速公路，并先于我国首条规划的京津塘高速公路施建。1988 年 10 月 31 日，沪嘉高速公路建成通车，为我国大陆首条投入使用的高速公路。

截至 2001 年，中国高速公路总里程位居世界第二，已达 1.9 万 km。

2004 年 12 月 17 日，国务院讨论通过《国家高速公路网规划》，于次年 1 月 13 日公布“7918”工程。

2013 年 6 月 20 日，《国家公路网规划（2013 年—2030 年）》公布，我国高速公路网改为“71118”工程（即 7 条首都放射线、11 条南北纵线、18 条东西横线）；11 月 21 日，我国首条重载高速公路内蒙古—准兴高速公路建成通车，全长 265km，可承载 100t 重货车，设计每年货运量 1.5 亿 t。

截至 2018 年 12 月 28 日，中国高速公路总里程已达 14 万 km，位居全球第一。

截至 2020 年底，全国公路总里程 519.81 万 km，其中高速公路里程 16.1 万 km。2021 年，新（改）建高速公路里程 9028km。2023 年政府工作报告指出：过去五年，高速公路里程从 13.6 万 km 增加到 17.7 万 km。

2）规划

（1）加速推进国家高速公路贯通互联。

首先以中部和西部地区为重点，加快推进 G55、G59、G85 等国家高速公路待贯通路段项目建设，到“十四五”末基本实现“71118”工程 36 条国家高速公路主线贯通。其次，将相邻两省（区、市）的国家高速公路一方已建成、另一方尚未开工建设的未通路段，或一方已开工一年以上、另一方尚未开工建设的未通路段，或两方均未开工建设且里程之和不超过 100km 的路段认定为省际瓶颈路段，加快打通一批国家高速公路省际瓶颈路段，到“十四五”末实现既有省际瓶颈路段基本消除，进一步强化区域间快速联系，提升国家高速公路网整体效能。

（2）持续推进国家高速公路繁忙通道扩容改造。

以东部和中部地区为重点，推进建设年代较早、技术指标较低、交通繁忙的国家高速公路路段扩容改造，优化通道能力配置，提升国家高速公路运行效率和服务水平。合理选择扩容改造方案，在建设条件允许的情况下，优先采用利用既有高速公路进行扩容的方案，集约节约利用通道和土地资源。

（3）积极完善城市群都市圈快速网络。

支撑城市群和都市圈发展壮大，以京津冀、长三角、粤港澳大湾区、成渝地区双城经济圈等城市群为重点，加快城际高速公路通道建设，完善高速公路环线系统，推动区域交通一体化发展。适应城市空间拓展要求，推动特大城市和城市群核心城市绕城高速公路建设，有序推进高速公路城市出入口路段、互通立交等建设改造，提高瓶颈路段通行效率。

（4）稳步推进重大战略性通道和特殊类型地区高速公路建设。

加强出疆入藏、中西部地区、沿江沿海沿边等战略骨干通道建设。深化促进陆海双向开放，积极推进西部陆海新通道公路畅通工程，实现省际间、城际间高速公路互联互通。推动跨海峡海湾、大江大河通道建设，对于沪甬、沪舟甬跨海通道等影响大、利长远的重大工程，积极开展前期研究和技术攻关，适时启动项目建设。

加快完善脱贫地区，以及赣闽粤原中央苏区和陕甘宁、大别山、左右江、川陕、沂蒙、福建等革命老区的高速公路网络，畅通对外运输通道，提升区域快速机动化水平，增强对红色旅游景区景点的服务支撑能力，促进当地城镇化建设和产业发展。

结合各地建设需求与发展能力综合判断，“十四五”时期，全国高速公路年均新增通车里程将达到约 6000km，与“十三五”时期（约 7500km）相比，建设速度将进一步放缓。预计到“十四五”末，全国高速公路通车总里程将达到约 19 万 km。

8.5　城市道路

8.5.1　城市道路的组成与构造

城市道路是城市交通网络的重要组成部分，它们连接了城市的各个区域，并为车辆和行人提供交通通道（图 8-17）。

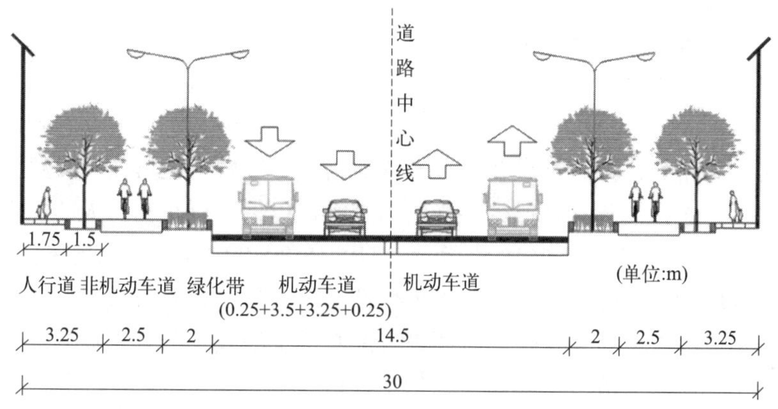

图 8-17　城市道路组成图

与公路相比，城市道路的组成更为复杂，一般由以下部分组成：

（1）车行道：城市道路的主要组成部分是车行道，即为车辆提供通行的区域。包括机动车道与非机动车道，机动车道根据行车快慢还有主路与辅路之分。

（2）人行道：人行道通常位于车行道旁边，提供安全和便利的通行条件。它们可以使用不同的材料，如水泥、沥青或砖块，以满足不同的需求和设计风格。

（3）路缘石：路缘石是沿道路边缘起到分隔作用的固定结构，用于确定车行道和人行道的边界。它们可以是由混凝土、花岗石等材料制成，以提供保护和引导交通的功能。

（4）道路标志和标线：城市道路上的标志和标线对于引导车辆和行人非常重要。道路标志包括交通指示标志、警告标志和指示标志等，用于指示方向、限速、交叉口和停车等。标线包括实线、虚线、斑马线等，用于划分车辆和行人的通行区域。

（5）路灯和交通信号：城市道路通常还包括路灯和交通信号，以提供照明和交通控制。路灯可以提供安全照明，确保夜间视野良好。交通信号用于控制车辆和行人的通行，确保交通有序。

（6）其他设施：道路雨水排水系统（含街沟、雨水口、排水管道等）、渠化交通岛、安全护栏等。

8.5.2 城市道路的分类与等级划分

1. 分类与等级划分

城市道路应按道路在道路网中的地位、交通功能以及对沿线的服务功能等，分为快速路、主干路、次干路和支路四个等级。

（1）快速路：快速路是城市道路网格中的高速公路，一般由多条车道组成，车流量大，车速快。城市快速路通常设有收费站和出入口，以限制车辆的进出。横过车行道时，需经由控制的交叉路口或地道、天桥。

（2）主干路：主干路是城市交通网络中的重要组成部分，通常连接城市的不同区域。它们宽敞平坦，车流量大，车速较快。主干路上通常设置有交通信号灯和交通标志牌，主干路两侧应有适当宽度的人行道。

（3）次干路：次干路是连接主干路和居民区的道路，一般宽度较小，车流量较主干道少。次干路主要用于居民出行和商业活动，通常设置有人行道和路灯，以提供行人和夜间行车的安全。

（4）支路：支路是连接次干道和居民区的道路，一般较窄且弯曲。支路主要用于居民进出小区和停车，通常设置有减速带和交通标志牌，以保证行车和行人的安全。

《城市道路工程设计规范（2016 年版）》CJJ 37—2012 中存在下列规定：

（1）快速路应中央分隔、全部控制出入、控制出入口间距及形式，应实现交通连续通行，单向设置不应少于两条车道，并且要设置配套的交通安全与管理设施。快速路两侧不应设置吸引大量车流、人流的公共建筑物的出入口。

（2）主干路应连接城市各主要分区，以交通功能为主。主干路两侧不宜设置吸引大量车流、人流的公共建筑物的出入口。

（3）次干路应与主干路结合组成干路网。应以集散交通的功能为主，兼有服务功能。

（4）支路宜与次干路和居民区、工业区、交通建设等内部道路相连接，应解决局部地区交通，以服务功能为主。

2. 设计速度

各级道路的设计速度应符合表 8-3 的规定。

各级道路的设计速度 **表 8-3**

道路等级	快速路			主干路			次干路			支路		
设计速度(km/h)	100	80	60	60	50	40	50	40	30	40	30	20

（1）快速路和主干路的辅路设计宜为主路的 0.4～0.6 倍。

（2）在立体交叉范围内，主路设计速度应与路段一致，匝道及集散车道设计速度宜为主路的 0.4～0.7 倍。

（3）平面交叉口内的设计速度宜为路段的 0.5～0.7 倍。

8.6　道路建设

8.6.1　道路选线

道路选线是在规划道路的起终点之间选定一条技术上可行，经济上合理，又能符合使用要求的道路中心线的工作。为保证选线与勘测设计的质量，降低工程造价，必须全面考虑，由粗到细，由轮廓到具体，循序渐进，分阶段分步骤地加以分析比较，进行多方案比选，才能确定最合理的路线。

道路选线的主要任务是：确定道路的走向和总体布局，具体确定道路的交点位置和选定道路曲线的要素，通过纸上或实地选线，把路线的平面位置确定下来。选线应包括确定路线基本走向、路线走廊带、路线方案至选定线位的全过程。路线走向及主要控制点的选定应符合下列规定：

（1）路线起终点，必须连接的城镇、重要园区、工矿企业、综合交通枢纽，以及特定的特大桥、特长隧道等的位置，应为路线基本走向的控制点。

（2）特大桥、大桥、特长隧道、长隧道、互通式立体交叉、铁路交叉等的位置，应为路线走向控制点，原则上应服从路线基本走向。

（3）中、小桥涵，中、短隧道，以及一般构造物的位置应服从路线走向。

1. 公路选线

公路选线可采用纸上定线或现场定线的方法，应符合下列规定：

（1）高速公路、一级公路采用纸上定线时，必须现场核定。

（2）二级公路、三级公路、四级公路可采用现场定线；有条件或地形条件受限时，可采用纸上定线或纸上移线并现场核定的方法。

选线的工作内容：

（1）路线方案选择。

路线方案选择主要是解决起终点间路线基本走向问题。此项工作通常是先在小比例尺（1∶100000～1∶25000）地形图上从较大面积范围内筛选出各种可行的方案，并收集可行方案的有关资料，进行初步评选，确定数条有进一步比较价值的方案。然后进行现场勘察，通过多方案的比选得出一个最佳方案。当没有地形图时，可采用调查或踏勘方法现场收集资料，进行方案评选。当地形复杂或地区范围很大时，可以通过航空视察或用遥感与航摄资料进行选线。

（2）路线带选择。

在选定了路线的基本方向后，根据地形、地质、水文等自然条件选定出一些细部控制点，连接这些控制点，即构成路线带，也称路线布局。这些细部控制点的取舍，仍是通过比选的办法来确定。路线布局一般应该在 1∶5000～1∶1000 比例尺的地形图上进行，只有在地形简单、方案明确的路段，才可以现场直接选定。

（3）具体定线。

经过上述两步的工作，路线雏形已经明显勾画出来。定线就是根据技术标准和路线方案，结合有关条件在有利的定线带内进行平、纵、横综合设计，具体定出道路中线的工作。

2. 城市道路选线

城市道路选线与公路选线存在不同，城市道路在考虑地形、路线、环境、经济影响的情况下，还需考虑城市管线（污水管、电线电缆管、给水管等的布置）、城市绿化带、自行车道、特殊便道等。城市道路交通构成复杂，需多方面考虑。公路则考虑交通量和交通强度（重型车辆的交通比例）因素。

选择合理的道路线路能够提高交通便利性，提高行车的舒适性，同时减少拆迁的浪费等，城市道路选线应遵循以下步骤：

(1) 全面布局。全面布局需要在道路主干道找到几个主要的控制点，通过控制点的走向来确定这条路线的基本走向，从而把握全局的控制。

(2) 逐段设计。逐段设计主要是针对已经划出的控制点之间的相邻范围进行逐一设计，根据通过地段的特点和设计道路的等级进行设计，同时综合考虑细节控制点进行路线划分。

(3) 定线设计。对设计好的路线进行确定和加工，从而确定道路的具体位置和走向，结合施工具体因素进行设计。

(4) 建立单因素分析模型进行分析，将道路的地形图、路线图数字化，反映在单因素模型里面，此外还可进行多因素的分析。

8.6.2 道路路基

1. 路基设计

为了做好地基工程，消除病害，路基设计与施工必须做到严格掌握技术标准，精心设计，精心施工，确保施工质量。其具体内容应包括以下几个方面：

(1) 做好沿线自然情况的勘察工作，收集必要的设计资料，作为路基设计的依据。

(2) 根据路线纵断面设计确定的填挖高度，结合沿线地质、水文调查资料，进行路基主体工程（路堤、路堑、半挖半填路基及有关工程等）设计。一般路基可根据规范规定，按路基典型断面直接绘制路基横断面图。对下列情况，须进行单独设计：工程地质、水文条件复杂或边坡高度超过规范高度的路基；修筑在陡坡上的路堤；在各种特殊条件下的路基，如浸水路堤，采用大爆破施工的路基及软土或震害严重地区的路基等。

(3) 根据沿线地面水流和地下水埋藏情况，进行路基排水系统的总体布置以及地面和地下排水物的设计与计算。

(4) 路基防护与加固设计，包括坡面防护、冲刷防护与支挡结构物等的布置与计算。

(5) 路基工程其他设施的设计，包括取土坑、弃土堆、护坡道、碎落台及辅道等的布设与计算。

在路基设计中，若遇有地下水位较高的地质状况，或城市道路标高的限制，需要采取特殊的路基处理方法，如换填或抛石挤淤等。而在公路设计中，从路基的强度和稳定性要求出发，路基上部土层应保持干燥或中湿状态，路基高度应根据临界高度并结合公路沿线具体条件和排水及防护措施，来确定路堤的最小填土高度。

2. 路基施工

路基施工主要有以下步骤：

(1) 进行现场调查，研究和核对设计文件。编制施工组织计划，确定施工方案，选择施工方法，安排施工进度。完成施工前的组织、物资和技术准备工作。

(2) 开挖路堑，填筑路堤，修建排水及防护加固结构物。进行路基主体工程及其他工程的施工。

(3) 按照设计要求，对各项工程进行检车验收，绘制路基施工竣工图。

建筑施工过程中，公路施工较为方便，城市道路施工需考虑环境噪声、绿色施工、施工时间以及对城市交通的影响。

8.6.3　道路路面

1. 公路沥青路面结构组合设计

1) 一般规定

(1) 路面结构组合设计应针对各种路面结构组合的力学特性、功能特性及其长期性能衰变规律和损坏特点，遵循路基路面综合设计的理念，保证路面结构的安全、耐久和全生命周期经济合理。

(2) 路面结构可由面层、基层、底基层和必要的功能层组合而成。面层采用不同材料分层铺筑时，可分为表面层、中面层和下面层。

(3) 在设计使用限内，路面应不发生由于疲劳导致的结构破坏，面层可进行表面功能修复。

(4) 沥青结合料类材料层间应设置黏层，在结合料类材料层与其他材料层间应设置封层，宜设置透层。

(5) 应采取路面结构的防水、排水措施，阻止降水渗入路面结构层。

2) 路面结构组合

(1) 应根据交通荷载等级和路基状况等因素，结合路面材料特性和结构特性，选择路面结构类型。

(2) 路面结构类型可按基层材料性质分为无机结合料稳定类基层沥青路面、粒料类基层沥青路面、沥青结合料类基层沥青路面和水泥混凝土基层沥青路面四类。

(3) 路面结构选用宜符合下列规定：

①无机结合料稳定类基层沥青路面适用于各种交通荷载等级；

②粒料类基层沥青路面适用于重及以下交通荷载等级；

③沥青结合料类基层沥青路面适用于各种交通荷载等级；

④水泥混凝土基层沥青路面适用于重及以上交通荷载等级。

(4) 路基湿度状态为中湿或潮湿时，宜采用粒料类底基层或设置粒料类路基改善层。

(5) 多雨地区，无机结合料稳定类基层和水泥混凝土基层沥青路面应采取措施控制唧泥、脱空等水损坏。

(6) 当采用无机结合料稳定类基层时，采取下列一种或多种措施减少基层收缩开裂和路面反射裂缝：

①选用抗裂性好的无机结合料稳定类基层；

②增加沥青混合料层厚度，或在无机结合料稳定类基层上设置沥青碎石层或级配碎石层；

③在无机结合料稳定基层上设置改性沥青应力吸收层或敷设土工合成材料。

(7) 选定结构组合后，可根据交通荷载等级参考规范初选各结构层厚度。

2. 公路水泥路面结构组合设计

公路水泥路面结构组合设计应满足以下规定：

(1) 应依据公路等级、交通荷载、路基条件、当地温度和湿度状况以及使用性能要求，选择及组合与之相适应的水泥混凝土路面结构。

(2) 路面结构组合设计，应使各个结构层的力学特性及其组成材料性质满足相应的功能要求。

(3) 应充分考虑各相邻结构层的相互作用、层间结合条件和要求，以及结构组合的协调与平衡。

(4) 应充分考虑地表水的渗入和冲刷作用。采取封堵和疏排措施，减少地表水入渗，防止渗入水积滞在路面结构内。基层应选用抗冲刷能力强的材料。

8.6.4 公路交通安全设施

(1) 公路交通安全设施必须与公路土建工程同时设计、同时施工、同时投入生产和使用。

(2) 公路交通安全设施应进行总体设计。

(3) 公路交通安全设施的总体设计应在充分收集项目及所在路网规划、技术规定、设计图纸和交通安全评价结论，以及现场调研的基础上进行。

(4) 公路交通安全设施的总体设计应包括项目和路网特征分析、设计目标、设置规模、结构设计标准、设计协调与界面划分等内容。

(5) 公路改（扩）建交通安全设施的总体设计还应根据既有公路调查与综合分析的结论，包括既有设施的再利用方案和临时交通安全设施的设计方案等。

8.7 道路养护

8.7.1 道路养护的任务和目的

道路养护应始终坚持“预防为主，防治结合”的原则。遵循“全面规划，建养并重，协调发展；加强养护，积极改善，科学管理；提高质量，保障畅通”的指导方针。经常保持道路完好、平整、畅通、整洁美观，及时修复损坏部分，周期性进行大中修，逐步改善技术状况，提高道路的使用质量和抗灾能力。

道路养护的基本任务是：

(1) 经常保持道路的完好状态，及时修复损坏部分，保证行车安全舒适、畅通，以提高运输经济效益。

(2) 采取正确的技术措施，提高工作质量，延长道路的使用年限以节省资金，逐步提高道路的使用质量和服务水平。

8.7.2 道路养护的范围

道路是指公路、城市道路和虽在单位管辖范围但允许社会机动车通行的地方，包括广场、公共停车场等用于公众通行的场所。其中，公路是指经交通运输主管部门验收认定的城间、城乡间、乡间能行驶汽车的公共道路，包括已经建成的由交通运输主管部门认定的公路，还应包括按照国家公路工程技术标准进行设计，并经国家有关行政管理部门批准立项由交通运输主管部门组织正在建设中的公路。

本节将简要介绍公路养护的范围。公路养护按其工程性质、规模大小、技术性繁简划分为小修保养工程、中修工程、大修工程和改造工程四类。

（1）小修保养工程：对公路及其一切工程设施进行预防保养和修补其轻微损坏部分，使之经常保持完好状态。它通常是由养护班在一年小修保养定额经费内，按月（旬）安排计划每日进行的工作。

（2）中修工程：对公路工程设施的一般性磨损和局部损坏进行定期的修理加固，以恢复原状的小型工程项目。它通常由基层养路机构按年（季）安排计划并组织实施。

（3）大修工程：对公路设施的较大损坏进行周期性的综合修理，以全面恢复到原设计标准，或在原技术等级范围内进行局部改善和个别增建以逐步提高公路通行能力的工程项目。它通常由基层养路机构或在其上级机构的帮助下，根据批准的年度计划的工程预算来组织实施。

（4）改造工程：对公路及其工程设施因不适应交通量和载重需要而分期逐段提高技术等级，或通过改善显著提高通行能力的较大工程项目。它通常由地区养路机构或省级养路机构根据批准的计划和设计预算来组织实施或招标完成。

8.7.3 公路养护中的“四新”技术

我国公路养护工作日益繁重，公路建设和养护均面临着新的机遇和挑战，构建安全畅通、统一高效、规范高质的养护管理格局，实现公路养护工程“两型、低碳”发展、开创科学协调可持续发展新局面成为公路发展需着重考虑的问题。新技术、新材料、新工艺、新设备“四新”技术作为提高工程科技含量，优化工程技术经济指标，实现最佳的经济效益、社会效益和环境效益的重要渠道，日益受到重视与应用。

1）沥青路面就地热再生技术（图 8-18）

沥青路面再生技术是指将旧沥青经过铣刨、翻挖、回收、破碎和筛分后，加入一定比例的沥青、再生稳定剂、新集料（如需要）和水，并经过拌合、摊铺和碾压等工艺，形成满足性能要求的路面结构层的整套技术。该技术适合各种沥青路面，可节约绝大部分集料和部分沥青，减少材料费用，降低工程成本，且使用效果优良。

作为一种路面预防性养护技术，就地热再生是指利用专业的成套设备，首先对沥青路面进行现场加热，随后使用铣刨机进行铣刨翻松，然后加入一定量的再生剂对沥青混合料回收料进行充分再生，并加入新沥青混合料充分拌合，最后经过摊铺、压实等工序，从而达到旧沥青路面再生的目的。

2）公路路面就地冷再生技术（图 8-19）

图 8-18 新型热再生技术现场养护图

图 8-19 路面拌合机

现场冷再生是指在施工现场采用专门的再生列车将原路面铣刨破碎至预定深度，然后根据实际情况加入适量的新集料（如需要）、稳定剂和水，并在常温下经拌合、摊铺和碾压形成路面结构层的一项技术。该技术施工速度快，对交通影响较小，且能减少材料的运输费用，降低工程成本。水泥混凝土路面及沥青混凝土路面均可采用冷再生技术进行养护作业。

采用就地冷再生技术，能充分改进旧有公路行车质量，同时也能大幅节约材料购置费用，减少公路养护的工作量及资金投入，也为道路新型环保清洁化养护、道路材料可持续发展、缓解环保压力提供了新的技术选择和设备支持。

3）旧水泥路面再生利用（图 8-20、图 8-21）

如何对旧水泥混凝土路面进行经济、迅速、有效的维修和改建，是目前必须解决的问题。当水泥混凝土路面病害比较严重且修补无效时，传统做法是将旧水泥混凝土路面挖除，重新设计和修建新的路面。挖除的旧水泥混凝土板废弃后，会造成资源浪费和环境污染，成本也较高。

再生利用可分为现场再生和回收再生。现场再生的方法有水泥混凝土路面碎石化技术、水泥混凝土路面冲击压实技术和水泥混凝土路面打裂压稳技术。回收再生利用主要是指将旧水泥混凝土块填入专用破碎机破碎成一定粒径的碎石，作为水泥稳定碎石材料进行利用，或作为片石、浆砌石利用。

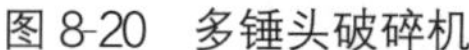

图 8-20　多锤头破碎机

图 8-21　破碎效果

8.8　道路的发展趋势

8.8.1　国际高速公路的发展

1. 高速公路对经济发展的意义

高速公路是近年来随着经济发展而逐渐建设的重要基础设施之一，其对于经济发展的意义十分重要。高速公路是以车辆高速行驶为特点，具有快捷、高效、便利、大容量等优点。高速公路的完善大大提高了旅游业的发展。高速公路的建设能够把旅游区与城市之间的路程时间缩短到 2～3h，旅游时间得到更好的利用，加速了旅游产业的发展。高速公路的建成，也带来了对周边景区、酒店、餐饮等其他服务行业的需求。高速公路为旅游产业的增长和繁荣提供了优良的基础条件。

高速公路是推动物流和交通发展的重要基础设施之一，对物流的优化起到了很大的作用。随着高速公路的建设，物流公司可以更加便捷地运输货物，货物的流通速度、流通效率得到了进一步提高，缩短了输送周期，减少了物流成本，增强了企业与企业之间的竞争力。高速公路的建设还帮助企业降低库存及运输成本，提高物流效率，促进了物流行业的发展。

高速公路也是促进经济发展的重要基础设施，通过高速公路交通体系，可以把区域内的劳动力、资源和市场集成起来，形成大规模的区域经济和经济增长点。高速公路的建设推动了工业和农业的现代化，缩短了经济的联系时间和成本，促进了市场的扩大和商品的交流。此外，高速公路也是吸引投资、发展企业、增加就业的重要因素，它极大地提高了企业进出口的效率，方便了企业进行市场拓展，实现了本地企业走向全球市场的梦想。

2. 我国首条国际高速公路

昆曼公路的前身是 1949 年初建成的昆洛公路，起点从昆明到中缅交界的达洛，全长 866km，为当时云南里程最长的国防公路（图 8-22）。此时的昆洛公路还是一条以三级标准为主，存在路面差、下雨积水、路干扬灰等问题的普通山区公路。随着时间进入 20 世纪末，中南半岛的局势逐渐稳定，我国增强与中南半岛各国的合作，如果能构建中国与缅甸的跨国公路，那么以往从中国驶向印度洋的十几天的路程会因这条公路而缩短至 3～5d。而泰国、老挝的各种资源也可以借此通关进入中国，降低运输成本。1992 年在三国都有意愿的前提下，正式签订《大湄公河次区域便利跨境运输协定》，确定了昆曼公路建设意图。中国段以昆洛公路为主体进行改建，后经磨憨口岸而入老挝，再入泰国，昆洛公路借此升级，成为昆曼公路的一部分，最终经过 16 年的建设，于 2008 年末通车，昆明到曼谷的用时因这条公路而缩短至 20h。2017 年，昆曼公路中国段进行了道路升级，实现全程高速化。

图 8-22 原昆曼公路

8.8.2 绿色智慧公路的发展

1. 绿色智慧公路的政策

近来我国交通运输部印发《交通运输部关于推进公路数字化转型加快智慧公路建设发展的意见》（交公路发〔2023〕131 号）（简称《意见》），意在加快推动公路建设、养护、运营等全流程数字化转型，助力公路交通与产业链供应链深度融合，大力发展公路数字经济，为加快建设交通强国、科技强国、数字中国提供服务保障。

《意见》提出打造路网智能感知体系，利用建设、养护数据资源，充分整合、合理布设沿线各类感知设施获取数据来源，利用摄像机、雷达、气象监测、交通量调查及 ETC 门架等设施，采用激光雷达、无人机及车载终端数据上传等新型感知手段，提升各类数据融合应用水平，实现全要素动态实时感知。构建智慧路网监测调度体系，依托路网运行大数据、人工智能、机器视觉及区块链、北斗、5G 等技术，加强数字化的路网运行状态模拟、分析决策、智能调度和出行规划精准服务能力，构建现代公路交通物流保障网络，人享其行、物畅其流。

《意见》同时也鼓励建设单位统筹策划，构建全生命期模型，各参建单位共同参与，以数字化促进工程管理降本增效；应用现代信息采集技术提升勘察效率，用“BIM＋GIS”“云＋端”等实现数字化勘测；开展基于 BIM 的三维协同设计，推动设计成果向施工转化；在已有的自动化施工、无人作业基础上，进一步研发智能施工装备，逐步实现物料机互联、协同施工、工程模型同步验收交付，提升施工组织和工程监管效率。

2. 绿色智慧公路在我国的推广使用

1）“杭绍甬高速”智慧公路技术的使用

杭绍甬高速杭绍段项目全长约 52.8km，设计时速为 120km，作为浙江省推进“四大”建设的重点项目和智慧高速公路建设的标志性工程，在全段高速中不设收费站，采用自由流收费方式。高速上设置的无杆龙门架会全程记录路程，结束后该车注册的银行卡、支付应用等会自动扣费。同时高速全程接入大数据的智能云控平台，构建人、车、路协同系统，实时感知车况、路况、天气等，大幅提高通行效率和安全性；设置了自动驾驶的专用车道，远期将全面支持自动驾驶。部分路段做了特殊处理，杭绍甬高速建有路面光伏发电、太阳能发电和插电式充电桩三大发电系统，杭绍甬高速的近期目标是通过这三大发电系统提供充电服务，远期目标是实现移动式的无线充电，一边开车一边充电。

2）“三清高速”智慧高速技术的构建

云南省曲靖三宝至昆明清水高速公路（简称“三清高速”）沿线共有桥梁 47 座、涵洞 242 处，传统高速公路机电系统无法实现对边坡桥梁进行实时监测与预警，无法保证车辆行驶安全；此外，三清高速沿线易出现暴雨、降雪、冰雹等恶劣天气，传统机电系统也难以实现对天气的预警与及时处理。三清高速的智慧化建设将进一步实现对沿线边坡桥梁的监测以及极端恶劣天气的预警，保障出行安全。立足于三清高速传统机电系统的建设现状，针对三清地域特色、交通特征，从行业发展、用户需求、安全需求等多个维度对三清高速智慧化建设需求进行充分分析。将基础设施数字化和道路运营智慧化作为建设重点。

在基础设施数字化中，针对高危边坡进行全天候 24h 监控，通过传感器收集边坡位移、含水量等数据并进行安全性分析，做到及时预警和危险后的实时报警；通过传感器获取桥梁表面是否结冰，一旦判断结冰能够将结冰信息及时传输到后台进行报警，并将信息发送到道路沿线情报板，提醒危险路段的在途车辆注意行车安全。

在三清高速的道路运营中，建设智慧服务区，在服务区和停车区内设置免费 Wi-Fi、智能查询终端、智慧化厕所、车辆停放监测等内容，为三清高速在途出行者提供全方位的信息服务，全面提升服务区公众出行体验，进而提高三清高速管理效率和服务质量。

3）高速公路建设中的数字化、智慧化

智慧公路不仅体现在使用上，在公路的建设中，实现数字化、智能化、现代化也是一大重点。近年来，建筑信息模型（BIM）和地理信息系统（GIS）等技术在工程建设领域得到广泛应用，成为推进工程建设数字化、智能化的重要手段。BIM 技术具有全生命周期管理、数字化展现、可视化协作等特点，为工程建设过程中的设计、施工、运营、维护等环节提供了有力支持。GIS 技术具有数据处理、空间分析、地图制图等功能，可以帮助工程管理人员对工程建设过程中的空间信息进行全面、准确、实时的监测和管理。BIM+GIS 技术是指将建筑模型信息与原始地理空间信息相结合，并在三维可视化条件下进行模型信息化存储、分析、管理，已广泛应用于公路工程设计、建设、施工和运维等阶段。

通过数字化建模可实现对高速公路工程的可视化呈现，帮助设计师、施工人员、管理人员等更加直观、准确地了解工程建设过程中的各个环节。同时加强可视化协作功能，实现不同人员在不同地点对工程建设进行协同设计，提高工程建设效率。GIS 技术不仅可对工程建设过程中的空间信息进行分析和处理，还可以提供实时监测和管理。同时通过将 BIM 和 GIS 技术相结合，对工程建设过程中的各类数据进行集成和管理，将为工程管理人员提供更加全面、准确、实时的信息支持。通过 BIM+GIS 技术系统可对工程建设过程中的各类数据进行分析、挖掘和预测，为工程管理人员后续管理提供科学决策支持。

思考题

（1）道路工程建设的主要内容有哪些？道路工程有何特点？
（2）道路的分类及等级是如何划分的？
（3）公路水泥路面结构组合设计应满足哪些规定？
（4）简述道路选线的依据、方法及步骤。

第 9 章　桥梁工程

9.1　概述

桥梁是供车辆（汽车、列车）、行人、管线等跨越河流、山谷、海峡或其他交通线路等的架空构筑物。简而言之，桥梁就是跨越障碍的通道，“跨越”体现了桥梁不同于其他土木建筑的结构特征。从线路（公路或铁路）的角度来看，桥梁是线路跨越障碍时的延伸或连接部分；从功能上看，桥梁是沟通交通工程的关键节点以及城市立体交通的主要构成。

桥梁不仅是一种功能性的结构物，往往还是一座立体的造型艺术工程，同时展现了一种凌空宏伟的通航能力。纵观全球众多大城市，常常以工程雄伟的大桥作为城市的标志与骄傲，许多桥梁具有鲜明的时代特征，已成为令人赏心悦目的人文景观，是世界建筑艺术的重要组成部分。

桥梁工程属于土木工程学科的分支之一，桥梁工程不仅指桥梁建筑的实体，随着世界桥梁的发展，桥梁工程还指建筑桥梁所需的所有科技知识，包括桥梁的基础理论和研究，以及桥梁的规划、设计、施工、管理和养护维修等。发展交通运输事业，建立四通八达的现代交通网，均离不开桥梁的建设。桥梁建设的突飞猛进对创造良好投资环境、促进区域经济腾飞做出了不可磨灭的贡献。

9.2　桥梁的组成

通常来说，桥梁由四个基本部分组成，即上部结构、下部结构、支座系统及附属设施。常见的梁式桥的基本组成如图 9-1 所示。

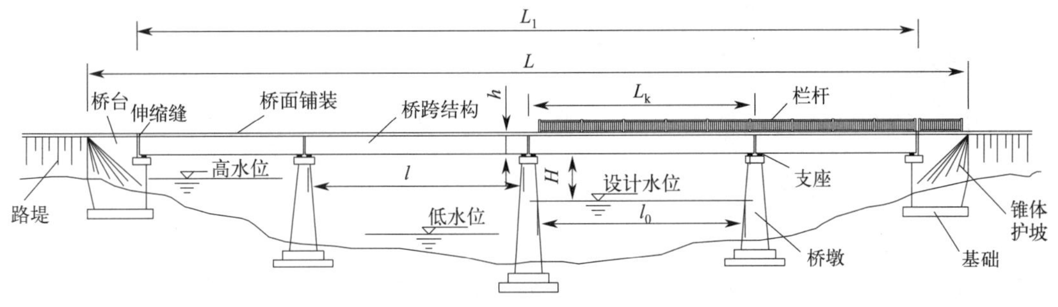

图 9-1　梁式桥的基本组成

上部结构（又称桥跨结构、桥孔结构）是线路遇到障碍（如江河、山谷或其他路线）中断时，跨越障碍的主要承重结构。上部结构是桥梁支座以上跨越桥孔的总称，当跨越幅度越大时，上部结构的构造也就越复杂，施工难度也相应增加。

下部结构包括桥墩、桥台和基础。

桥墩和桥台是支撑上部结构并将其传来的荷载传至基础的结构物。通常设置在桥梁两端的称为桥台，而设置在桥梁中间部分的称为桥墩。桥台一侧支撑桥梁的上部结构，另一侧与路堤相接，抵御路堤侧土压力而防止路堤填土的坍塌。单跨桥梁只有两端的桥台，而没有中间桥墩。

桥梁墩台底部的奠基部分称为基础，它是将桥梁墩台传来的荷载（包括竖向荷载、船舶撞击桥墩的水平荷载以及地震作用等）传至地基的结构物。由于基础通常深埋于水下地基中，施工中遇到的问题比较复杂，是桥梁施工中难度较大的一部分，亦是保证桥梁安全的关键之一。

支座系统是设在墩台顶部以支撑上部结构的传力装置，其不仅承担传递荷载至桥梁墩台的作用，而且还要保证上部结构在荷载、温度变化等因素作用下所预设的位移功能。

桥梁的附属设施包括桥面铺装、伸缩缝、桥头搭板、锥形护坡、护栏、排水及照明系统等。附属设施大多是实现桥梁服务功能的部件，过往国内桥梁设计中往往不太重视，造成桥梁外观粗糙而服务质量低下。在现代化工业水平的基础上，人们对桥梁行车的舒适性和结构外观审美需求的日益提升，国内桥梁设计师逐渐意识到桥梁附属设施的重要性。附属设施不但是桥梁的“外观包装”，而且是直接体现“服务功能”。

桥面铺装（又称行车道铺装），铺装的平整、耐磨、不翘曲、不开裂渗水是保证行车舒适的关键，尤其在钢桥上铺设沥青混凝土桥面铺装的施工要求甚严。

伸缩缝是桥跨上部结构之间，或在桥跨上部结构与桥台端墙之间设置的缝隙，以保证结构在各种因素作用下的变位。为使桥面上行车舒适，减小振动，桥上常要设置伸缩缝构造，尤其大桥或城市桥梁的伸缩缝，不仅要结构坚固，外观光洁，还应经常扫除落入伸缩缝内的垃圾泥土，以保证其功能作用的实现。

栏杆（又称防撞栏杆），它既是保证安全的构造措施，也是有利于观赏的最佳装饰构件。排水防水系统应能迅速排除桥面上积水，并使渗水的可能性降至最低，城市桥梁的排水系统应保证桥下无滴水和结构上无漏水现象。现代城市中标志性的大跨桥梁都装置了绚丽变幻的灯光照明系统，其成为城市中光彩夺目的夜景。

9.3 桥梁的分类

桥梁有各种不同的分类方式，每种分类方式均体现出桥梁某一方面的特征。

9.3.1 按跨径规模分类

桥梁结构两相邻支座中心的水平距离称为计算跨径，桥梁结构的力学计算是以计算跨径为准的。对于梁式桥，以两桥墩中线之间（或桥墩中线与桥台台背前缘线之间）的桥中心线长度 L_k 为标准跨径。桥梁两个桥台侧墙或八字墙尾端的距离 L，称为桥梁全长（无桥台的桥梁为桥面系行车道长度）。

我国《公路工程技术标准》JTG B01—2014 规定了特大桥，大、中、小桥和涵洞的跨径划分，如表 9-1 所示。

桥梁按跨径分类　表 9-1

桥涵分类	多孔桥梁总长 L(m)	单孔跨径 L_k(m)
特大桥	$L \geqslant 1000$	$L_k \geqslant 150$
大桥	$100 \leqslant L < 1000$	$40 \leqslant L_k < 150$
中桥	$30 \leqslant L < 100$	$20 \leqslant L_k < 40$
小桥	$8 \leqslant L < 30$	$5 \leqslant L_k < 20$
涵洞	—	$L_k < 5$

注：1. 单孔跨径系指标准跨径。

2. 梁式桥、板式桥的多孔跨径总长为多孔标准跨径的总长；拱式桥为两端桥台内起拱线间的距离；其他形式桥梁为桥面系车道长度。

3. 管涵及箱涵不论管径或跨径大小、孔数多少，均称为涵洞。

4. 标准跨径：梁式桥、板式桥以两桥墩中线间距离或桥墩中线与台背前缘间距为准；拱式桥和涵洞以净跨径为准。

上述分类一定程度上反映了桥梁的建设规模，但不反映桥梁工程设计、施工的复杂性。国际上通常认为单孔跨径小于 150m 的属于中小桥，大于 150m 即为大桥，而特大桥的起点跨径与桥梁结构形式有关（表 9-2）。

国际特大桥的分类　表 9-2

桥型	混凝土拱桥	钢拱桥	斜拉桥	悬索桥
跨径(m)	>300	>500	>500	>1000

9.3.2　按基本结构体系分类

结构是由一些基本构件或基本构件的组合体组成的。基本构件主要有受拉构件、受压构件、受弯构件和弯拉（压）构件等。由基本结构构件组成的组合体称为结构体系或结构形式，桥梁的主要结构形式有梁式桥、拱式桥、刚构桥、斜拉桥、悬索桥及组合体系桥等。

1）梁式桥

梁式桥是由受弯构件作为上部结构的桥梁，它在竖向荷载作用下只承受弯矩和剪力，不承受轴力（水平反力）作用，如图 9-2(a)、图 9-2(b) 所示。由于外部荷载（恒荷载和活荷载）的作用方向与上部承重结构的轴线接近垂直，与同等跨径的其他结构形式桥相比，梁式桥产生的弯矩最大，一般采用抗弯、抗剪承载力高的钢结构、钢筋混凝土结构、预应力混凝土结构及钢筋—混凝土组合结构来建造。

梁式桥按结构受力体系可分为简支梁桥、连续梁桥和悬臂梁桥。

简支梁桥一般适用于中小跨径的桥梁，具有构造简单、制造运输及架设安装方便、对地基承载力要求不高等特点。目前，在公路上应用最为广泛的是标准跨径的钢筋混凝土和预应力混凝土简支梁桥，主要施工方法有预制装配和现浇两种。钢筋混凝土简支梁桥的常用跨径在 25m 以下，当跨径较大时，需采用预应力混凝土简支梁桥，但跨径通常不超过 50m。为改善梁桥的受力条件和使用性能，若地质条件较好时，中、小跨径梁桥均可以修建连续梁桥，如图 9-2 所示。

连续梁桥是多跨简支梁桥在中间支座处贯通，形成整体连续及多跨的桥梁结构。由于支座处贯通，连续梁桥能够承受支座负弯矩，减小跨中弯矩，从而可以降低梁高或增大跨度。连续梁桥按其截面变化形式可以分为等截面连续梁和变截面连续梁两种，其中变截面连续梁是指在支座处增加截面梁高，以承受和抵抗更大的支点负弯矩。多跨连续梁桥可以

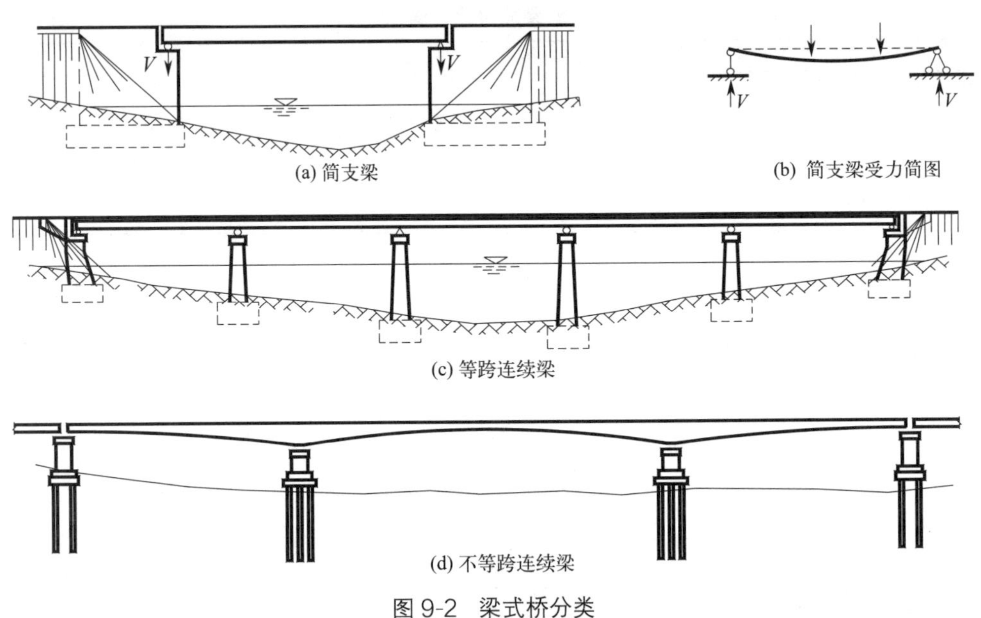

(a) 简支梁
(b) 简支梁受力简图
(c) 等跨连续梁
(d) 不等跨连续梁

图 9-2 梁式桥分类

建成等跨或不等跨，通常可根据其下的交通情况确定，如图 9-2(a)、图 9-2(b) 所示。

悬臂梁桥是简支梁桥的梁体向一端或两端外伸超出支点形成的梁桥。悬臂梁桥也是利用支点承受负弯矩的受力特点，降低跨中弯矩以增加主梁的跨径。与连续梁类似，悬臂梁桥也可以根据其弯矩分布特性设计成变截面梁桥。

2）拱式桥

拱式桥的主要承重结构为拱圈或拱肋（拱圈横截面设计成分离式时称为拱肋）。拱结构在竖向荷载作用下，桥墩和桥台将承受水平推力，如图 9-3 所示。根据作用力与反作用力原理，桥梁墩台向拱圈（或拱肋）提供一对水平反力，这能够有效地抵消拱圈（或拱肋）在外荷载下产生的弯矩和剪力，通过矢跨比和拱轴线的优化设计甚至可使拱圈（或拱肋）处于完全受压状态。与同等跨径的梁式桥相比，拱桥的弯矩、剪力和变形都要小很多，拱桥的结构内力以受压为主，可直接采用抗压强度高、抗拉强度低的圬工材料（如砖、石、混凝土）来建造。

根据行车道与主拱圈相对位置的不同，将拱式桥分为上承式拱、中承式拱和下承式拱桥，分别如图 9-3(a)～图 9-3(c)所示，“承”代表承受车辆荷载（行车道）的位置，“上、中、下”则分别代表行车道位于主拱圈的上部、中部和下部。

拱桥不仅跨越能力较大，而且外形酷似彩虹卧波十分美观，若地基承载力允许，建造拱桥往往比较经济合理，通常跨径 500m 以内拱桥均可视作有竞争力的比选方案。然而，为确保安全，拱桥的下部结构和地基（尤其是桥台）必须能承受很大的水平推力作用。再者，不同于梁式桥，因拱圈（或拱肋）在合龙前自身很难维持平衡，故而拱式桥在施工过程中的难度和危险性要远高于梁桥。对于特大跨径的拱桥，可采用钢或钢管混凝土（钢—混凝土组合截面）来建造，由质轻高强的钢拱先合龙并承担施工荷载，这样可大幅降低大跨径拱桥的施工难度和风险。

在地基条件不允许建造有很大水平推力的拱桥的情形下，还可以建造水平推力由受拉系

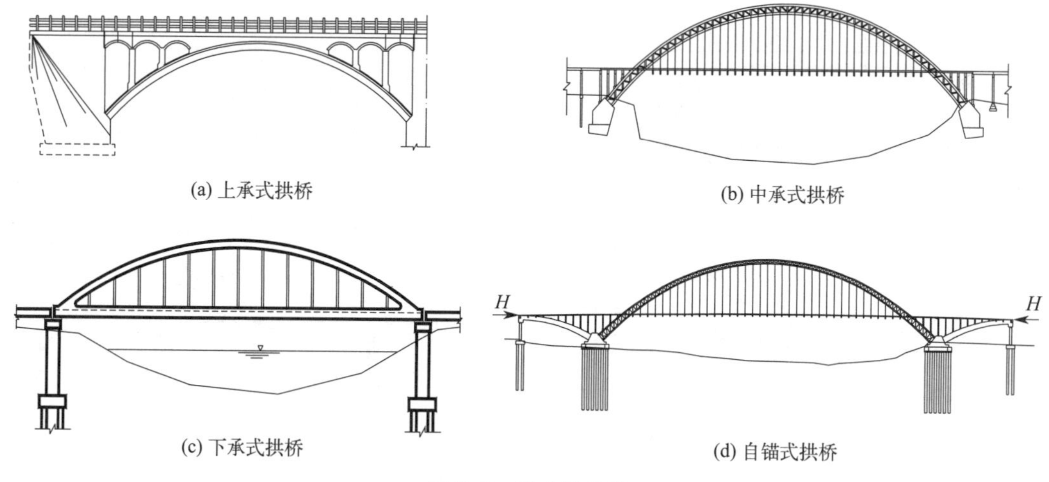

(a) 上承式拱桥

(b) 中承式拱桥

(c) 下承式拱桥

(d) 自锚式拱桥

图 9-3 拱式桥分类

杆承受的系杆拱桥，系杆可由钢、预应力混凝土或高强钢筋构成，如图 9-3(c) 所示。近些年兴起一种形似“飞燕式”三跨自锚式拱桥，如图 9-3(d) 所示，即在边跨两端施加强大的水平预加力 H，通过边跨梁传至拱脚，以减小甚至抵消主跨拱脚处的巨大水平推力。

3）刚构桥

刚构桥（又称刚架桥）是主要承重结构为梁（或板）与立柱（或竖墙）整体结合在一起的刚架结构，梁和柱的连接处通常具有很大的刚性，以承担负弯矩的作用。刚架桥的主要结构形式包含门式刚构桥、T 形刚构桥、连续刚构桥和斜腿刚构桥等。

如图 9-4(a) 所示的门式刚构桥，在竖向荷载作用下，柱脚处具有水平反力，梁主要受弯，但其弯矩值较同等跨径的简支梁小，梁内还有轴压力 H，因此其受力状态介于梁式桥与拱式桥之间[图 9-4(b)]，刚架桥跨中的梁高可以设计得较小。采用普通混凝土建造的刚架桥在梁柱刚接处易产生裂缝，设计时应引起重视并多配置钢筋。此外，门式刚架桥在温度变化时，门形内部易产生较大的附加内力，应加以关注。

T 形刚构桥（带挂孔或不带挂孔的）如图 9-4(c) 所示，是修建较大跨径混凝土桥梁曾采用的桥型，属于静定或低次超静定结构。对于这种桥型，由于 T 形刚构长悬臂处于一种不受约束的自由变形状态，在车辆荷载作用下，悬臂内的弯、扭内力均较大，因而各个方向均易产生裂缝。再者，由于混凝土徐变，会使得悬臂端产生一定的下挠，从而在悬臂端部和挂梁的接合处形成折角，不仅损坏了伸缩缝，而且车辆易在此跳车给悬臂以附加冲击力，使得行车不适，对桥梁受力也不利，目前这种桥型已很少采用。

连续刚构桥如图 9-4(d) 所示，属于多次超静定结构，在设计中一般应减小墩柱顶端的水平抗推刚度，使得温度变化在结构内不产生较大的附加内力。对于长度很大的桥，为降低这种附加内力，往往在两侧的一个或数个边跨上设置活动支座，从而形成如图 9-4(e) 所示的刚构—连续组合体系桥型。

当跨越陡峭河岸和深谷时，修建斜腿刚构桥往往既经济合理又造型轻巧美观，如图 9-4(f) 所示。由于斜腿墩柱设置于岸坡上，较大的斜角使得中跨梁内的轴压力也很大，因而斜腿刚构桥的跨越能力比门式刚构桥大得多，但斜腿构造的施工难度比直腿大得多。

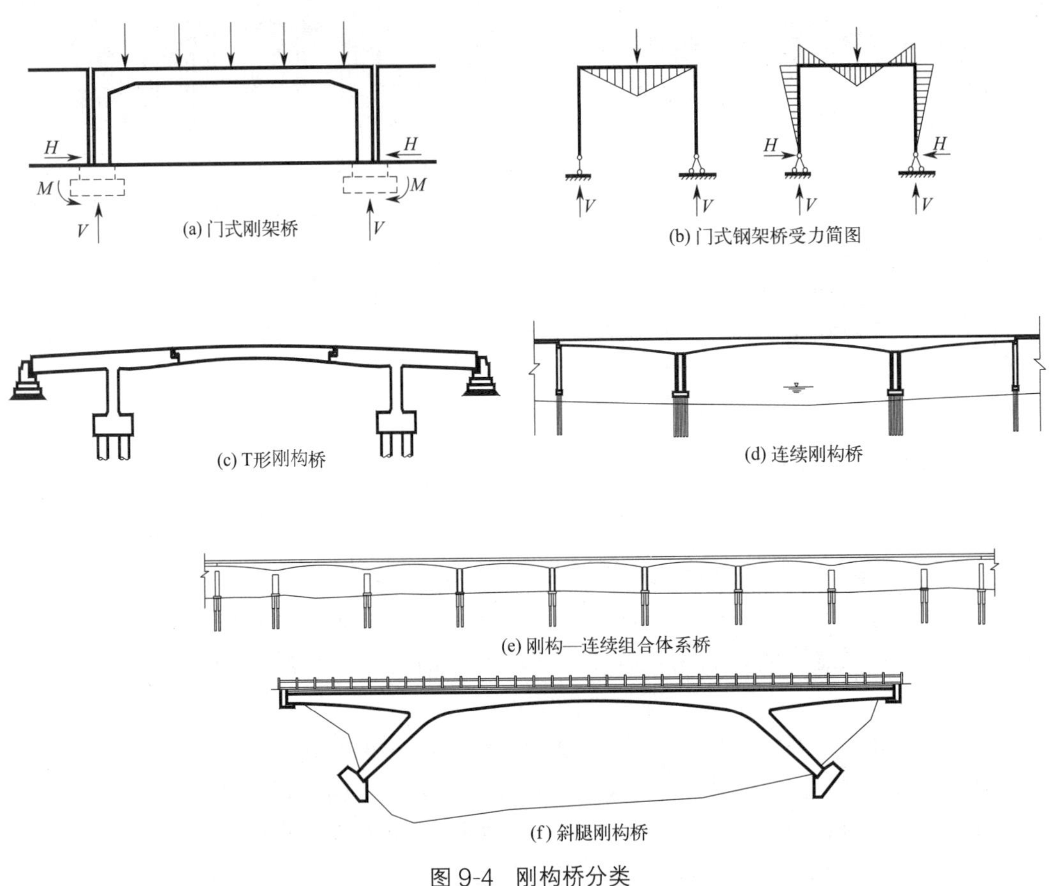

图 9-4 刚构桥分类

4）斜拉桥

斜拉桥主要由主梁、斜拉索、索塔、桥墩和基础组成，如图 9-5 所示。其中索塔以受压为主，斜拉索以受拉为主，主梁处于压弯状态。受拉的斜拉索将主梁多点吊起，并将主梁上的恒荷载和活荷载传递给索塔，再通过索塔基础传至地基。大跨径斜拉桥的主梁可视为拉索代替支墩的多跨弹性支撑连续梁，从而主梁体内的弯矩大为减小；同时由于斜拉索的水平分力由主梁承受，故斜拉桥是一种自锚式体系，不需要悬索桥那样巨大的锚碇，对地基要求较低。

由于主梁受到斜拉索的弹性支撑，弯矩较小，使得主梁尺寸大大减小，结构自重显著减轻，这样就能大幅提高斜拉桥的跨越能力。斜拉桥的斜拉索通常采用高抗拉强度的预应力平行钢丝，主梁和索塔可采用钢筋混凝土或型钢建造，为减小主梁截面和自重，我国往往采用预应力混凝土代替普通钢筋混凝土建造斜拉桥。

斜拉桥属于高次超静定结构，主梁所受弯矩大小与斜拉索的初张力密切相关，通过索力优化可使得主梁在各种受力状态下的弯矩（或应力）最小。此外，由于索塔、斜拉索和主梁构成稳定的三角形，斜拉桥的结构刚度较大，抗风能力相比于悬索桥要好得多。

常见的斜拉桥为双塔三跨式结构，除此之外还包括独塔双跨、独塔单跨以及多塔多跨等结构形式，如图 9-6 所示，具体形式及布置的选择应根据河流、地形、通航、美观等要求加以论证确定。

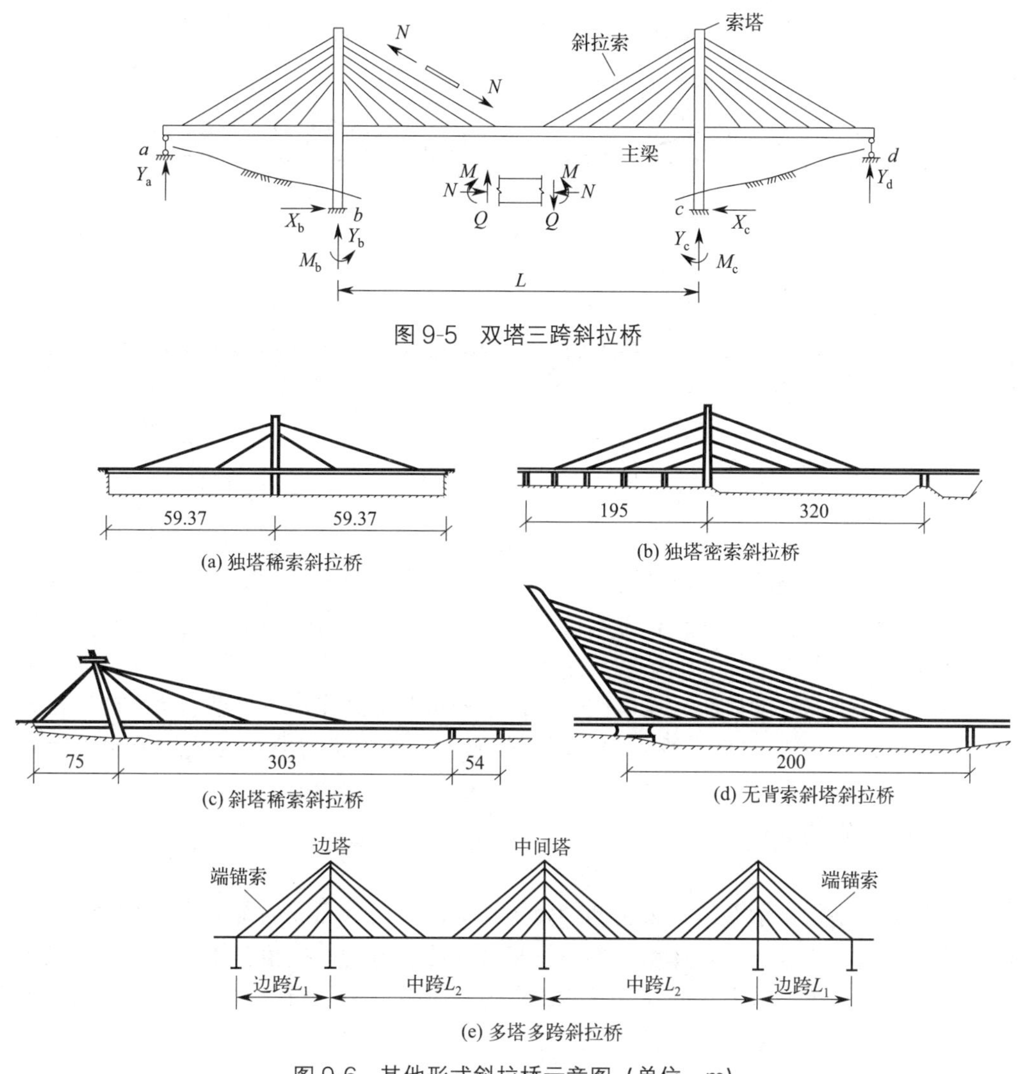

图 9-5　双塔三跨斜拉桥

图 9-6　其他形式斜拉桥示意图（单位：m）

5）悬索桥

悬索桥（又称吊桥）是以通过主塔悬挂并锚固于两端的主缆作为上部结构主要承重构件的桥梁，其主要由主塔、加劲梁、主缆、吊索、锚碇、鞍座和基础等组成。加劲梁上承担的恒荷载和活荷载通过竖向吊索传递给主缆，经主缆传至桥梁两端的锚碇。主缆传至锚碇的拉力可分解为垂直和水平向分力，故悬索桥也是具有水平反力的桥梁结构。为平衡巨大的主缆水平拉力，锚碇通常需建造得很大（重力式锚碇），或者利用天然岩石来承担主缆拉力（岩洞式/隧道式锚碇）。设有锚碇的这类悬索桥称为地锚式悬索桥，与之相对的另一种形式称为自锚式悬索桥，即取消锚碇将主缆直接锚固于加劲梁，此时主缆中的水平分力由加劲梁承担。自锚式悬索桥需采用“先梁后缆”的施工方式，施工风险较大，此外加劲梁在巨大轴压力作用下，为满足稳定及承载力要求，用钢量也较大，因此自锚式悬索桥适用于跨径不大的情形。

按照吊索的布置区域划分，悬索桥分为单跨式、双跨式、三跨式和多跨式，其中单跨式[图 9-7(a)]和三跨式[图 9-7(b)]较为常用，而双跨式和多跨式则较少采用。

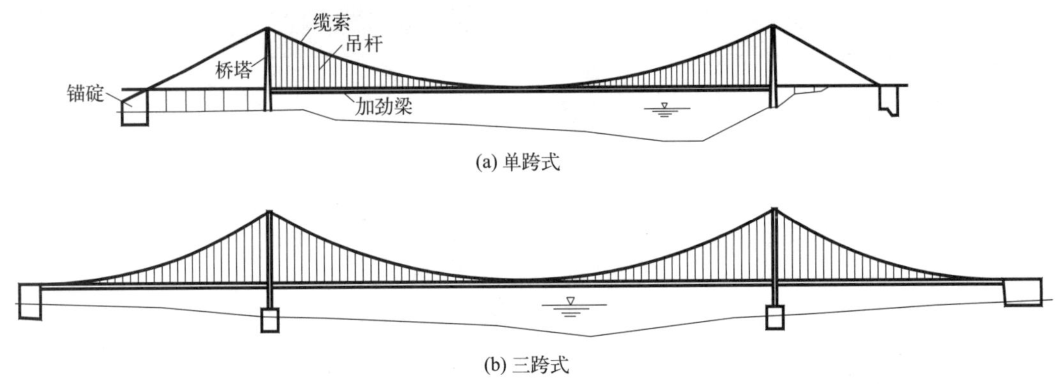

(a) 单跨式

(b) 三跨式

图 9-7　常见悬索桥布置形式

现代悬索桥广泛采用高强度的由钢丝编制成股的钢缆，以充分发挥其优异的抗拉性能，且主缆、索塔和锚碇三部分传力简单，因而结构自重较轻，能以较小的梁高跨越其他桥型无法比拟的特大跨度。此外，悬索桥受力简单明了，成卷的钢主缆易于运输，在将主缆架设完成后，便形成了强大的结构支撑系统，施工过程中风险相对较小。在所有桥梁结构体系中，悬索桥的刚度最小，属于柔性结构，在车辆荷载作用下，悬索桥将产生较大的变形。例如跨径 1000m 的悬索桥，在车辆荷载作用下，主跨四分点区域的最大挠度可达 3m 左右，给行车舒适性带来一定影响。此外，大跨径悬索桥风致振动及稳定性在设计和施工中需予以特别的重视。

6）组合体系桥

组合体系桥是主要承重结构采用两种独立结构体系组合而成的桥梁。常见的组合体系桥包括连续刚构—连续梁组合体系、梁—拱组合体系、刚构—拱组合体系、斜拉—拱组合体系、斜拉—刚构组合体系、斜拉—悬索组合体系、悬索—拱组合体系等。组合体系可以是静定结构，也可以是超静定结构；可以是无推力结构，也可以是有推力结构。主要结构构件可以采用同一种材料，也可以采用不同的材料建造。

9.3.3　其他分类简述

除上述按受力特点分成不同的桥梁结构体系外，人们还习惯按照桥梁的用途、建造材料、跨越障碍性质和桥跨结构平面位置等其他方面将桥梁进行分类。

（1）按用途划分，分为公路桥、铁路桥、公铁两用桥、人行桥、水运桥或渡槽、管线桥、农桥或机耕道桥等。

（2）按主要承重结构所采用的建筑材料划分，分为圬工桥（包括砖、石、混凝土桥）、钢筋混凝土桥、预应力混凝土桥、钢桥、钢筋—混凝土组合桥和木桥（木材易腐且资源有限，通常不作为永久性桥梁）等。

（3）按跨越障碍的性质划分，分为跨河桥、跨海桥、跨线桥、立交桥和高架桥等。

（4）按桥跨结构的平面位置划分，分为正交桥、斜交桥和弯桥等。

（5）按上部结构的行车道相对位置划分，分为上承式桥、中承式桥和下承式桥等。

（6）按桥梁的可移动性划分，分为固定桥和活动桥。活动桥包括开启桥、升降桥、旋转桥和浮桥等。

9.4　桥梁工程的发展历程、现状及展望

桥梁工程在其发展史上大致经历了如下四次飞跃：

（1）19 世纪中期，钢材出现，随后又出现了高强度钢材，使桥梁工程的发展获得了第一次飞跃，其跨度不断增加，到 19 世纪末钢桥的跨度已突破 500m。

（2）20 世纪初，钢筋混凝土的应用以及 20 世纪 30 年代预应力混凝土的兴起，使得桥梁获得了价廉耐久且承载力和刚度均优良的建筑材料，从而助推桥梁工程发展产生了第二次飞跃。

（3）20 世纪 50 年代以后，随着计算机技术和有限元软件的迅速发展，使得工程师们能够方便快捷地完成过去不可能完成的大规模结构计算，进而推动桥梁工程的发展获得了第三次飞跃。

（4）21 世纪以来，随着高强度钢材、超高性能混凝土 UHPC、纤维增强复合材料 FRP 等高性能土木工程材料逐渐应用于桥梁工程中，使得桥梁结构实现了轻量化、低碳化和长耐久的新跨越；以人工智能为代表的新一代信息技术与先进工业化建造技术深度融合形成的智能建造技术，将成为桥梁工程建造的新模式，这些新技术将有力推动桥梁工程行业转型升级，实现内涵式高质量发展。

9.4.1　桥梁工程的历史进程

1）中国桥梁发展历程

中国是一个文明古国，有着悠久的文化历史，我们祖先在世界桥梁史上也写下了许多不朽的篇章。天然石料是大自然赋予人类最早的，强度高又经久耐用的建筑材料，几千年来修建的古代桥梁也以石桥居多。下面介绍几座闻名世界的我国古代石桥。

福建泉州的万安桥，又称洛阳桥，建于 1053—1059 年，该桥全长 1106m，共 47 孔，跨径 11～17m，桥宽 3.7m，是世界上尚存的最长和工程最艰巨的石梁桥。万安桥位于洛阳江的入海口处，桥下江底以磐石铺遍，并且独具匠心地用养殖海生牡蛎的方法胶固桥基形成整体，不仅世界上绝无仅有，千年风雨已经证明此法的奇妙和可靠。

河北赵县的赵州桥（图 9-8），又称安济桥，为隋大业初年（约公元 605 年）李春所建。赵州桥是一座空腹式圆弧形石拱桥，净跨径为 37.02m，宽度为 9m，矢高为 7.23m，在拱背上设有 4 个跨度不等的腹拱，这样做既减轻了桥身自重，又便于排洪，并且增加了美感。赵州桥因其构思和工艺的精巧而举世闻名。赵州桥也是我国古代桥梁建设中“工匠精神”的缩影：严谨认真、精益求精、勇于创新、追求卓越。传承“工匠精神”是当代桥梁建设者的使命与担当。

著名的古代石桥还有福建漳州的虎渡桥、北京永定河上的卢沟桥、颐和园内的玉带桥和十七孔桥（图 9-9）以及苏州的枫桥等。

1949 年前，我国公路桥梁绝大多数为木桥且年久失修。1937 年建成的钱塘江大桥全长 1453m，上层为双车道公路，下层为单线铁路，主桥 18 跨，每跨 66m。该桥由我国著

图 9-8 河北赵县的赵州桥

图 9-9 北京颐和园十七孔桥

名桥梁专家茅以升主持设计，是中国自行设计、建造的第一座双层公铁两用桥，横贯钱塘江南北，是连接沪杭甬铁路、浙赣铁路的交通要道（图 9-10）。大桥建造时，不仅要克服钱塘江水文地质条件极为复杂的困难，而且常遭受日军飞机的空袭。面对巨大压力和生死考验，茅以升先生毫不退缩，创造性地发明了“射水法”“沉箱法”和“浮运法”，成功解决了打桩、建墩和架梁等各种难题，并为中国培养了最早一批优秀的桥梁专家。钱塘江大桥被誉为“中国近代桥梁建设史上的里程碑”。

1949 年后，特别是改革开放以来，随着我国国力迅速增强，交通事业的快速发展，尤其是 20 世纪 90 年代以来国家对高等级公路的大力投入，使得我国的桥梁事业得到了空前的大发展，取得了举世瞩目的成就。

（1）混凝土梁桥：

我国跨径最大的普通混凝土简支梁桥，是 1997 年建成的昆明南过境干道高架桥，跨径 63m。

20 世纪 80 年代，对称平衡悬臂法施工的大跨度预应力混凝土箱形截面连续梁得到了迅速的发展。1991 年建成的云南六库怒江大桥，主桥采用跨径为 85m＋154m＋85m 预应力混凝土连续梁；2013 年建成通车的乐自高速公路岷江特大桥（图 9-11），主桥跨径为 100.4m＋3×180m＋100.4m，是我国目前跨度最大的预应力混凝土连续梁桥。

图 9-10　钱塘江大桥

图 9-11　乐自高速公路岷江特大桥

2022 年，广东英德建成的北江四桥跨堤桥，采用跨径 102m 的超高性能混凝土简支梁桥（图 9-12），梁高 4m，这是目前世界上跨径最大的混凝土简支梁桥。超高性能混凝土（Ultra High Performance Concrete，UHPC）是一种新型水泥基复合材料，具有高强、高韧、长耐久的特点，实现了水泥基材料性能的大跨越。

图 9-12　北江四桥跨堤桥 UHPC 简支梁桥

连续刚构的特点是梁保持连续，墩梁固结。这样既保持了连续梁无伸缩缝、行车平顺的优点，又保持 T 形刚构不设支座的优点，同时避免了连续梁和 T 形刚构的缺点，因而连续刚构桥在我国发展很快。

1988年建成的广东番禺洛溪大桥是我国第一座大跨径连续刚构桥，跨径组合为65m+125m+180m+110m，采用双肢箱形薄壁墩，箱高墩顶处10m、跨中处3m。1997年建成的广东虎门辅航道桥，跨径组合为150m+270m+150m，主桥位于半径R=7000m的平曲线上。2006年建成的重庆石板坡长江大桥（图9-13），主跨达到330m，跨中108m长的主梁部分采用了钢结构，从而大幅度降低了自重引起的恒载弯矩。

图9-13 重庆石板坡长江大桥

（2）拱桥：

拱桥在我国有着悠久的历史，由于造型优美，跨越能力大，拱桥长期以来一直是大跨桥梁的主要形式之一，20世纪60年代拱桥无支架施工方法的应用与发展，使得混凝土拱桥竞争力大幅提高。

著名的石拱桥，有1991年建成跨径120m的湖南凤凰县乌巢河桥，它的拱圈由两条宽2.5m的石板拱组成，板间用钢筋混凝土横梁联系。1999年建成的山西晋城—河南焦作高速公路上的丹河大桥，该桥跨径146m，保持着石拱桥跨径的世界纪录（图9-14）。

图9-14 山西丹河大桥

20世纪90年代兴起的钢管混凝土拱桥，使得大跨径拱桥的建造能力得到了更进一步的提升。通常采用先合龙自重轻、强度高的钢管拱圈，并将其用作施工拱架，再往管内压注高强度混凝土，使之进一步硬化形成主拱圈。运用此法分别于1995年建成了跨径为

200m的广东南海三山西大桥，1998年建成了主跨为270m的广西三岸邕江大桥。2020年建成通车的广西平南三桥（图9-15），主跨575m，为目前世界上跨径最大的钢管混凝土拱桥。

图9-15　广西平南三桥

以钢管混凝土作为劲性骨架，再外包混凝土形成箱形拱，是修建大跨径拱桥十分巧妙的构思，除施工简便外还避免了钢管防护问题。此外，分期形成的构件截面由于钢管混凝土最先受力，从而充分利用了钢管混凝土承载能力大的优势，从理论上说，在荷载作用下这种结构的后期徐变变形相对也是比较小的。运用此方法我国已建成广西邕宁邕江大桥（l=312m，1996年）和重庆万州长江大桥（l=420m，1997年，图9-16），前者建成时为当时国内跨径最大的钢筋混凝土肋拱桥，后者建成时跨径达到了当时钢筋混凝土拱桥的世界之最。

图9-16　重庆万州长江大桥

2003年建成的上海卢浦大桥（图9-17）为中承式拱梁组合体系钢拱桥，主跨跨径达到了550m，矢跨比为1/5.5，拱肋为全焊钢结构。2009年建成通车的重庆朝天门大桥（图9-18），主跨达552m，矢跨比为1/4.31。由此，我国的拱桥建造水平已跃居世界先进行列。

图 9-17 上海卢浦大桥

图 9-18 重庆朝天门长江大桥

（3）斜拉桥：

我国的斜拉桥起步稍晚，1975 年建成的主跨 76m 的四川云阳桥是国内第一座斜拉桥。20 世纪 90 年代以后，由于跨越大江大河的需要，斜拉桥得到了快速的发展，修建了大量特大跨度的斜拉桥。据不完全统计，我国建成的斜拉桥已超过 100 座，其中跨度超过 400m 的斜拉桥已超过 60 座，居世界首位。

1988 年，在我国著名桥梁学者李国豪院士的建议下开启了上海南浦大桥的建设，上海市放弃了日本设计公司提出的方案，决定自主建设主跨 423m 的结合梁斜拉桥。1991 年 12 月，南浦大桥顺利建成通车（图 9-19），自此拉开了我国自主建设大跨度桥梁的序幕。南浦大桥以不到日本设计方案概算一半的造价建成，不仅取得了大桥建设的自主权，而且通过实践取得了进步，锻炼了队伍和培养了人才，更重要的是树立了民族自信心，为中国桥梁的复兴崛起奠定了基础。继南浦大桥之后，1993 年我国又自主建成了主跨 602m 的杨浦大桥。两座大跨径斜拉桥的顺利建成，激发了全国各地自主建设大跨度斜拉桥的信心和热情，掀起了 20 世纪 90 年代大桥建设的高潮。

2010 年建成的鄂东长江大桥，主跨 926m，为连续半漂浮体系双塔混合梁斜拉桥（图 9-20），在中跨距桥塔中心线 12.5m 处设置钢筋—混凝土接合段。

图 9-19　上海南浦大桥

图 9-20　鄂东长江大桥

目前，我国已建成三座跨度超千米的斜拉桥：香港昂船洲大桥主跨为 1018m；江苏苏通长江公路大桥，主跨 1088m；江苏沪苏通长江公铁大桥（图 9-21）主跨 1092m，是目前世界上跨径第二的斜拉桥。

图 9-21　江苏沪苏通长江公铁大桥

2016 年建成通车的郴州赤石大桥（图 9-22），为四塔预应力混凝土双索面斜拉桥，主跨 380m，索塔高 287m，成为当时世界上索塔最高的混凝土斜拉桥。2019 年建成通车的平塘特大桥，主跨 500m，索塔高 328m，是目前世界上索塔最高的组合梁斜拉桥。

图 9-22　郴州赤石大桥

（4）悬索桥：

我国的现代悬索桥建设起步较晚，尤其是在特大跨度悬索桥方面。在 20 世纪 90 年代中期以后，这一局面得到了彻底的改变。1995 年建成的广东汕头海湾大桥，开创了我国现代公路悬索桥的先河。紧接着又建成西陵长江大桥（$l=900$m，1996 年）、虎门大桥（$l=888$m，1997 年）、香港青马大桥（$l=1377$m，1997 年）、江阴长江大桥（$l=1385$m，1999 年），江苏润扬长江大桥（$l=1490$m，2005 年）。2009 年建成的西堠门大桥（图 9-23），跨径 1650m。2012 年建成通车的湖南矮寨大桥（图 9-24），为钢桁加劲梁单跨悬索桥，塔梁分离，跨越矮寨大峡谷，跨径 1176m。

图 9-23　西堠门大桥

2）世界桥梁发展历程

悬索桥方面，1883 年建成的美国纽约布鲁克林悬索桥（图 9-25），跨径达 483m，开创了现代悬索桥的先河。

图 9-24　湖南矮寨大桥

图 9-25　美国纽约布鲁克林悬索桥

1937 年建成的美国旧金山金门大桥（图 9-26），主跨达 1280m，保持了 27 年的世界纪录，至今仍是举世闻名的桥梁经典之作。

(a) 实拍图

图 9-26　美国旧金山金门大桥（一）

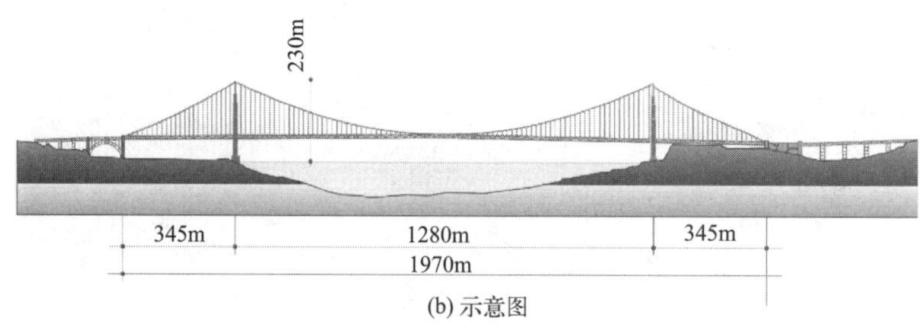

(b) 示意图

图 9-26 美国旧金山金门大桥（二）

目前世界上跨度最大的悬索桥是 2022 年建成的土耳其 1915 恰纳卡莱大桥（Canakkale 1915 Bridge），跨径 2023m（图 9-27）。

图 9-27 土耳其 1915 恰纳卡莱大桥

斜拉桥方面，世界上第一座现代斜拉桥是 1955 年瑞典建成的斯特罗姆海峡桥，其主跨 182.6m。1978 年美国建成的 P-K 桥（图 9-28），跨径 299m，是世界上第一座密索体系的预应力混凝土斜拉桥。2004 年建成通车的法国米约高架桥（图 9-29），全长 2460m，为七塔单索面钢斜拉桥（$l=342$m），是连接巴黎和地中海地区的重要纽带。2012 年完工的俄罗斯符拉迪沃斯托克俄罗斯岛跨海大桥（图 9-30）全长 3150m，是目前世界上最大跨径的斜拉桥。

图 9-28 美国 P-K 桥

图9-29　法国米约高架桥

图9-30　俄罗斯岛跨海大桥

拱桥方面，圬工拱桥在国外已有一百多年的历史，1946年在瑞典建成的绥依纳松特桥，是一座混凝土圬工拱桥，跨度达155m。由于石料开采和加工砌筑费用巨大，国外已很少修建大跨度石拱桥。

从20世纪初到20世纪50年代间，钢筋混凝土拱桥得到了快速的发展，后因支架问题，其应用受到一定的限制，直到1979年，前南斯拉夫用无支架悬臂施工法建成跨度达390m的克尔克大桥（图9-31），该桥跨径保持了18年的世界纪录，自此无支架悬臂施工法目前在大跨度拱桥施工中被广泛采用。

目前世界上最高的钢桥是美国弗吉尼亚州的新河峡桥，主跨518m。著名的悉尼港湾大桥（图9-32），是一座中承式桁架钢拱桥，跨径503m，建于1932年。

梁桥方面，由于梁桥的力学特征是以受弯为主，而钢筋混凝土结构抵抗弯拉引起开裂的能力较弱，普通钢筋混凝土梁桥的跨径一直较小。预应力技术的成熟，促进了预应力混凝土梁桥的迅速发展。1977年奥地利建成了跨径达76m的阿尔姆桥，该桥通过在梁的下缘张拉和在上缘顶压预应力（称为双预应力）的技术，将梁高降至2.5m，高跨比仅1/30。

目前世界上跨度最大的预应力混凝土连续梁桥是挪威的伐罗德桥（l=260m，1994

图 9-31 克尔克大桥

图 9-32 悉尼港湾大桥

年)，跨度最大的连续刚构桥是挪威的斯托尔马桥（l=301m，1998 年，图 9-33)，跨度最大的斜腿钢架桥是法国的博诺姆桥（l=186.3m，1974 年)。

图 9-33 挪威斯托尔马桥

9.4.2 桥梁工程的现代成就

目前，世界上已建成和在建的各种桥型前十统计情况（截至 2022 年底）如表 9-3～表 9-7 所示。

世界排名前十的大跨度混凝土梁桥　表 9-3

序号	桥名	主跨(m)	结构形式	建造国家	通车时间(年)
1	山东套尔河特大桥	338	连续刚构	中国	在建
2	重庆石板坡长江大桥	330	连续刚构	中国	2006
3	斯托尔马桥	301	连续刚构	挪威	1998
4	拉脱圣德桥	298	连续刚构	挪威	1998
5	桑杜亚桥	298	连续刚构	挪威	2003
6	北盘江特大桥	290	连续刚构	中国	2013
7	苏尔达尔桑峡湾大桥	290	连续刚构	挪威	2015
8	亚松森桥	270	T 形刚构	巴拉圭	1979
9	虎门大桥辅航道桥	270	连续刚构	日本	1997
10	乌日纳大桥	270	连续刚构	中国	1999

世界排名前十的大跨度钢梁桥　表 9-4

序号	桥名	主跨(m)	结构形式	建造国家	通车时间(年)
1	魁北克大桥	549	钢桁架	加拿大	1917
2	福斯湾桥	521	钢桁架	英国	1890
3	港大桥	510	钢桁架	日本	1974
4	科莫多湾桥	501	钢桁架	美国	1974
5	新奥尔良二桥	486	钢桁架	美国	1988
6	新奥尔良一桥	480	钢桁架	美国	1958
7	三官堂大桥	465	钢桁架	中国	2020
8	豪拉桥	457	钢桁架	印度	1943
9	韦特伦桥	445	钢桁架	美国	1995
10	东京门大桥	440	钢桁架	日本	2012

世界排名前十的大跨度拱桥　表 9-5

序号	桥名	主跨(m)	结构形式	建造国家	通车时间(年)
1	广西天峨龙滩特大桥	600	劲性骨架混凝土	中国	在建
2	平南三桥	575	钢管混凝土	中国	2020
3	朝天门大桥	552	钢桁架	中国	2009
4	卢浦大桥	550	钢箱	中国	2003
5	傍花大桥	540	钢桁架	韩国	2000
6	秭归江大桥	531	钢管混凝土	中国	2019
7	波司登长江大桥	530	钢管混凝土	中国	2013
8	新河峡谷大桥	518	拱柱形式钢桁架	美国	1977
9	合江长江公路大桥	507	钢管混凝土	中国	在建
10	贝永桥	504	钢桁架	美国	1931

世界排名前十的大跨度斜拉桥 **表 9-6**

序号	桥名	主跨(m)	结构形式	建造国家	通车时间(年)
1	常泰过江通道	1176	钢桁梁	中国	在建
2	马鞍山公铁长江大桥	1120	钢桁梁	中国	在建
3	俄罗斯岛大桥	1104	钢箱梁	俄罗斯	2012
4	沪苏通长江大桥	1092	钢桁梁	中国	2020
5	苏通长江大桥	1088	钢箱梁	中国	2008
6	昂船洲大桥	1018	混合梁	中国	2009
7	武汉青山长江大桥	938	混合梁	中国	2020
8	鄂东长江大桥	926	混合梁	中国	2010
9	嘉鱼长江公路大桥	920	混合梁	中国	2019
10	多多罗大桥	890	混合梁	日本	1999

世界排名前十的大跨度悬索桥 **表 9-7**

序号	桥名	主跨(m)	结构形式	建造国家	通车时间(年)
1	张靖皋长江大桥	2300	钢箱梁	中国	在建
2	恰纳卡莱 1915 大桥	2023	钢箱梁	土耳其	2022
3	明石海峡大桥	1991	钢桁架	日本	1998
4	南京新生圩长江大桥	1760	钢箱梁	中国	在建
5	武汉杨泗港大桥	1700	钢桁架	中国	2019
6	广州南沙大桥	1688	钢箱梁	中国	2019
7	深中通道伶仃洋大桥	1666	钢箱梁	中国	在建
8	舟山西堠门大桥	1650	钢箱梁	中国	2009
9	大贝尔特东桥	1624	钢箱梁	丹麦	1998
10	龙潭过江通道	1560	钢箱梁	中国	在建

随着我国经济的快速发展，公路网建设不断完善，桥梁建设也由内陆逐步走向海洋。最近 20 年，我国也成为跨海大桥设计的焦点，世界排名前十位的跨海通道中占据 7 席，如表 9-8 所示，其中 2018 年建成通车的港珠澳大桥为目前最长的跨海大桥（图 9-34）。

世界排名前十的跨海大桥 **表 9-8**

序号	桥名	主跨(m)	建造国家	通车时间(年)
1	港珠澳大桥	55	中国	2018
2	杭州湾大桥	36	中国	2008
3	胶州湾大桥	36.5	中国	2011
4	东海大桥	32.5	中国	2005
5	大连湾跨海工程	27	中国	在建
6	法赫德国王大桥	25	巴林	1986
7	舟山大陆连岛工程	25	中国	2009

续表

序号	桥名	主跨(m)	建造国家	通车时间(年)
8	深中通道工程	24	中国	在建
9	大贝尔特桥	17.5	丹麦	1997
10	切萨皮克湾大桥	6.9	中国	1964

图 9-34　港珠澳大桥

9.4.3　桥梁工程的未来展望

21 世纪以来，桥梁工程取得了巨大的成就。桥梁最大跨度已经成功突破 2000m 的大关，一些发达国家在基本完成本土交通建设的任务后，开始畅想更大跨度和规模的跨海和跨岛工程，以期使世界各大洲可以连接成陆路交通网，其中较著名的超级工程有欧非直布罗陀海峡、美亚白令海峡等洲际跨海工程以及意大利墨西拿海峡大桥（图 9-35）。

图 9-35　意大利墨西拿海峡大桥

利用现有的高强钢材和施工技术，我们已有可能建造 3000m 级的超大跨度桥梁，如果新型复合材料能解决锚固和经济性等方面的问题，人类很有希望在 21 世纪实现主跨 5000m 级桥梁建设的夙愿。

有人预言："21世纪是太平洋的世纪，甚至说，21世纪是中国的世纪。"这充分说明了国际桥梁工程界已经看到我国桥梁建设不断前进的步伐以及对我国桥梁建设成就的认可。从20世纪末至今，我国桥梁建设无论是在规模上还是科技水平上都取得了令世界桥梁界惊叹的伟大成就，包括建造材料、设计理论与软件工程（包括BIM技术）、研究分析与试验方法、施工技术与方法、施工设备与管理等方面，基本上都已经接近或达到国际先进水平，可以说，我国桥梁已走上了复兴之路，正在从桥梁大国迈向桥梁强国。虽然我国桥梁设计与建造水平已取得举世瞩目的成绩，但是还要在与国外同行的竞争中找差距，只要我们坚持自主创新的原则，勤劳智慧的中国人民一定能在21世纪宏伟的桥梁工程建设中创造出更加令世界震惊的成就，成为国际桥梁界的重要成员之一，在国际桥梁建设中再创辉煌。

思考题

（1）一座桥梁由哪几部分组成？

（2）如何划分大、中、小桥？

（3）桥梁结构的基本体系有哪些？各有什么主要受力特点？

第 10 章　防灾减灾

10.1　概述

灾害是指由于自然的、人为的或人与自然综合的原因，对人类生存和社会发展造成损害的各种现象。土木工程在建设和使用过程中，也会受到各种自然灾害或社会（人为）灾害的影响和破坏。因此，必须对这些灾害加以了解和预防，以防止和减轻灾害的损害和破坏。土木工程建设和使用产生影响与破坏的灾害包括自然灾害和社会灾害，其中自然灾害主要指地震灾害、风灾、水灾、泥石流等；社会灾害主要有火灾、爆炸、地陷、工程质量低劣造成的工程事故等。防灾减灾就是降低、消除、转移或避免这些灾害的不利后果和影响。土木工程灾害及其防治措施如图 10-1 所示，以下将介绍地震灾害、风灾、火灾、常见地质灾害及防治措施。

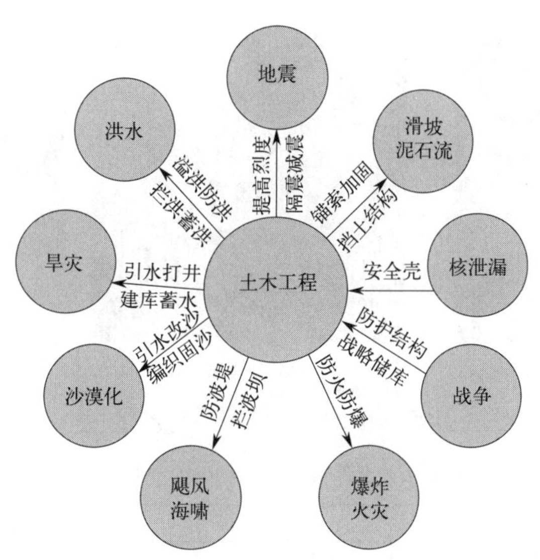

图 10-1　土木工程灾害及其防治措施

10.2　地震灾害及防治

10.2.1　地震灾害概述

地震是地球表面发生的一种自然现象，通常由地壳内部的地震活动引起。从物理学的角度来讲，地震是一种具有剧烈的地面震动和能量释放的自然灾害，它会对人类的生命财产安全和社会经济发展造成重大影响。地震分为天然地震和人工地震两大类。首先天然地震主要是构造地震，它是由于地下深处岩石破裂、错动把长期积累起来的能量急剧释放出来，以地震波的形式向四面八方传播出去，到地面引起的房摇地动。构造地震约占地震总数的 90％以上。其次是由火山喷发引起的地震，称为火山地震，约占地震总数的 7％。此外，某些特殊情况下也会产生地震，如岩洞崩塌（陷落地震）、大陨石冲击地面（陨石冲击地震）等。人工地震是由人为活动引起的地震，如工业爆破、地下核爆炸造成的振动；在深井中进行高压注水以及大水库蓄水后增加了地壳的压力，也可能诱发地震。土木工程领域重点关注的是构造地震。

地震波发源的地方为震源，震源在地面上的垂直投影为震中，震中到震源的深度为震源深度。通常将震源深度小于 60km 的叫浅源地震，深度在 60～300km 的叫中源地震，深度大于 300km 的叫深源地震。破坏性地震一般是浅源地震，如 1976 年的唐山地震的震源深度为 12km。地震造成的后果包括人员伤亡、地表破裂、建筑物损坏、桥梁破坏等直接灾害（图 10-2），强烈的地震动也可能引发火灾、洪水、海啸、泥石流等次生灾害。地震灾害是群灾之首，全世界因地震死亡人数超过全世界其他自然灾害死亡人数总和的 1/2。20 世纪，全世界因地震死亡 120 万人以上。21 世纪的前 10 年，全世界地震已夺走了近 90 万人的生命。表 10-1 列举了 2008 年汶川大地震后世界上发生的大地震事件，其中 2021 年海地 7.0 级地震遇难人数达 22.25 万人。

(a) 地表破裂

(b) 房屋倒塌

(c) 桥墩断裂

图 10-2 地震导致的直接灾害

近年来世界各国大地震情况统计表 **表 10-1**

序号	国家	地点	时间	震级	死亡人数
1	海地	太子港	2010 年 1 月 12 日	7.0 级	22.25 万人
2	日本	福岛	2011 年 3 月 11 日	8.9 级	2 万人
3	中国	芦山	2013 年 4 月 20 日	7.0 级	196 人
4	中国	云南昭通	2014 年 8 月 3 日	6.5 级	617 人
5	尼泊尔	加德满都	2015 年 4 月 25 日	8.1 级	8786 人
6	阿富汗	喀布尔	2015 年 10 月 26 日	7.6 级	365 人
7	意大利	拉齐奥大区烈蒂省	2016 年 8 月 24 日	6.0 级	250 人
8	中国	四川九寨沟	2017 年 8 月 8 日	7.0 级	25 人
9	印度尼西亚	苏拉威西	2018 年 9 月 28 日	7.4 级	2091 人
10	土耳其	卡赫拉曼马拉什省	2023 年 2 月 6 日	7.8 级	6.9 万人

地震时，地下岩体断裂、错动并产生振动。振动以波的形式从震源向外传播，就形成了地震波。其中，在地球内部传播的波称为体波，而沿地球表面传播的波称为面波。体波有纵波和横波两种形式。地震大小常用地震震级来度量，震级每增加一级，地震所释放出的能量约增加 30 倍。地震烈度是指某一区域内的地表和各类建筑物遭受一次地震影响的平均强弱程度。一次地震，表示地震大小的震级只有一个。不同国家所规定的地震烈度表往往是不同的，我国规定的地震烈度分为 12 个等级，如表 10-2 所示。

我国地震烈度表　　**表 10-2**

<table>
<tr><th rowspan="2">地震烈度</th><th rowspan="2">人的感觉</th><th colspan="3">房屋震害</th><th rowspan="2">其他震害现象</th><th colspan="2">水平向地面运动</th></tr>
<tr><th>类型</th><th>震害程度</th><th>平均震害指数</th><th>峰值加速度（m/s²）</th><th>峰值速度（m/s）</th></tr>
<tr><td>Ⅰ</td><td>无感</td><td>—</td><td>—</td><td>—</td><td>—</td><td>—</td><td>—</td></tr>
<tr><td>Ⅱ</td><td>室内个别静止中的人有感觉</td><td>—</td><td>—</td><td>—</td><td>—</td><td>—</td><td>—</td></tr>
<tr><td>Ⅲ</td><td>室内少数静止中的人有感觉</td><td>—</td><td>门、窗轻微作响</td><td>—</td><td>悬挂物微动</td><td>—</td><td>—</td></tr>
<tr><td>Ⅳ</td><td>室内多数人、室外少数人有感觉，少数人梦中惊醒</td><td>—</td><td>门、窗作响</td><td>—</td><td>悬挂物明显摆动，器皿作响</td><td>—</td><td>—</td></tr>
<tr><td>Ⅴ</td><td>室内绝大多数、室外多数人有感觉，多数人梦中惊醒</td><td>—</td><td>门窗、屋顶、屋架颤动作响，灰土掉落，个别房屋抹灰出现细微细裂缝，个别有檐瓦掉落，个别屋顶烟囱掉砖</td><td>—</td><td>悬挂物大幅度晃动，不稳定器物摇动或翻倒</td><td>0.31
（0.22～0.44）</td><td>0.03
（0.02～0.04）</td></tr>
<tr><td rowspan="3">Ⅵ</td><td rowspan="3">多数人站立不稳，少数人惊逃户外</td><td>A</td><td>少数中等破坏，多数轻微破坏和/或基本完好</td><td rowspan="2">0.00～0.11</td><td rowspan="3">家具和物品移动；河岸和松软土出现裂缝，饱和砂层出现喷砂冒水；个别独立砖烟囱轻度裂缝</td><td rowspan="3">0.63
（0.45～0.89）</td><td rowspan="3">0.06
（0.05～0.09）</td></tr>
<tr><td>B</td><td>个别中等破坏，少数轻微破坏，多数基本完好</td></tr>
<tr><td>C</td><td>个别轻微破坏，大多数基本完好</td><td>0.00～0.08</td></tr>
<tr><td rowspan="3">Ⅶ</td><td rowspan="3">大多数人惊逃户外，骑自行车的人有感觉，行驶中的汽车驾乘人员有感觉</td><td>A</td><td>少数毁坏和/或严重破坏，多数中等和/或轻微破坏</td><td rowspan="2">0.09～0.31</td><td rowspan="3">物体从架子上掉落；河岸出现塌方，饱和砂层常见喷水冒砂，松软土地上地裂缝较多；大多数独立砖烟囱中等破坏</td><td rowspan="3">1.25
（0.90～1.77）</td><td rowspan="3">0.13
（0.10～0.18）</td></tr>
<tr><td>B</td><td>少数毁坏，多数严重和/或中等破坏</td></tr>
<tr><td>C</td><td>个别毁坏，少数严重破坏，多数中等和/或轻微破坏</td><td>0.07～0.22</td></tr>
</table>

续表

地震烈度	人的感觉	房屋震害			其他震害现象	水平向地面运动	
		类型	震害程度	平均震害指数		峰值加速度 (m/s^2)	峰值速度 (m/s)
Ⅷ	多数人摇晃颠簸，行走困难	A	少数毁坏，多数严重和/或中等破坏	0.29～0.51	干硬土上出现裂缝，饱和砂层绝大多数喷砂冒水；大多数独立砖烟囱严重破坏	2.50 (1.78～3.53)	0.25 (0.19～0.35)
		B	个别毁坏，少数严重破坏，多数中等和/或轻微破坏				
		C	少数严重和/或中等破坏，多数轻微破坏	0.20～0.40			
Ⅸ	行动的人摔倒	A	多数严重破坏或/和毁坏	0.49～0.71	干硬土上多处出现裂缝，可见基岩裂缝、错动，滑坡、塌方常见；独立砖烟囱多数倒塌	5.00 (3.54～7.07)	0.50 (0.36～0.71)
		B	少数毁坏，多数严重和/或中等破坏				
		C	少数毁坏和/或严重破坏，多数中等和/或轻微破坏	0.38～0.60			
Ⅹ	骑自行车的人会摔倒，处不稳状态的人会摔离原地，有抛起感	A	绝大多数毁坏	0.69～0.91	山崩和地震断裂出现；基岩上拱桥破坏；大多数独立砖烟囱从根部破坏或倒毁	10.00 (7.08～14.14)	1.00 (0.72～1.41)
		B	大多数毁坏				
		C	多数毁坏和/或严重破坏	0.58～0.80			
Ⅺ		A	绝大多数毁坏	0.89～1.00	地震断裂延续很大，大量山崩滑坡	—	—
		B					
		C		0.78～1.00			
Ⅻ	—	A	—	1.00	地面剧烈变化，山河改观	—	—
		B					
		C					

注：表中的数量词，“个别”为10%以下；“少数”为10%～45%；“多数”为40%～70%；“大多数”为60%～90%；“绝大多数”为80%以上。

10.2.2 防震减灾措施

为了减少地震对人类社会的影响，需要采取一系列的防震减灾措施。具体的措施如下：

1. 结构抗震设计

在土木工程领域，抗震设计是一项十分重要的内容，需要考虑地震力的破坏作用、经济水平、结构物的功能等综合因素。通过合理的结构设计、材料选择和施工工艺，可以提高结构的抗震能力。常用的抗震设计方法包括增加结构的刚度和强度、设置支撑和隔震减震装置等。

2. 地震预警系统

地震预警系统可以通过监测地震的前兆信号，提前预警可能发生的地震。这样可以给人们一些宝贵的逃生时间，减少伤亡和财产损失。

3. 灾后救援与应对

地震发生后，灾后救援是十分关键的一步。及时的救援行动可以挽救更多的生命，并减少灾害扩大的可能。此外，社会应急管理体系的完善也是减轻地震灾害影响的重要手段。

4. 社会宣传与教育

通过社会宣传和教育活动，提高公众对地震的认知和应对能力，包括地震知识的普及、应急演练的开展等，可以增强公众的防震减灾意识。

通过以上防震减灾措施的综合应用，可以减少地震对人类社会的破坏和影响，更好地保障生命财产安全。防震减灾未来的重点研究方向是结构隔震与减震技术、结构振动控制等。另外，防震减灾技术是一个综合性、前沿性的技术领域，需要多方面的技术支持和政策保障。随着社会不断发展和创新，防震减灾技术将可以在更加广泛的领域得到应用，并且保证更多的人员生命财产安全。

10.3　风灾及防治

10.3.1　风灾概述

风灾又称为热带气旋，是一种发生最频繁的自然灾害，所造成的损失也为各种灾害之首。20 世纪 80 年代，德国慕尼黑保险公司对欧洲在 1961—1980 年间损失 1 亿美元以上的自然灾害统计结果表明，由于风发生的频率高，次生灾害大，风灾的次数占自然灾害总次数的 51.4%，经济损失占自然灾害总损失的 40.5%。表 10-3 列举了近年来世界各地风灾情况。据估计，全球每年由于风灾造成的损失达 100 亿美元，年平均死亡人数达 2 万人以上。因此，风灾是给人类生命财产带来巨大危害的自然灾害。通常对风的描述有风向、风力、风速和风级，其中风级是风力的一种表示方法。风力是指风吹到物体上所表现出的力量的大小。一般根据风吹到地面或水面的物体上所产生的各种现象，把风力大小分为 13 个等级，最小是 0 级，最大为 12 级。通常小于 7 级的风，难构成破坏。常见的风类型有热带气旋、季风和龙卷风等。

近年来世界各地风灾情况　　表 10-3

序号	台风名	国家	时间	风级	死亡人数	直接经济损失
1	威马逊	中国	2014 年 7 月 12 日	17 级	9 人	265.5 亿元
2	洛克	日本	2011 年 9 月 9 日	14 级	10 人	6 亿美元
3	鲇鱼	中国	2016 年 9 月 28 日	12 级	6 人	61.33 亿元
4	龙王	中国	2005 年 9 月 25 日	17 级	147 人	74.78 亿元

续表

序号	台风名	国家	时间	风级	死亡人数	直接经济损失
5	海燕	菲律宾	2013 年 11 月 4 日	17 级	6300 人	36.4 亿美元
6	天鸽	中国	2017 年 8 月 20 日	16 级	11 人	121.8 亿元
7	山竹	中国	2018 年 9 月 7 日	14 级	6 人	53 亿元
8	玉兔	菲律宾	2018 年 10 月 22 日	17 级	6 人	598.5 亿美元
9	莫兰蒂	中国	2016 年 9 月 10 日	16 级	18 人	169 亿元
10	轩岚诺	韩国	2022 年 8 月 28 日	17 级	1 人	7.3 亿美元

风灾除直接使建筑物遭受破坏或倒塌外，还会引起暴雨，并造成洪灾，造成严重的人员伤亡和财产损失。2018 年，超强台风“山竹”登陆珠三角地区。当时“山竹”进入南海之后是强台风级别，中心风力最高为 14 级（45m/s）。台风“山竹”造成我国广东、广西、海南、湖南、贵州五省（区）近 300 万人受灾，5 人死亡，1 人失踪，160.1 万人紧急避险转移和安置；造成五省（区）的 1200 余间房屋倒塌[图 10-3(a)]，800 余间严重损坏，近 3500 间一般损坏；农作物受灾面积 17.44 万 hm^2，其中绝收面积 3300hm^2。截至 2023 年 7 月 29 日 21 时，第 5 号台风“杜苏芮”造成福建 145.45 万人受灾，紧急避险转移 36.3 万人，紧急转移安置 15 万人；农作物受灾面积 1.08 万 hm^2，其中绝收面积 456.61hm^2；倒塌房屋 90 间[图 10-3(b)]，严重损坏房屋 346 间，一般损坏房屋间数 4571 间，直接经济损失 30.53 亿元。因此，做好建筑物的防风减灾工作对保障人民生命财产安全尤为重要。

(a) 台风“山竹”

(b) 台风“杜苏芮”

图 10-3 风灾导致房屋倒塌

10.3.2 防风减灾

在土木工程中，防风减灾措施是非常重要的，特别是在地区容易受到风灾影响的情况下。以下是一些常见的防风减灾措施：

1. 结构抗风设计

采用抗风标准和规范，确保建筑物和结构在面对高风速时能够稳定承受。使用风洞试验来评估建筑物的风荷载，并采取相应的设计措施。

2. 风围护

在建筑物周围种植防风树木，如密植树篱和风帘林，以降低风速和风压。建造风挡墙，可以是固定的墙壁或可移动的风挡屏障。

3. 强化屋顶和屋顶覆盖物

选择坚固的屋顶覆盖材料，如金属或混凝土瓦，以防止风吹掀起。使用适当的固定方法来加固屋顶，以降低瓦片或屋顶覆盖物被风吹走的风险。

4. 结构连接

使用强固的结构连接，如螺栓和支撑，以确保建筑物的各个部分牢固连接在一起。定期检查和维护这些连接，以确保其完好无损。

5. 防止风灾影响的建筑物布局

在设计建筑物时，考虑风的来向和风向，以减少风灾对建筑物的冲击。避免在风险地区建造高层建筑物，特别是沿海地区。

6. 紧急计划和设备

制定紧急撤离计划，确保建筑物内的人员能够安全疏散。配备应急设备，如灭火器、急救包和应急通信工具，以便在风灾发生时提供支援。

以上这些措施可以帮助减轻风灾对土木工程的影响，提高建筑物和结构的抗风性能，保护人员和财产的安全。地方规定和当地气象条件也应该考虑在内，以制定更加合适的风灾防护措施。

10.4　火灾及防治

10.4.1　火灾概述

火灾是由于在时间和空间上失去控制的燃烧所造成的灾害。一旦发生火灾，通常会造成生命和财产的严重损失。根据联合国世界火灾统计中心提供的资料，在全球范围内，每年发生的火灾有 600 万～700 万起，每年有 65000～75000 人死于火灾，每年的火灾经济损失可达整个社会生产总值的 0.2%。火灾对土木工程的影响是对所用工程材料和工程结构承载能力的影响，进而引发房屋倒塌，导致人员伤亡和财产损失。表 10-4 列举了 21 世纪初中国重大火灾事件。

21 世纪初中国重大火灾事件　　表 10-4

时间	地点	死亡人数	直接(间接)经济损失
2004 年 2 月 15 日	吉林中百商厦	54 人	400 余万元
2009 年 2 月 9 日	北京市朝阳区央视新大楼	1 人	1.64 亿元
2013 年 6 月 3 日	吉林宝源丰禽业有限公司	121 人	1.82 亿元
2014 年 1 月 11 日	云南香格里拉市独克宗古城	无	8983.93 万元
2017 年 12 月 1 日	天津市河西区君谊大厦 1 号楼泰禾“金尊府”项目	10 人	2516.6 万元
2018 年 6 月 1 日	四川达州塔沱市场好一新商贸城	1 人	9210 余万元
2018 年 8 月 25 日	黑龙江省哈尔滨市哈尔滨北龙汤泉休闲酒店有限公司	20 人	2504.8 万元
2018 年 12 月 17 日	河南省商丘市河南省华航现代农牧产业集团有限公司	11 人	1467 万元
2019 年 4 月 15 日	山东济南齐鲁天和惠世制药有限公司	10 人	1867 万元
2019 年 9 月 29 日	浙江宁波锐奇日用品有限公司	19 人	2380.4 万元

1994 年 12 月 8 日，新疆克拉玛依市发生恶性火灾事故，造成 325 人死亡，其中 288 人是学生，另有 132 人受伤。2013 年 6 月 3 日 6 时 10 分许，位于吉林省长春市德惠市的吉林宝源丰禽业有限公司主厂房发生特别重大火灾爆炸事故，共造成 121 人死亡、76 人受伤，17234m^2 主厂房及主厂房内生产设备被损毁，直接经济损失 1.82 亿元。重大的火灾事故给国家带来了巨大的经济损失，同时给遇难者家属带来难以磨灭的伤害。我们要从中吸取教训，注意防范风险，努力做到警钟长鸣。

根据可燃物的类型和不同燃烧特性，国家标准《火灾分类》GB/T 4968—2008 将火灾定义为六个不同的类别。

A 类火灾：固体物质火灾。这种物质通常具有有机物性质，一般在燃烧时能产生灼热的余烬。

B 类火灾：液体或可熔化的固体物质火灾。

C 类火灾：气体火灾。

D 类火灾：金属火灾。

E 类火灾：带电火灾。物体带电燃烧的火灾。

F 类火灾：烹饪器具内的烹饪物（如动植物油脂）火灾。

按照火灾发生的场合，火灾大体分为城镇火灾、野外火灾和厂矿火灾等。按照火灾造成的后果可分为特大火灾、重大火灾和一般火灾。我国目前划分的标准是：

（1）具有以下情形之一的火灾为特大火灾：死亡 10 人以上（含本数，下同）；重伤 20 人以上；死亡、重伤 20 人以上；受灾 50 户以上；直接财产损失 100 万元以上。

（2）具有以下情形之一的火灾为重大火灾：死亡 3 人以上；重伤 10 人以上；死亡、重伤 10 人以上；受灾 30 户以上；直接财产损失 30 万元以上。

（3）不具有前两项情形的火灾为一般火灾。

火灾是各种自然灾害中最危险、最常见、最具毁灭性的灾种之一。历年来的火灾损失情况统计表明，发生次数最多、损失最严重的当属建筑火灾。建筑物是人们生产、生活的场所，也是财产最为集中的地方，因此建筑火灾通常会造成十分严重的损失，并且直接影响人们的各种活动。

10.4.2 建筑防火减灾

在土木工程中，防火减灾措施至关重要，以确保建筑物和结构的安全性，防止火灾的发生和扩散。以下是一些常见的防火减灾措施：

（1）火灾安全规划：在设计阶段考虑火灾安全，采用合适的建筑材料和结构来减少火灾风险。制定详细的火灾安全计划，包括灭火设备的位置、紧急疏散计划和火警报警系统。

（2）防火建筑材料：使用阻燃材料，如阻燃涂料、阻燃隔热材料和阻燃隔墙，来减少火灾的蔓延。避免使用易燃材料，如木材、厚重纸板和塑料，尤其是在易燃区域。

（3）灭火设备：安装灭火器、消火栓和自动喷水灭火系统，确保它们处于良好的工作状态。配备逃生通道旁的灭火器，以供紧急使用。

（4）火警报警系统：安装可靠的火警报警系统，包括烟雾探测器、火灾报警器和紧急广播系统。定期测试和维护这些系统，以确保其正常运作。

（5）电气安全：避免电线电缆的过载和短路，确保电气系统的安全性。定期检查和维护电气设备，以减少火灾风险。

（6）紧急疏散计划：制定详细的紧急疏散计划，确保建筑物内的人员能够快速、安全地撤离。安装紧急疏散标志和照明，使人员能够在火灾时迅速找到安全出口。

（7）防火分区：将建筑物划分为不同的防火分区，以限制火灾蔓延的范围。使用防火墙和防火门来分隔不同的区域。

这些防火减灾措施有助于降低火灾的风险，保护建筑物内的人员和财产安全。遵循当地和国家的消防规定和标准对于确保火灾安全至关重要，因此在项目中需要遵循适用的法规和法律。

10.5　地质灾害及防治

10.5.1　地质灾害概述

地质灾害，通常是指在自然的变异和人为的作用下，地质环境或地质体发生变化，当这种变化达到一定程度，对人类社会、生态环境造成破坏和损失的地质现象。地质灾害包括滑坡、泥石流、崩塌、地裂缝、地面沉降、地面塌陷、岩爆、坑道涌水、瓦斯爆炸、煤层自燃、黄土湿陷、岩土膨胀、砂土液化、土地冻融、水土流失、土地沙漠化及沼泽化、土壤盐碱化，以及地震、火山、地热害等。

地质灾害的分类很复杂，可从不同的角度进行分类。①从成因方面，主要由自然变异导致的地质灾害称自然地质灾害，主要由人为作用诱发的地质灾害则称人为地质灾害。②从地质环境或地质体变化的速度而言，可分突发性地质灾害与缓变性地质灾害两大类。前者如崩塌、滑坡、泥石流等，习惯上称为狭义地质灾害；后者如水土流失、土地沙漠化等，又称环境地质灾害。岩土工程事故灾害也属于突发性的。③根据地质灾害发生区的地理或地貌特征，可分为山地地质灾害（如崩塌、滑坡、泥石流等），以及平原地质灾害（如地面沉降等）。

地质灾害给人类造成的损失及危害是很严重的。我国有 2/3 地区属于山地，地质灾害十分严重。表 10-5 列举了我国 2015—2022 年地质灾害的统计情况，可以看出各个类型的地震灾害发生频繁且造成损失严重。另外，据统计，在 20 世纪的后 50 年，每年中国因地质灾害而导致伤亡的人数在万人左右，造成经济损失总数可达上百亿元。国际上，世界各国都或多或少受到地质灾害的危害，因而 1999 年的世界地球日（4 月 22 日）的主题确定为“防治地质灾害”。根据灾害的规模和程度，可以将地质灾害分为特大型、大型、中型、小型四个等级。

2015—2022 年地质灾害统计　　**表 10-5**

年份	滑坡	崩塌	泥石流	地面塌陷	造成经济损失
2015	5526 起	1356 起	387 起	296 起	359477 万元
2016	8194 起	1905 起	652 起	225 起	354290 万元
2017	5668 起	1870 起	483 起	292 起	250528 万元

续表

年份	滑坡	崩塌	泥石流	地面塌陷	造成经济损失
2018	1631 起	858 起	339 起	122 起	147128 万元
2019	4220 起	1238 起	599 起	121 起	276868 万元
2020	4810 起	1797 起	899 起	183 起	502027 万元
2021	2335 起	1746 起	374 起	285 起	320000 万元
2022	3919 起	1366 起	202 起	153 起	150000 万元

10.5.2 常见地质灾害及防治

1. 滑坡

滑坡是指在地表上，由于坡度陡峭或土壤不稳定，导致土壤和岩石突然向下滑动的现象。滑坡可以是慢性的，也可以是瞬间发生的灾害。1999 年 12 月 15 日左右，委内瑞拉瓦尔加斯州的阿维拉山（Sierra de Avila）山坡上持续不断的倾盆大雨为数千起致命的山体滑坡埋下了隐患，这是历史上最致命的山体滑坡之一。暴雨带来了山体滑坡和洪水，摧毁了附近的城镇和村庄，同时也给救援队带来了挑战。山体滑坡完全掩埋了卡门德乌里亚镇和塞罗格兰德镇，许多房屋被冲进了海洋。报告显示，瓦尔加斯的人口减少了约 10%。2013 年 6 月 16 日左右，暴雨在印度北部各州造成了严重破坏，一系列山体滑坡和洪水夺走了 5000 多人的生命。发生在印度北阿坎德邦的地震，是自 2004 年海啸以来印度历史上最严重的自然灾害之一。

滑坡可分为四类，分别为：①水力滑坡，受降雨或地下水位变化的影响，土壤和岩石饱和后滑动。②地震滑坡，地震震动导致山坡不稳定，触发滑坡。③坡面滑坡，土壤沿斜坡滑动。④崩塌滑坡，土壤和岩石从垂直或几乎垂直的坡面上坠落。其成因主要为坡度陡峭、地下水位上升、地震等。其防治措施包括监测地下水位、使用坡面支护结构、避免在潜在的滑坡区域建设等。

2. 泥石流

泥石流是山坡上的土壤、泥浆、水和碎石等材料混合体的快速流动，通常在陡峭的山坡地区发生。2010 年 8 月 7 日 22 时左右，甘南藏族自治州舟曲县城东北部山区突降特大暴雨，降雨量达 97mm，持续约 40min，引发三眼峪、罗家峪等四条沟系特大山洪地质灾害，泥石流长约 5km，平均宽度 300m，平均厚度 5m，总体积 750 万 m^3，流经区域被夷为平地，共造成 1557 人遇难，208 人失踪。2019 年 8 月 19—22 日，四川多地长时间持续降雨，且雨量较为集中，导致部分地区暴发山洪泥石流灾害。其中三江镇、水磨镇、银杏乡等地灾情较重，境内电力、通信暂时中断，汶川县至成都、理县方向道路均已中断。此次灾害造成阿坝、雅安、乐山等 9 市（自治州）35 个县（市、区）44.6 万人受灾，26 人死亡，19 人失踪，7.3 万人紧急转移安置，1000 余间房屋倒塌，4.7 万人需紧急生活救助，还有 14800hm^2 农作物受灾，直接经济损失达 158.9 亿元。

泥石流可以分为：①山坡泥石流，由于降雨引起的土壤和岩石的流动。②冰川泥石流，由融化的冰川和雪引起。③火山泥石流，由火山喷发引发。其成因包括持续降雨、陡峭的山坡、森林砍伐等；相关的防治措施包括监测降雨和泥石流风险区域、建设泥石流防护结构、森林保护和植被恢复。

3. 崩塌

崩塌是指土壤或岩石的突然坍塌，通常由重力作用、水分入侵或地震引发。2008 年，广西凤山县城至巴马二级路段发生一起山体崩塌地质灾害事故，山体塌方约 2.1 万 m^3，致使凤巴公路中断，16 间房屋被掩埋，其中有 8 间为民房。山体崩塌事故造成 6 人死亡，6 人受伤住院，其中 2 人重伤。这次崩塌与持续的降雨有关，雨水导致山坡不稳定，最终坍塌。2023 年 8 月 14 日晚，湖北省宜昌市兴山县榛子乡平瓦公路（乡村小道）发生山体岩石崩塌，不幸撞上一辆正在道路上行驶的 7 座小型面包车，造成车辆严重损毁，车上的 7 名乘客全部遇难。

崩塌可分为：①坡面崩塌，土壤和岩石从坡面上坠落。②滑坡崩塌，土壤和岩石沿坡度滑动。③冰川崩塌，由于冰川融化引起的坍塌。其成因包括坡度陡峭、水分入侵、地震等，防治措施有加强山坡稳定性、定期检查潜在的崩塌风险区域、避免在潜在风险区域建设。

通过深入了解这些常见地质灾害及其成因，可以更好地理解土木工程中的风险因素和防治措施。在实际工程项目中，土木工程师需要考虑并采取适当的措施来减轻这些地质灾害可能带来的损害，确保工程的安全和可持续性。

思考题

（1）简述地震灾害的类型和防震减灾措施。

（2）常见的风类型有哪些？简述防风减灾措施。

（3）根据可燃物的类型和燃烧特性不同，火灾可以分为哪些类型？

（4）简述建筑防火减灾措施。

（5）根据地质灾害发生区的地理或地貌特征，地质灾害如何分类？

（6）简述滑坡和泥石流的防治措施。

第 11 章　给水排水工程

通过对本章的学习，使学生了解以下内容：城市给水系统和排水系统的基本原理和组成结构。水资源管理和节水措施，以及如何有效利用和保护水资源。给水排水工程与城市规划、建筑设计和基础设施建设之间的协调和整合。给水排水工程在可持续发展和环境保护中的作用，以及社会参与和公众意识对于促进可持续发展的重要性。给水排水工程中的生态保护和环境友好型因素，包括生态湿地处理、雨水收集利用等技术，以促进水资源的可持续利用和生态平衡。给水排水工程管理和运营中可能存在的挑战，如供水安全、污水处理效率、管网老化等问题，以及如何优化管理和提高效率，确保城市的水资源可持续供应和环境的可持续管理。通过这些内容，学生可以了解城市水资源管理的基本原理和技术，以及如何在实际工程项目中应用这些知识，促进城市水资源的可持续发展和环境保护，为未来从事相关领域的工作或研究打下坚实的基础。

水是生命之源，也是城市生产生活必不可少的战略性资源！中国人均占有淡水资源只有世界平均水平的 1/3，给水排水工程系统作为水行业和水工业体系的重要组成部分，对维持城镇正常运转、维护水生态环境健康及可持续发展正发挥越来越大的作用！

11.1　水的自然循环与社会循环

水的自然循环也称水文循环，指水通过蒸发、蒸散、凝结、降水、渗透、地表径流和地下水流等物理过程在地球表面、上空、地表之下的持续移动。图 11-1 是水的自然循环的典型示意图。

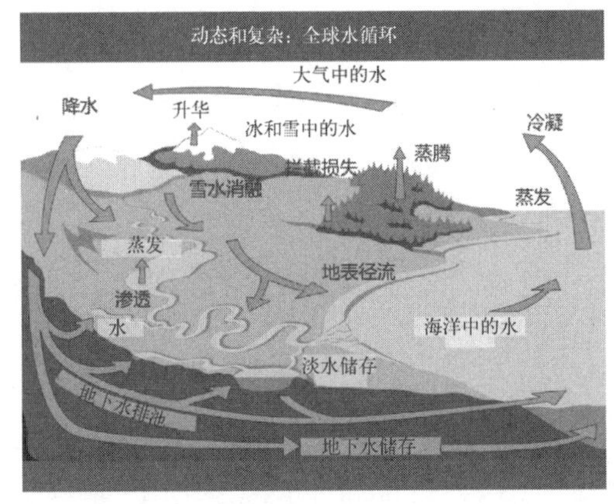

图 11-1　水的自然循环的典型示意图

（图片来源：https：//www. usgs. gov/special-topic/water-science-school/science/）

蒸发、降水和径流，是水文循环过程的最主要的环节，三者构成的水循环途径，决定着全球的水量平衡，也决定着一个地区水资源的总量。长期而言，地球上的水质、水量相当恒定，但水循环对于维持地球上大多数生命和生态系统有非常重要的作用，水循环中的蒸发阶段可把水净化，之后以淡水形式沉降，补充地表水和地下水。水循环涉及能量交换，能量交换会导致温度变化。当水蒸发时，会吸收周围环境的能量，从而产生冷却作用；当水凝结时，会释放能量，让环境变暖。这类热交换会对气候造成影响，同时，气候模式的变化改变了关键的水循环特征，例如降水频率、强度和持续时间。有研究表明，温室气体升温影响预计将推动未来全球降水量大幅增加，其水文敏感性为(2%～3%)/℃。

在自然水文循环中，人类不断利用地表、地下径流满足生活和生产之需而形成的人工水循环称为社会水循环。城市水系统、农田水利系统、水能利用系统都是社会水循环。城市水系统或城市水循环，包括水源系统、给水系统、用水系统、排水系统、回用系统、雨水系统和城市水体。从功能来看，其具备水资源供给、水环境治理、水生态修复和水安全保障四大主体功能，维持功能所需的基础设施和空间在不同尺度有不同的构成和表现形式，如图 11-2 所示。

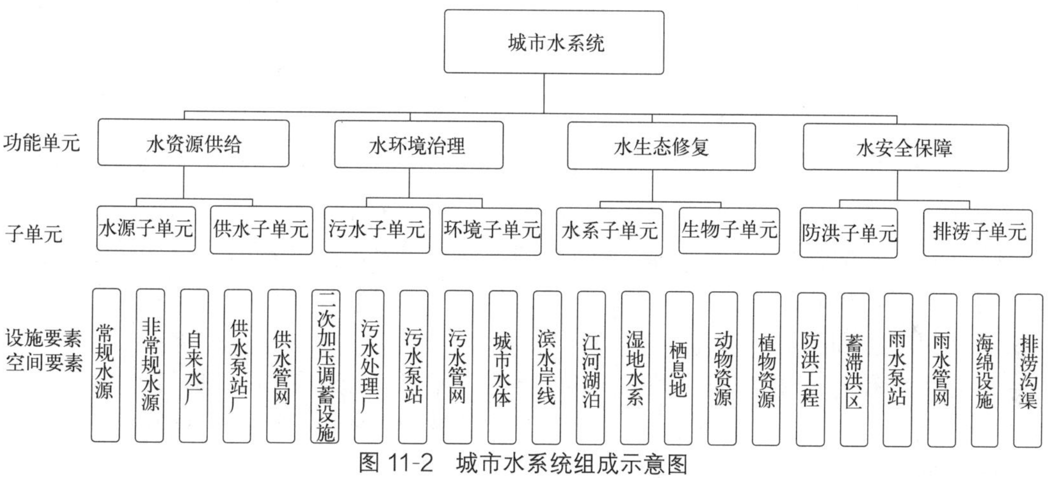

图 11-2　城市水系统组成示意图

影响水社会循环的因素有区域位置、水资源禀赋、气候、人口、经济水平、科技水平、制度与管理水平、水价值与水文化等。可见，社会水循环是自然和社会二元双重驱动的水循环过程。随着中国经济社会不断发展，水安全中的老问题仍有待解决，水资源短缺、水生态损害、水环境污染的新问题越来越突出，新老水问题交织，水安全保障、国家水网、河湖生态环境复苏、数字孪生水利、水资源节约集约利用、体制机制法治管理等国家重大需求越来越迫切，对水资源的“安全化、高效化、生态化、智慧化”要求越来越高。安全化包括水资源安全、防洪抗旱安全和水利工程安全，水旱灾害防御，工程抗震、抗泥石流、土坝漫顶等；高效化包括水资源集约节约利用、水利工程高效运行，水资源刚性约束、“四水四定”、非常规水资源优化配置、水资源利用从低效向高效转化等；生态化包括水利工程生态化、河湖生态健康和流域系统治理，山水林田湖草生命共同体，绿色施工、过鱼设施，生态基流保障、增殖放流、人造脉冲，地下水含水层保护修复等；智慧化包括监测监控智慧化、调度管理智慧化以及行业融合发展智慧化，关注“天地空”一体化感知，防洪和水资源的“四预”、调度决策、智慧控制，行业内纵向贯通和行业间横向融合等。

11.2 给水工程

通常涉及给水工程的水资源含义，是指可供某个区域内人民生活、产业发展和城乡建设使用的淡水，包括可以利用的河流、湖泊的地表水，逐年可以恢复的地下水等天然淡水资源，以及淡化的海水、可回用的污水等人工淡水资源。水在人们生活和生产活动中占有重要地位。通过水文与工程地质调研、设计用水量、管网设计与布置、取水构筑物的设计、净水厂工艺设计等步骤，给水工程能提供我们生活中所需的各类符合国家标准的水，如为工业企业提供生产所需的原水，为商业提供经济运营所需的水资源，为农业提供灌溉用水。同时，给水工程在环境保护方面也发挥了重要作用。通过科学的水资源管理和水质控制，供水系统有助于保护河流、湖泊和地下水源的生态系统，还有助于减少水资源的浪费，提高水资源的可持续利用。

综上所述，给水工程的重要性在于它满足了我们的基本生活需求，促进了社会经济的发展，并有助于环境保护。它是现代社会不可或缺的基础设施，为人们的健康、繁荣和可持续发展提供了坚实的基础。因此，我们应该高度重视给水工程的建设和管理，确保它的可靠性和可持续性。

11.2.1 给水工程的任务

给水工程是一个综合性的领域，旨在向城市、居民区、工业、农业、建筑工地等各类用水单位供应满足水量、水质、水压和水温要求的水，同时满足消防任务的需要。给水工程参与了社会水循环中的多个方面，涉及水资源的调查、开发、保护，以及供水系统的设计、建设、运营和维护。

1. 城市用水量预测与计算

城市用水有生活用水、生产用水、市政与景观用水、消防用水和其他用水。城市用水量预测是指采用一定的理论和方法，有条件地预计城市将来某一阶段的可能用水量。用水量预测一般以过去的资料为依据，以今后用水趋向、经济条件、人口变化、资源情况、政策导向等为条件。各种预测方法是对各种影响用水的条件做出合理的假定，从而通过一定的方法求出预期水量。城市用水量预测涉及未来发展的诸多因素，在规划期难以确定，所以预测结果常常欠准，一般采用多种方法相互校核。由于不同规划阶段条件不同，所以城市总体规划和详细规划的预测与计算是不同的。本节主要介绍城市总体规划中城市用水量预测和计算的常用方法。

1）综合指标法

综合指标法包括人均综合指标法和单位用地指标法两类。

（1）人均综合指标法是指根据城市人均综合用水指标和城市人口分布情况，预测城市总用水量。人均综合指标是指城市每日的总供水量除以用水人口所得到的人均用水量。规划时，合理确定本市规划期内人均用水量标准是本方法的关键。通常根据城市历年人均综合用水量的情况，参照同类城市综合用水指标确定。表 11-1 为《城市给水工程规划规范》GB 50282—2016 所提供的城市综合用水量指标。

确定了用水量指标后，再根据规划确定的人口数，就可计算出用水总量，如公式(11-

1）所示：

$$Q_1 = Nqk \tag{11-1}$$

式中：Q_1——城市用水量（万 m^3/d）；

N——规划期末人口数（万人）；

q——规划期限内的人均综合用水量标准[万 m^3/(万人·d)]；

k——规划期内城市用水普及率，一般情况下取 100%。

城市综合用水量指标 q[万 m^3/(万人·d)]　　表 11-1

区域	城市规模						
	超大城市	特大城市	大城市		中等城市	小城市	
	($P \geqslant 1000$)	($500 \leqslant P < 1000$)	Ⅰ型 ($300 \leqslant P < 500$)	Ⅱ型 ($100 \leqslant P < 300$)	($50 \leqslant P < 100$)	Ⅰ型 ($20 \leqslant P < 50$)	Ⅱ型 ($P < 20$)
一区	0.50～0.80	0.50～0.75	0.45～0.75	0.40～0.70	0.35～0.65	0.30～0.60	0.25～0.55
二区	0.40～0.60	0.40～0.60	0.35～0.55	0.30～0.55	0.25～0.50	0.20～0.45	0.15～0.40
三区	—	—	—	0.30～0.50	0.25～0.45	0.20～0.40	0.15～0.35

注：(1)一区包括：湖北、湖南、江西、浙江、福建、广东、广西壮族自治区、海南、上海、江苏、安徽；二区包括：重庆、四川、贵州、云南、黑龙江、吉林、辽宁、北京、天津、河北、山西、河南、山东、宁夏回族自治区、陕西、内蒙古河套以东和甘肃黄河以东地区；三区包括：新疆维吾尔自治区、青海、西藏自治区、内蒙古河套以西和甘肃黄河以西地区。

(2)本指标已包括管网漏失水量。

(3)P 为城区常住人口，单位：万人。

(2) 单位用地指标法是在确定城市单位建设用地的用水量指标后，根据规划的城市用地规模和类型，推算出城市用水总量。表 11-2 是《城市给水工程规划规范》GB 50282—2016 中所推荐的指标。这种方法对城市总体规划、分区规划、详细规划的用水量预测与计算都有较好的适应性。

用水总量计算如公式(11-2) 所示：

$$Q_2 = \sum q_i a_i \tag{11-2}$$

式中：Q_2——城市用水量（m^3/d）；

q_i——不同类别用地用水量指标[$m^3/(hm^2 \cdot d)$]；

a_i——不同类别用地规模（hm^2）。

不同类别用地用水量指标 q_i[$m^3/(hm^2 \cdot d)$]　　表 11-2

类别代码	类别名称		用水量指标
R	居住用地		50～130
A	公共管理与公共服务设施用地	行政办公用地	50～100
		文化设施用地	50～100
		教育科研用地	40～100
		体育用地	30～50
		医疗卫生用地	70～130
B	商业服务业设施用地	商业用地	50～200
		商务用地	50～120
M	工业用地		30～150
W	物流仓储用地		20～50
S	道路与交通设施用地	道路用地	20～30
		交通设施用地	50～80

续表

类别代码	类别名称	用水量指标
U	公用设施用地	25～50
G	绿地与广场用地	10～30

注：(1)类别代码引自现行国家标准《城市用地分类与规划建设用地标准》GB 50137—2011。
(2)本指标已包括管网漏失水量。
(3)超出本表的其他各类建设用地的用水量指标可根据所在城市具体情况确定。

2）趋势推演法

趋势推演法包括线性回归法和年递增率法两种。

（1）线性回归法是根据过去相互影响、相互关联的两个或多个因素（也称为变量）的资料，利用数学方法建立城市用水量的回归模型。应该注意，线性回归是基于线性拟合外推的方法，对于用水条件变化较大的城市，采用此方法进行中长期用水量预测难以保证准确度，一般用于近期城市用水量预测。

（2）根据历年来供水能力的年递增率，并考虑经济发展的速度，选定供水的递增函数，再由现状供水量，推求出规划期的供水量，假定每年的供水量都以一个相同的速率递增，可用公式（11-3）来计算。年递增率法实际是一种拟合指数曲线的外推模型，若预测时限过长，可能影响预测精度。

$$Q_3=Q_0(1+\gamma)^n \tag{11-3}$$

式中：Q_3——预测年份规划的城市用水量（m^3/d）；

Q_0——起始年份实际的城市用水量（m^3/d）；

γ——城市用水总量的年平均增长率（%）；

n——预测年限。

3）分类加合法

分类预测城市综合生活用水、工业企业用水、消防用水、市政用水、未预见及管网漏失用水量，然后进行叠加，其精度较人均综合指标法高。预测时，除了计算出每类用水量外，还可以采用比例相关法。根据城市中各类用水的比例关系，只要计算出其中一类或几类用水量，就可以预测出总用水量。

以上介绍了城市用水量预测的一些方法。其根本思路都是按照历史用水量资料，对影响用水量大的因素进行分析，然后进行经验估算或建立模型预测，得出结果。规划时，应充分分析判别过去的资料数据，考虑地方因素的影响，如城市的经济发展水平、区域分布、水资源丰富程度、基础设施配套情况、人们的生活习惯、水价、工业结构等，根据掌握城市用水的变化趋势，应用多种方法进行预测，相互校核。

2. 城市水源规划

城市水源规划是城市给水工程规划的一项重要内容，它影响到给水工程系统的布置、城市的总体布局、城市重大工程项目选址、城市的可持续发展等战略问题。城市水源规划作为城市给水排水工程规划的重要组成部分，不仅要与城市总体规划相适应，还要与流域或区域水资源保护规划、水污染控制规划、城市节水规划等相配合。

水源规划中，需要研究城市水资源量、城市水资源开发利用规模和可能性、水源保护措施等。水源选择关键在于对所规划水资源的认识程度，应进行认真深入的调查、勘探，结合有关自然条件、水质监测、水资源规划、水污染控制规划、城市远近期规划等进行分析、研究。通常情况下，要根据水资源的性质、分布和供水特征，从供水水源的角度对地表水和地下水资源从技术经济方面进行深入全面比较，力求经济、合理、安全可靠。水源选择必须在对各种水源进行全面的分析研究、掌握其基本特征的基础上进行。

3. 取水工程规划

取水工程的任务是从水源取水并送至水厂或用户。由于水源情况复杂多变，取水工程设施对整个给水系统的组成、布局、投资及维护运行等方面的经济性和安全可靠性具有重大的影响。因此，给水水源的选择和取水工程的建造是给水系统建设的重要组成项目，对城市建设和工业生产的意义十分重大。

在取水构筑物方面需要研究的项目有：各种取水构筑物的构造形式、设计计算、施工方法和运行管理等。

4. 城市给水处理设施规划

城市给水处理的目的就是通过合理的处理方法去除水中杂质，使之符合生活饮用和工业生产使用所要求的水质。不同的原水水质决定了选用的处理方法，目前主要的处理方法有：常规处理（包括澄清、过滤和消毒）、特殊处理（包括除味、除铁、除锰和除氟、软化、淡化）、预处理和深度处理等。规划内容包括：给水处理厂厂址选择、给水处理工艺流程选择、水厂布置。

5. 城市输水和配水系统规划

输水工程是指从水源泵房或水源集水井至水厂的管道（或渠道），或仅起输水作用的从水厂至城市管网和直接送水到用户的管道，包括其各项附属构筑物、中途加压泵站等。配水管网包括各种口径的管道及附属构筑物、高地水池和水塔。对输水和配水系统的总要求是：供给用户所需的水量，保证配水管网足够的水压，保证不间断给水。

城市输水和配水系统规划包含输水管渠规划、配水管网布置、管段流量、管径和管网水力计算、附件和附属构筑物的选择与布置，现代城市给水管网规划还应包括给水系统优化调度方案等。

11.2.2　给水系统的分类

在给水工程学科中，给水系统可按下列方式分类：

（1）按使用目的不同，可分为生活给水（包括居民生活用水、公共建筑及设施用水）、生产给水和消防给水系统。这种分类主要是建筑给水排水系统中惯用的分类法，一般城镇的给水系统均包含了生活用水、生产用水和消防用水的使用要求，还考虑了景观用水、浇洒道路和绿地用水等的使用要求。

（2）按服务对象不同，可分为城镇给水系统和工业给水系统。当工业用水量在城镇总用水量的比重较大时，或者工业用水水质与生活用水水质差别较大时，无论是在规划阶段还是建设阶段都需要将城镇综合用水系统与工业用水系统独立设置，以满足供水系统的安全和经济。

（3）按供水方式不同，分为自流系统（重力供水）、压力供水和混合供水系统。重力供水系统一般存在于山区城镇的给水工程中，这需要水源地与供水区有足够的高差可利用。有的城镇水源高程较低，但可以将处理后的自来水输送至高地水池，配水管网可采用重力供水。大多数城市供水采用压力供水系统。

（4）按水源种类不同，分为地表水（江河、湖泊、蓄水库、海洋等）和地下水（浅层地下水、深层地下水、泉水等）给水系统。

根据不同的水源，城市给水系统可以有多种形式，图 11-3 为以地表水为水源的城镇给水系统。相应的工程设施为：取水构筑物 1 从江河取水，经一级泵站 2 和原水输水管 3 送往水处理厂 4，处理后的清水贮存在清水池 5 中。二级泵站 6 从清水池取水，经输水管 7 和管网 8 供应用户。有时，为了调节水量和保持管网的水压，可根据需要建造调节构筑物 9，如高地水池或水塔。

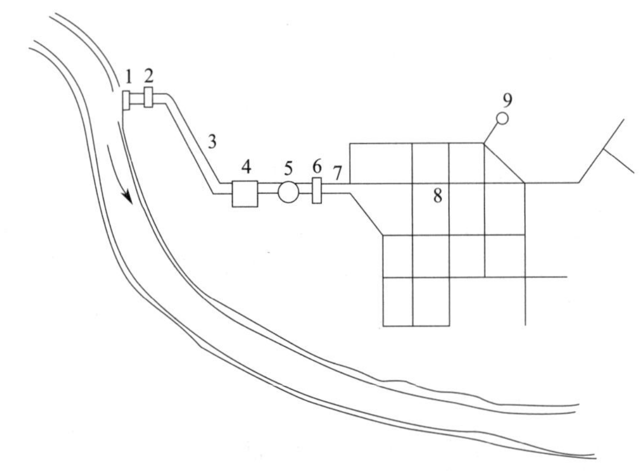

图 11-3　以地表水为水源的城镇给水系统

1—取水构筑物；2—一级泵站；3—原水输水管；4—水处理厂；5—清水池；6—二级泵站；7—输水管；8—管网；9—调节构筑物

当以未受污染的地下水为水源时，则可采用图 11-4 所示的系统，即取水设施采用管井群、集水井和取水泵站，处理工艺只设过滤和消毒。

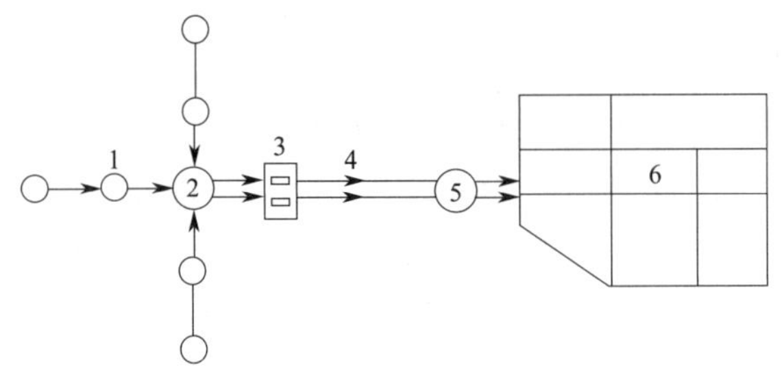

图 11-4　地下水的给水系统

1—管井群；2—集水井；3—泵站；4—输水管；5—水塔；6—管网

11.2.3　给水系统的形式

根据城市和工业企业的规划、地形地质等自然条件、水源情况，用水点对水量、水质、水压的要求，结合原有给水工程设施施工，考虑水资源的综合利用和水体的保护，城镇给水系统可以有不同的布置形式。

1. 统一给水系统

如图 11-3 和图 11-4 所示，即用同一管网供应生活、生产和消防等各种用水到用水点的给水系统，水质应符合国家生活饮用水卫生标准。多用在新建中小城镇、工业区、开发区及用户较为集中，各用户对水质、水压无特殊要求或相差不大的情况。如城市内工厂位置分散，用水量又少，即使水质要求和生活用水稍有差别，可采用统一给水系统。或因工业用水量在总供水量中所占比例一般较小，也可按一种水质和水压统一给水。该系统管理简单，但供水安全性低。

2. 分质给水系统

取水构筑物从同一水源或不同水源取水，经过不同程度的净化过程，用不同的管道，分别将不同水质的水供给各个用户的给水系统叫分质给水系统。

如图 11-5 所示，在城镇中，工业用水所占比例较大，且对水质的要求不同于生活用水，此时采用分质给水系统，生活用水采用水质较好的地下水，工业用水采用地表水。对水质要求较高的工业用水，可在城市生活给水的基础上，再自行采取一些深度处理措施。分质给水系统也可采用同一水源，经过不同的水处理过程后，送入不同的给水管网。分质供水可以保证城市有限水资源优质优用，但分质供水管理系统增多，管理复杂，对旧城区实施难度较大。对于水资源紧缺的新建居住区、工业区、海岛地区等，可以考虑应用分质给水系统。

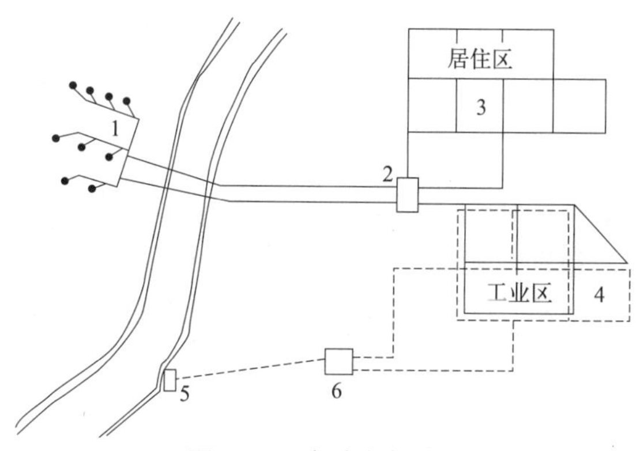

图 11-5　分质给水系统

1—管井；2—泵站；3—生活用水管网；4—生产用水管网；5—地面水取水构筑物；6—工业用水处理构筑物

3. 分区给水系统

为适应城市的发展，当城市规划区域比较大，需要分期进行建设时，可根据城市规划状况，将给水管网分成若干个区，分批建成通水，每个区有泵站和管网等，各分区之间设置连通管道。分区给水可以使管网水压不超出水管所能承受的压力，减少漏水量和减少能量的浪费。但将增加管网造价且管理比较分散。该系统适用于给水区很大、地形起伏、高差显著及远距离输水的情况。

当城市地形高差较大或用水点对水压要求有很大差异时，可由同一泵站内的不同水泵分别供水到低压管网和高压管网，或按照不同片区设置加压泵站以满足高压片区或高程较大片区的供水要求，如图 11-6 所示。其中由同一泵站内的低压和高压水泵分别供给低区和高区用水，叫并联分区。其特点是供水安全可靠，管理方便，给水系统的工作情况简单；但增加了输水管长度和造价。主要适用于城区沿河岸发展而宽度较小或水源靠近高压区的情况。

高低两区用水均由低区泵站供给，高区用水时由高区泵站加压，叫串联分区。另外，大中城市的管网为了减少因管线太长引起的水头损失，并为提高管网边缘地区的水压，而在管网中间设加压泵站或由水库泵站加压，也是串联分区的一种形式。串联分区的特点是输水管长度较短，可用扬程较低的水泵和低压管，但将增加泵站造价和管理费用，主要适用于城区垂直于等高线方向延伸、供水区域狭长、地形起伏不大、水厂又集中布置在城市一侧的情况。

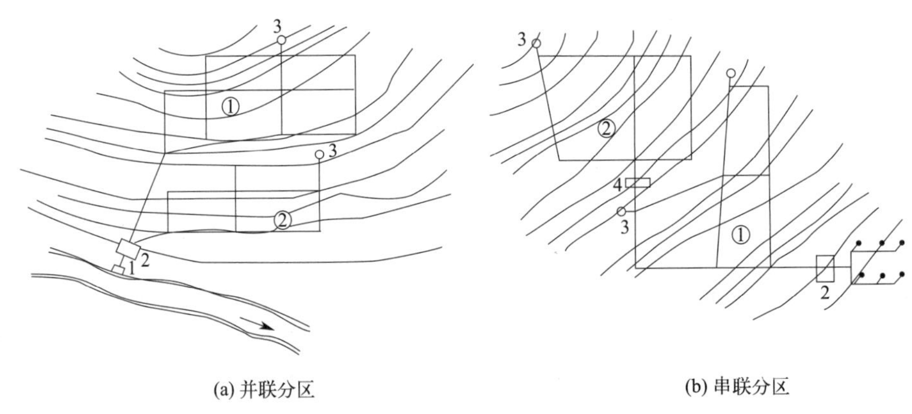

图 11-6　分区给水系统（图中①为高区，②为低区）
1—取水构筑物；2—水处理构筑物；3—水塔或水池；4—泵站

4. 区域性给水系统

按照水资源合理利用和管理相对集中的原则，供水区域不局限于某一城镇，而是包含了若干城镇及其周边的村镇和农村集居点，形成一个大的给水系统，统一取水，分别供水，将这样的给水系统称为区域性给水系统。该系统较适用于城市化密集地区，或在干旱及水源贫乏地区。

5. 循环给水系统

在工业生产中，所产生的废水经过适当处理后可以循环使用，或用作其他车间和工业部门的生产用水，则称为循环给水系统或循序给水系统。大力发展循环和循序给水系统可以节约用水，提高工业用水重复利用率，也符合清洁生产的原则，对水资源贫乏的地区，尤为适用，如图 11-7 所示。其实，这种系统在工业生产中应用广泛，许多行业的工业用水重复利用率可以达到 70%以上。城市中，中水系统也可以看作循环给水系统。

除了以上给水系统的分类外，有时还根据系统中的水源多少，分为单水源系统和多水源系统等。

对于规模较大的城镇以及大型联合企业的给水系统，还可能同时具有几种供水系统，例如既有分质又有分区的系统等。

11.2.4　城市给水工程系统规划

城市给水工程的规划是城市总体规划的重要组成部分，应与城市总体规划相一致，因此规划的主体通常由城市规划部门担任，将规划设计任务委托给水专业设计单位进行。城

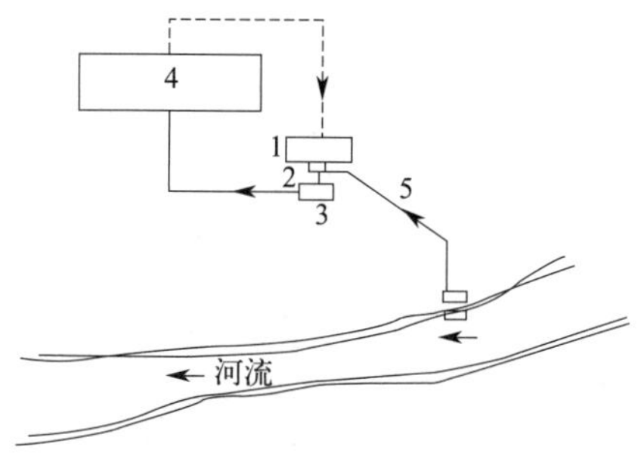

图 11-7　循环给水系统

1—净水构筑物；2—吸水井；3—泵站；4—车间；5—其他水源水

市给水工程规划应根据国家法规文件编制，如《城市给水工程规划规范》GB 50282—2016、《城市给水工程项目规范》GB 55026—2022 和《室外给水设计标准》GB 50013—2018 等。

城市给水工程规划一般按照近期 5～10 年、远期 20 年编制，其具体程序为：城市用水量预测—确定城市给水系统规划目标—城市给水水源规划—城市给水网络与输配设施规划—分区给水管网与输配设施规划—详细规划范围内给水管网规划。最后还需绘制给水系统图和编制城市给水工程规划说明文本，文本内容应包括规划项目的性质、城市概况、给水工程现况、规划建设规模、方案的组成及优缺点，方案优化方法及结果、工程造价，所需主要设备材料、节能减排评价与措施等。此外还应附有规划设计的基础资料、主管部门指导意见等。

11.2.5　给水系统布置案例

提升水务韧性需要将其嵌入城市整体韧性的综合考量中。城市韧性规划的核心内容是防范各种干扰和冲击的风险，以及化解不确定性因素，这种韧性体现在结构、过程和系统三个层面。因此，水务韧性的提升所要解决的关键问题在于，在面对各种复杂、动态和不确定性的外部变化与压力冲击时，如何保持水务系统原有的结构和关键功能等基本特征，从而支撑城市持续、正常运行。

传统的给水规划通常注重构建规模庞大的环状管网系统（图 11-8）。虽然这种规划模式能够满足基本的服务需求，但从给水行业未来的发展来看，存在着缺乏适应性和可持续性的问题，主要体现在两个方面：首先，在安全保障方面，管网压力普遍偏高，系统能耗高、爆管率高，一旦发生突发事故，影响范围较大；其次，在品质提升方面，虽然水厂处理工艺已经能够实现直饮水供应，但大规模的统一供水模式导致管网输送距离较长，使得用水在管网的末端停留时间较长，从而水质容易受到影响，制约了高品质供水目标的实现。

雄安新区位于河北省中部，占地面积 12.7km^2，规划人口约 17 万人，是以生活居住功能为主的综合性功能区。在雄安片区的水务规划中，涉及了除水源和水厂以外的全部水务内容，总体规划明确要求“实施全域高品质供水”。为了符合韧性城市的发展理念，工程师设计了“分区供水＋回水循环”的供水模式。

1）分区供水（图 11-9）

采用模块化管网布局，结合社区单元，将整个区域划分为 5 个供水分区，每个分区面积

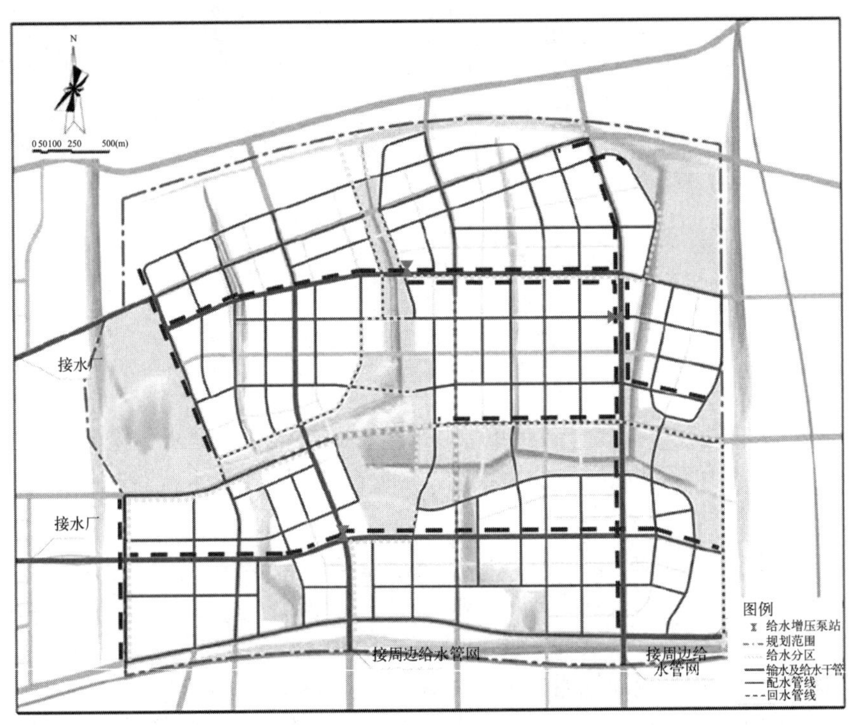

图 11-8 传统给水规划示意图

约为 2km^2。在相邻的分区之间设置了应急连通管道，同时将相邻的 2～3 个供水分区合并，并配建 1 座增压泵站。通过水力计算，管网的平均压力基本上被控制在 0.29～0.30MPa，相较于传统的“一网统供”供水模式，压力降低了超过 25%，有力地支持了新区管网漏损率不高于 5%的目标。此外，配水管的主要管径控制在 DN200～DN300，以有效控制管材优化的成本。增压泵站按照最高日供水量的 15%配置调蓄池，可以降低水厂至泵站的输水干管管径。同时，供水分区设有网间连通管道，以共同保障应急工况下的安全供水。

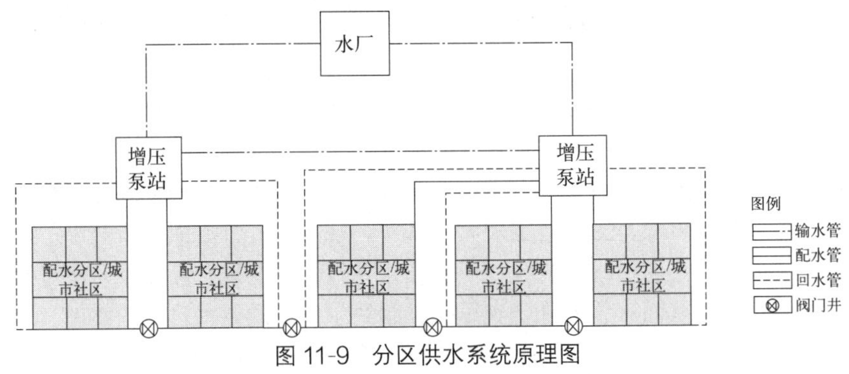

图 11-9 分区供水系统原理图

2）回水循环

为防止管网中的水停留时间过长导致水质恶化，设计了回水循环系统。在供水分区管网末梢增设了回水管道，通过可远程启闭的阀门将停留时间较长区域的供水回流。在增压泵站的设计中配置了补氯等消毒设施，以实现对中途水质及回水循环的有效控制。回水管道敷设于综合管廊内，以便于分期实施和灵活调整。

分区供水模式的引入增强了系统的结构韧性。由于配水管网尺度显著减小，用户与水源之间的距离缩短，这有效降低了管网的平均压力，减少了管网漏损率，降低了爆管的发生率。通过区间增压泵站与回水管网的结合，为实现可直饮的高品质供水提供了全新的研究视角。这种模式有助于提高供水系统的适应性和可持续性，为城市水务的未来发展提供了更可行的方案。

在深入剖析城市给水工程的多个层面后，我们逐步构建了对其任务、分类、形式以及系统规划的更为透彻的理解。城市给水工程的首要任务在于确保城市居民和工业领域得到可靠而充足的水资源供应，这既包括满足日常生活所需，也涵盖了工业生产对水资源的需求。同时，给水工程致力于维护水质的安全性，保障水压的稳定性等，已经成为城市基础设施中不可或缺的关键组成部分。

对于给水系统的分类，我们简单介绍了城市和地区的各异需求以及不同系统的适应性。从传统的单一水源系统到更为灵活多样的分质供水系统，再到满足城市发展需要的分区供水系统，每一种分类方式都旨在更精准地匹配城市的复杂需求。

然后进一步探讨了给水系统的形式，我们透过实际案例理解了同一管网供应多种用水的系统，以及分质给水系统在不同场景下的应用。这种深入理解不仅关乎用户需求的精准满足，也涉及系统管理上的复杂性和应对未来挑战的灵活性。

最终，我们将焦点转向城市给水工程系统规划。这一系统性规划不仅包括对城市用水量的科学预测，还扩展到水源规划、网络与输配设施规划，最终落实到给水管网的详细规划。这种全面性规划要求在科学性和可行性之间找到平衡，以确保城市水务系统的高效运行和可持续发展。

总体而言，城市给水工程的深入研究为我们提供了更为全面的视角，使我们更好地理解城市水务系统的多面性挑战。通过对任务、分类、形式以及系统规划的全面认识，我们能够更加精准地应对城市水务管理中的复杂问题，确保城市水资源的有效管理和供水系统的可持续发展。

11.2.6　城市化加速下的供水挑战

1. 全球气候变化的影响

城市供水设施是气候变化的“敏感点”，尤其是在发展中国家更容易受到气候变化的影响。高温和极端自然灾害会影响水质，使各种污染物质加重，包括沉积物、营养物质、溶解性有机碳、病原体、杀虫剂和盐等。这些污染物质对生态系统、人类健康和供水系统的可靠性和运行成本都会带来负面影响。

2. 城市群供水安全问题

人口快速增长和城市化进程的加速也给城市饮用水安全带来了巨大的压力。城市地区通常人口密集，城市群通常面临水资源供应不足的问题，特别是在干旱地区或水资源稀缺的地区。这可能导致供水质量下降，城市群面临着工业排放、农业污染、生活废水和城市雨水排放等多种污染源的影响，导致供水源水质受到威胁。城市群供水系统中存在着水质监测和水质保障的问题。水质监测不完善或不及时，可能导致对水质问题的忽视或延误处理，给居民的健康带来潜在风险。一旦出现自然灾害、地震、台风、洪水、战争等极端情况，对外部长距离调水资源的依赖也将对城市群安全构成潜在挑战。

3. 城市水质净化过程中引入的次生污染物

由于地表水的浊度高、色度高，原水中悬浮物浓度高，国内饮用水厂通常采用混凝—沉淀—过滤工艺来处理水源。然而，混凝剂的投加也会带来额外的污染物。例如，铝盐混凝剂制备过程中可能通过原料铝矾土携带一定量的重金属，投加后这些重金属可能溶解到水中，导致饮用水中出现低浓度的重金属污染。长期饮用这样的水可能会对健康产生风险，因为重金属具有生物富集效应。

一方面，在低温或高 pH 值条件下，水中铝的残留浓度也会较高。在富营养化水质和季节性低温条件下，城市饮用水中铝浓度偏高的问题一直困扰着供水厂。这可能会对人体健康产生潜在的影响。另一方面，使用氯化铁作为混凝剂时，原水中的碘化物会被 Fe^{3+} 氧化形成活性碘物质。随后，活性碘与天然有机物（NOM）反应形成碘化合物，这些化合物在后续的消毒工艺中可能形成碘代消毒副产物，对用户的健康构成潜在危害。

4. 城市供水管网输配问题

城市管网系统的漏失问题越来越受到人们的关注。随着城市规模的扩大，管网系统变得庞大且相互关联度高，导致故障率上升。供水管网中的老化、破损或不合格的管道可能导致漏损和泄漏。这不仅会导致水资源的浪费，还会影响供水系统的正常运行和供水能力。管网中的设计、操作或维护不当可能导致供水压力不足或过高。压力不足会影响供水的稳定性和供水能力，而过高的压力可能会导致管道破裂和水资源浪费。供水管网中的管道老化、污染或细菌滋生可能导致水质变化。长时间停水或管网冲洗不彻底也可能导致水质问题。供水管网中的输配不均衡可能导致供水不平衡，一些地区供水充足而另一些地区供水不足。这可能会影响居民的正常生活和工业用水需求。供水管网的规划和设计不合理可能导致供水系统的低效运行和浪费。例如管网布局不合理可能导致输配距离过长，造成能源和水资源的浪费。

5. 终端水质安全保障问题

由于大部分城市饮用水处理厂将关注重点放在出厂水的水质上，往往忽视了水质的化学稳定和生物稳定处理。长时间停水后重新供水时，引发水锤或水压波动，最终导致沉积物脱落，影响管道水质。在输送过程中，水可能受到污染物的影响，如重金属、有机物、细菌和病毒等。这可能导致终端用户饮用水的安全问题。水在输送过程中可能发生水质变化，如水中溶解氧的减少、水中氯含量的增加等。这些变化可能对水的口感和品质产生影响。供水系统中使用的消毒剂（如氯）可能与水中的有机物反应，生成致癌物质三氯甲烷等消毒副产物。这些物质可能对人体健康产生风险。

11.2.7 城市化发展对水资源的影响

水资源是人类生活和发展的基础，随着全球城市化发展的加快，城市化发展规模的不断扩大，城市中的居民生活、工业生产等方面需要大量的水资源，城市对水资源的需求量逐年增加，导致水资源短缺问题矛盾日益严重。城市排放的污水、工业废水等在城市污水处理设施不足、排放标准不合理等问题下间接导致了水体的污染，使得水资源的可利用性大大降低。为了满足城市建设和经济发展的需要，大量的河道改造、湖泊填埋、道路、桥梁、堤坝等工程等会对水生态环境造成破坏。此外城市化还带来了局部气候变化、降水、径流等问题。

1. 城市化对降水的影响

随着我国城市化进程不断加剧，城市人口越来越集中，交通工具数量剧增，建筑群密集，沥青路面和水泥路面已经布满整个城市的大街小巷，由于这些因素使城市的气温明显高于郊区，形成显著的热岛效应。城市热岛对大气边界层产生扰动，破坏大气层稳定性，形成热岛环流。受此影响，在水汽充足、凝结核丰富或其他有利的天气形势下，容易形成对流云和对流性降水。城市热岛增强了城市下风向地区风速和水汽水平输送，并强化了下风向地区辐合和上升运动，导致下风向地区降水增加。同时，城市热岛还通过与海陆风、地形等相互作用影响降水。

在城市化进程中，道路、房屋、广场等人工表面大量取代农田、植被、水域等自然表面。与自然表面相比，城市人工表面通常具有弱透水率，光热传导和热容量性质也不同。城市扩张导致地表不透水面积比例大量增加，使得局地蒸发减少、感热通量增加、边界层水汽混合更加均匀，影响天气系统从而对局地降水产生影响。城市因居民生活、生产等燃烧化石燃料，会排放大量大气污染物。这些污染物中含有大量易于吸收水汽的凝结核，形成的气溶胶可从微物理过程、大气动力过程、云降水等方面影响降水。

由于城市的建筑物高低不一，加大了城区的粗糙度，这不仅引起湍流，而且对移动滞缓的降水系统有阻碍效应，增加了降雨在城区的滞留时间，增大了降雨强度。同时城市化伴随着工业化发展，对环境产生大气污染，大气中悬浮颗粒密度增大，一定程度上起到人工降雨的作用，导致暴雨形成的概率和降雨量增大。显然城市化效应日趋严重会导致短时降雨量增大，增加了城市洪涝灾害发生的可能性。

2. 城市化对径流的影响

在城市化过程中会发生地表变化，植被减少、土壤压实以及从透水表面到屋顶、道路和停车场等不透水表面的变化。这些地表变化的后果包括渗透作用、地下水补给和地表径流等水文过程，城市径流和合流下水道溢流也会导致水质退化。一般而言，当自然植被，特别是森林减少时，地表径流和河流流量就会增加。由于渗透减少，城市化过程中形成的不透水表面贡献了更多的地表径流，渗透减少会导致峰值流量增加，即使是短时间的低强度降雨，也会增加洪水的风险。在降雨期间，城市径流还会将非点源污染物带入溪流和河流。

排水系统的完善，如设置道路边沟、雨水管网和排洪沟等，可提高汇流的水力效率。城市中的天然河道被裁弯取直和整治，使河槽流速增大，导致径流量和洪峰流量加大。与郊区相比，城市在降雨后，径流量急剧增高，很快出现峰值，然后又迅速降低，其径流曲线非常陡峻，呈急升急降趋势。

3. 城市化对地下水资源的影响

由于地表水资源短缺，地下水资源就成为城市生产和生活的主要供水水源。随着城市化规模越来越大，水资源利用量也越来越大。为满足城市正常的生活和生产，不得不集中大量开采地下水。因此，目前地下水超采严重，涉及的城市不但有大中城市，而且也有小城市和乡镇。地下水的严重超采，不但有可能导致地下水枯竭、影响城市供水，而且还会造成地面沉降、建筑物破坏等一系列环境地质问题。城市地表下大量基础设施的存在会影响地下动态，即供水和污水处理基础设施的渗漏虽然有助于地下水的补给但会降低地下水含水层的自净能力，同时如果没有安装适当的废水和污水排放设施，通常会导致硝酸盐、硼、氯化物、硫酸盐、病原体等水平升高，往往也导致地下水质量恶化。城市地区的工业、生活废水排放、垃圾填埋等活动导致地下水受到了不同程度的污染，地下水的水质受到了严重影响。此外，城市地区的地表覆盖变化、建筑物的大量铺设等活动影响了地下水的补给过程，导致地下水补给的减少。

11.3 排水工程

城市中工业生产过程中排出的污水、居民的生活污水等，如果不经处理，排入河道或湖泊，都会间接污染地下水。向透水地面倾倒污水、垃圾堆放被雨水冲淋、污水管道泄漏及污染物经雨水冲刷，均可造成对地下水的污染。

11.3.1 排水体制及排水系统的主要组成

排水体制分为合流制和分流制两种。排水体制的选择是排水管网系统规划的关键，关系到工程投资、运行费用和环境保护等一系列问题，应根据城市总体规划、城市自然地理条件、天然水体状况、环境保护要求及污水再用情况等，通过技术经济综合比较确定。

1. 合流制排水系统

合流制排水系统是将生活污水、工业废水和雨水混合在同一个管渠内排出的系统，分为直排式和截流式（图 11-10）。直排式合流制排水系统将排出的混合污水不经处理直接就近排入水体，使受纳水体遭受严重的污染。国内外很多老城市以往几乎都是采用这种排水系统。

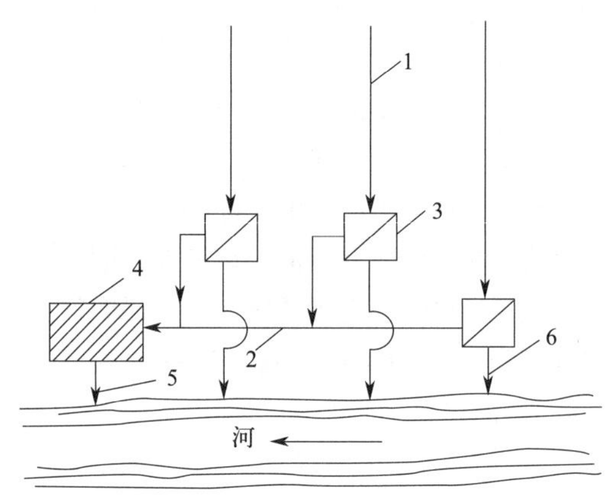

图 11-10 截流式合流制排水系统

1—合流干管；2—截流主干管；3—溢流井；4—污水处理厂；5—出水口；6—溢流出水口

截流式合流制排水系统在河岸边建造一条截流干管，同时在合流干管与截流干管相交前或相交处设置溢流井，并在截流干管下游设置污水处理厂。晴天和降雨初期时所有污水都送至污水处理厂，经处理后排入，随着降雨量的增加，雨水径流也增加，当混合污水的流量超过截流干管的输水能力后，就有部分混合污水经溢流井溢出，直接排入水体。截流式合流制排水系统比直排式前进了一大步，但仍有部分混合污水未经处理就直接排放，从而使水体遭受污染。

2. 分流制排水系统

分流制排水系统将生活污水、工业废水和雨水分别在两个或两个以上各自独立的管道内排出（图 11-11）。排出生活污水和工业废水的系统称为污水排水系统，排出雨水的系统称为雨水排水系统。

根据排出雨水方式的不同，分流制排水系统又分为完全分流制和不完全分流制两种（图 11-12）。在城市中，完全分流制排水系统包含污水排水系统和雨水排水系统。而不完全分流制排水系统只有污水排水系统，未修建雨水排水系统，雨水沿天然地面、街道边沟、水渠等原有渠道系统排泄，或者为了补充原有渠道系统输水能力的不足而修建部分雨水渠道，待城市进一步发展再修建雨水排水系统，使其转变成完全分流制排水系统。

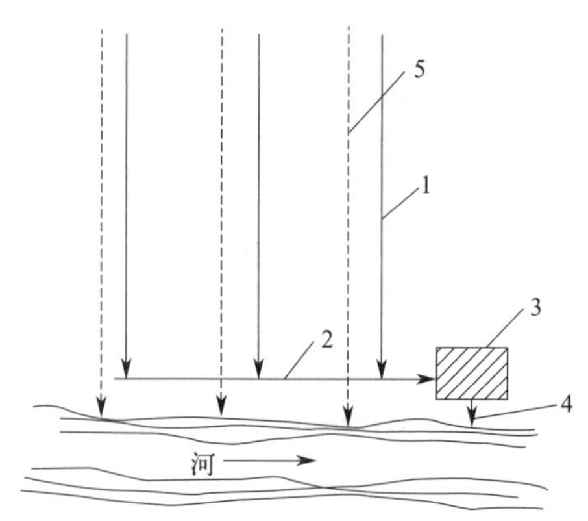

图 11-11　分流制排水系统

1—污水干管；2—污水主干管；3—污水处理厂；4—出水口；5—雨水干管

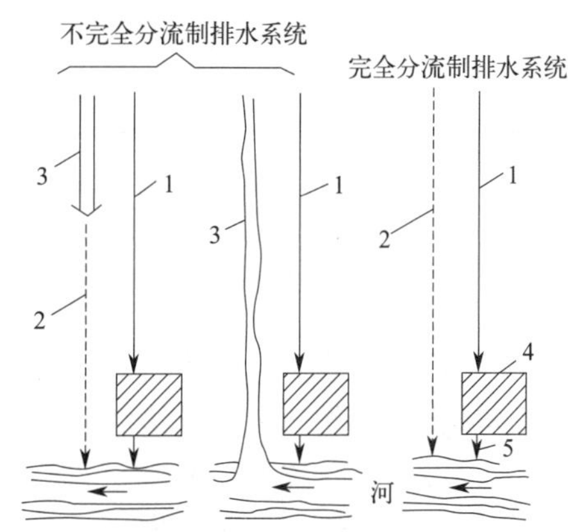

图 11-12　完全分流制排水系统和不完全分流制排水系统

1—污水管道；2—雨水管渠；3—原有渠道；4—污水处理厂；5—出水口

在工业企业中，一般采用分流制排水系统。由于工业废水的成分和性质很复杂，所以与生活污水不宜混合，否则将造成污水和污泥处理复杂化，以及给废水重复利用和回收有用物质造成很大困难。所以在多数情况下，采用分质分流、清污分流的几种管道系统来分别排水。但如生产污水的成分和性质同生活污水类似时，可将生活污水和生产污水用同一管道系统来排放。生产废水可直接排入雨水道或循环使用重复利用。生活污水、生产污水、雨水分别设置独立的管道系统。含有特殊污染物质的有害生产污水，不允许与生活或生产污水直接混合排放，应在车间附近设置局部处理设施。冷却废水经冷却后在生产中循环使用。如果条件允许，工业企业的生活污水和生产污水应直接排入城市污水管道，而不进行单独处理。

在一座城市中，有时是混合制排水系统，即既有分流制也有合流制的排水系统。混合制排水系统一般是在具有合流制排水系统的城市需要扩建排水系统时出现的。在大城市中（如纽约和上海等），因各区域的自然条件以及修建情况可能相差较大，因地制宜地在各区域采用不同的排水体制也是合理的。

3. 排水系统的主要组成

排水系统是指排水的收集、输送、处理和利用，以及排放等设施以一定方式组合成的总体。下面就城市污水、工业废水、雨水等各排水系统的主要组成部分分别加以介绍。

1）城市污水排水系统（图 11-13）

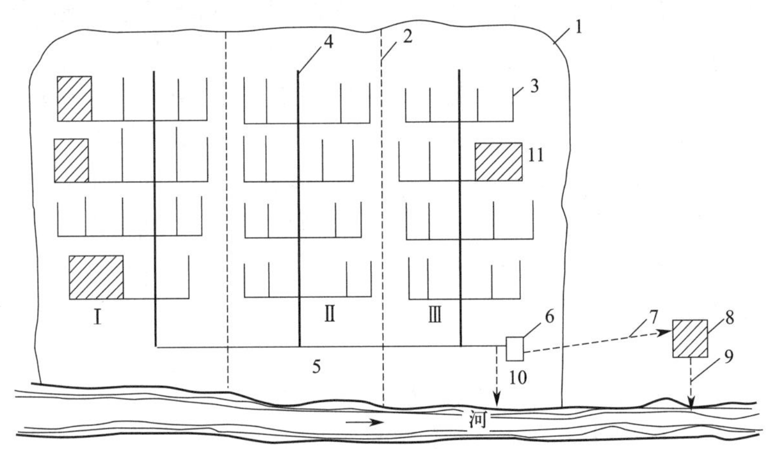

图 11-13 城市污水排水系统总平面示意图（图中Ⅰ、Ⅲ、Ⅲ为排水流域）

1—城市边界；2—排水流域分界线；3—支管；4—干管；5—主干管；6—总泵站；7—压力管道；8—城市污水处理厂；9—出水口；10—事故排出口；11—工厂

（1）室内污水管道系统及设备。

其作用是收集生活污水，并将污水排送至室外居住小区污水管道中。

在住宅及公共建筑内，各种卫生设备既是人们用水的器具，也是产生污水的器具，还是生活污水排水系统的起端设备。生活污水从这里经水封管、支管、竖管和出户管等室内管道系统流入室外居住小区管道系统。在每一出户管与室外居住小区管道相接的连接点设检查井，供检查和清通管道之用。

（2）室外污水管道系统。

分布在地面下的依靠重力流输送污水至泵站、污水处理厂或水体的管道系统称为室外污水管道系统，它又分为居住小区污水管道系统及街道污水管道系统。

居住小区污水管道系统：敷设在居住小区内，连接建筑物出户管的污水管道系统，称为居住小区污水管道系统。它分为接户管、小区污水支管和小区污水干管。接户管是指布置在建筑物周围接纳建筑物各污水出户管的污水管道。小区污水支管是指布置在居住组团内与接户管连接的污水管道，一般布置在组团内道路下。小区污水干管是指在居住小区内，接纳各居住组团内小区支管流来的污水的管道，一般布置在小区道路或市政道路下。居住小区污水排入城市排水系统时，其水质必须符合《污水排入城镇下水道水质标准》GB/T 31962—2015 的要求。居住小区污水排出口的数量和位置，要取得城市市政部门同意。

街道污水管道系统：敷设在街道下，用以排出居住小区管道流来的污水。在一个市区内它由城市支管、干管、主干管等组成。

支管是承受居住小区干管流来的污水或集中流量排出的污水。在排水区界内，常按分水线划分成几个排水流域。在各排水流域内，干管是汇集输送由支管流来的污水，也常称为流域干管。主干管是汇集输送由两个或两个以上干管流来的污水管道。市郊干管是从主干管把污水输送至总泵站、污水处理厂或通至水体出水口的管道，一般在污水管道系统设置区范围之外。

管道系统上的附属构筑物主要包括检查井、跌水井、倒虹管等。

(3) 污水泵站及压力管道。

污水一般以重力流排出，但往往由于受到地形等条件的限制而发生困难，这时就需要设置泵站。泵站分为局部泵站、中途泵站和总泵站等。压送从泵站出来的污水至高地自流管道或至污水处理厂的承压管段，称为压力管道。

(4) 污水处理厂。

供处理和利用污水、污泥的一系列构筑物及附属构筑物的综合体称为污水处理厂。在城市中常称污水处理厂，在工厂中常称废水处理站。城市污水处理厂一般设置在城市河流的下游地段，并与居民点或公共建筑保持一定的卫生防护距离。若采用区域排水系统时，每个城镇就不需要单独设置污水处理厂，将全部污水送至区域污水处理厂进行统一处理即可。

(5) 出水口及事故排出口。

污水排入水体的渠道和出口称出水口，它是整个城市污水排水系统的终点设备。事故排出口是指在污水排水系统的中途，在某些易于发生故障的组成部分前面，例如在总泵站的前面，所设置的辅助性出水渠，一旦发生故障，污水就通过事故排出口直接排入水体。

2) 工业废水排水系统（图 11-14）

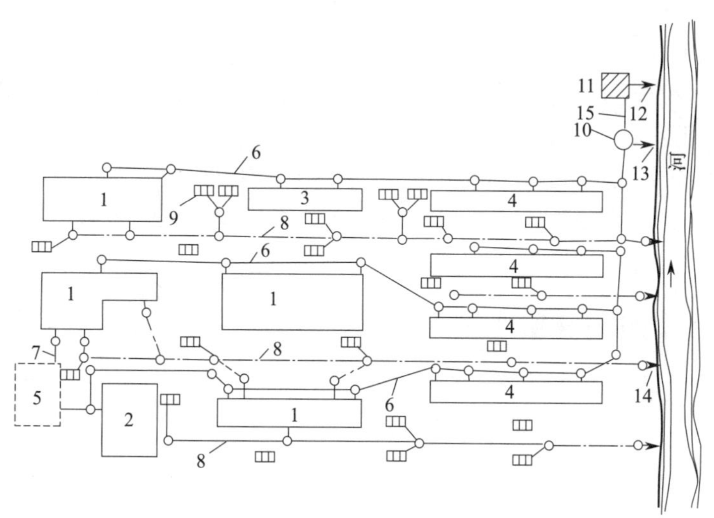

图 11-14　工业区排水系统总平面示意图

1—生产车间；2—办公楼；3—值班宿舍；4—职工宿舍；5—废水利用车间；
6—生产与生活污水管道；7—特殊污染生产污水管；8—生产废水与雨水管道；9—雨水口；10—污水泵站；
11—废水处理站；12—出水口；13—事故排出口；14—雨水出水口；15—压力管道

在工业企业中，用管道将厂内各车间及其他排水对象所排出的不同性质的废水收集起来，送至废水回收利用和处理构筑物，经回收处理后的水可再利用或排入水体，或排入城市排水系统。若某些工业废水不经处理允许直接排入城市排水管道时，就无须设置废水处理构筑物，直接排入厂外的城市污水管道中即可。

(1) 车间内部管道系统和设备：主要用于收集各生产设备排出的工业废水，并将其排送至车间外部的厂区管道系统中。

(2) 厂区管道系统：敷设在工厂内，用以收集并输送各车间排出的工业废水的管道系统。厂区工业废水的管道系统，可根据具体情况设置若干个独立的管道系统。

(3) 污水泵站及压力管道。

(4) 废水处理站：是回收和处理废水与污泥的场所。

在管道系统上，同样也设置检查井等附属构筑物。在接入城市排水管道前宜设置检测设施。

3) 雨水排水系统

(1) 建筑物的雨水管道系统和设备：主要是收集工业、公共或大型建筑的屋面雨水，并将其排入室外的雨水管渠系统中。

(2) 居住小区或工厂雨水管渠系统。

(3) 街道雨水管渠系统。

(4) 排洪沟。

(5) 出水口。

收集屋面的雨水用雨水斗或天沟，收集地面的雨水用雨水口。地面上的雨水经雨水口流入居住小区、厂区或街道的雨水管渠系统。雨水排水系统的室外管渠系统基本上和污水排水系统相同。同样，在雨水管渠系统也设有检查井等附属构筑物。雨水排水系统设计应充分考虑初期雨水的污染防治、内涝防治和雨水利用等设施。此外，因雨水径流较大，一般应尽量不设或少设雨水泵站，但在必要时也要设置，如上海、武汉等城市设置了雨水泵站用以抽升部分雨水。

合流制排水系统的组成与分流制相似，同样有室内排水设备、室外居住小区以及街道管道系统。住宅和公共建筑的生活污水经庭院或街坊管道流入街道管道系统。雨水经雨水口进入合流管道。在合流管道系统的截流干管处设有溢流井。

11.3.2 排水工程建设和设计的基本程序

1. 排水系统的基本建设程序

基本建设程序可归纳为下列几个阶段：

(1) 调查研究阶段：收集相关地质、水文、气象等基础资料，了解工程所在地的地形地貌、气候特点、降雨情况等。进行现场勘察，了解工程所在地的实际情况，包括地形、土壤条件、已有排水系统等。进行需求调研，了解工程所在地区的排水需求，包括雨水排放、污水处理等方面的需求。

(2) 规划设计阶段：根据调查研究结果，制定排水工程的总体规划方案，确定排水系统的范围、布局、主要设施等。开展初步设计，包括确定管道、泵站、雨水收集设施等的位置、规格和数量，以及设计排水系统的流量、水力特性等。进行环境影响评价和风险评估，考虑排水工程对周围环境和社会的影响，制定相应的环保措施和应急预案。

(3) 施工阶段：制定详细的施工图纸和技术规范，明确施工的具体要求和标准。编制施工组织设计和施工方案，包括施工进度计划、材料采购计划、施工队伍组织等。进行排水系统的土建和设备安装工作，包括管道铺设、泵站建设、雨水花园建设等。

（4）调试和验收阶段：进行设备调试和系统联调，确保排水系统的各项设备和功能正常运行。对排水系统进行验收检查，确保系统符合设计要求和相关标准。编制竣工资料，包括施工图纸、验收报告、操作维护手册等。完成工程交付程序，将排水系统交付给使用单位或管理部门。

（5）运行和维护阶段：对排水系统进行定期的运行检查和维护保养，确保系统的长期稳定运行。进行系统的监测和数据分析，及时发现和解决排水系统运行中的问题。

2. 排水系统规划设计原则

（1）应符合区域规划以及城镇和工业企业的总体规划，并应与城市和工业企业中其他单项工程建设密切配合，相互协调。如总体规划中设计规模、设计期限、建筑界限、功能分区布局等是排水规划设计的依据；如城镇和工业企业的道路规划、地下设施规划、竖向规划、人防工程规划等单项工程规划对排水设计规划都有影响，要从全局观点出发，合理解决，构成有机整体。

（2）应与邻近区域内的污水和污泥的处理和处置相协调。一个区域的污水系统，可能影响邻近区域，特别是影响下游区域的环境质量，故在确定规划区的处理水平的处置方案时，必须在较大区域内综合考虑。

根据排水规划，有几个区域同时或几乎同时修建时，应考虑合并起来处理和处置的可能性，即实现区域排水系统，因为它的经济效益可能更好，但施工期较长，实现较困难。但也要考虑污水再生利用的可能性，适度集中与分散。

（3）应处理好污染源治理与集中处理的关系。城镇污水应以点源治理和集中处理相结合，以城市集中处理为主的原则加以实施。

工业废水符合排入城市下水道标准的应直接排入城镇污水排水系统，与城镇污水一并处理。个别工厂和车间排放的有毒、有害物质的应进行局部除害处理，达到排入下水道标准后排入城镇污水排水系统。生产废水达到排放水体标准的可就近排入水体或雨水道。

（4）应充分考虑城镇污水再生利用的方案。城镇污水回用于工业用水是缺水城镇解决水资源短缺和水环境污染的可行之路。

（5）应与给水工程和城镇防洪相协调。雨水排水工程应与防洪工程协调，以节省总投资。

（6）应全面规划，按近期设计，考虑远期发展扩建的可能。并应根据使用要求和技术经济合理性等因素，对近期工程做出分期建设的安排，排水工程的建设费用很大，分期建设可以更好地节省初期投资，并能更快地发挥工程建设的作用。分期建设应首先建设最急需的工程设施，使它能尽早地服务于最迫切需要的地区和建筑物。

（7）应充分利用城镇和工业企业原有的排水工程。在进行改建和扩建时，应从实际出发，在满足环境保护的要求下，充分利用和发挥其效能，有计划、有步骤地加以改造，使其逐步达到完善和合理化。

3. 排水系统规划设计内容

（1）规划编制基本情况说明。规划编制基本情况一般指规划编制依据、规划范围和时限。

规划编制依据应包括城镇排水工程设计方面和城镇污水污染防治方面有关规范、规定和标准，以及国家有关水污染防治、城市排水的技术政策；应包括城镇总体规划、城镇道路、给水、环保、防洪、近期建设等方面的专项规划，以及流域水污染防治规划；还应包括城区排水现状资料及已通过可行性研究即将实施的排水工程单项设计资料。它们是编制城镇排水工程专项规划必不可少的技术条件。

城镇排水工程专项规划范围和时限则应与城镇总体规划一致和同步，通过对城镇排水工程专业规划的深化、优化和修正，更切实有效地为城镇总体规划的实施提供服务。

（2）规划区域概况。规划区域概况一般有城镇概况，城镇排水现状，城镇总体规划概况，城镇道路、排水、环保、给水、防洪、近期建设等专项规划概况，以及流域水污染防治规划概况等。

城镇概况应包含城市的自然地理及历史文化特点，城镇的地形、水系、水文、气象、地质、灾害等情况，从而获得对城市概貌的全面了解。

对于城市排水现状资料的收集和叙述应较城市排水工程专业规划阶段更为详尽和细致，为规划管道与现状管道的衔接或现状管道及设施的充分利用提供可用、可信、可靠的基本数据，这往往是城市排水工程专业规划中较为薄弱的地方。值得一提的是，现已通过可行性论证的、虽尚未兴建的各单项排水工程设计应纳入现状资料之中予以采用。

上述各类规划，特别是各专项规划资料是城镇排水工程专项规划与城镇排水工程专业规划的技术基础，它们将为城镇排水工程专项规划提供全面的技术支撑。例如道路工程专项规划可提供道路工程专业规划中没有的道路控制高程；环保专项规划将提供纳污水体环境容量参数、水污染排放控制总量指标及水污染综合整治体系规划；城镇防洪专项规划可提供区域防洪排涝技术标准和重要的水文控制参数。需要注意和把握的是，城镇排水工程专项规划与各不同规划的规划时限与范围的对应性、运用上的技术衔接及相互矛盾的协调。

（3）规划目标和原则。城镇排水设施不仅是城镇基础设施，而且是城镇水污染综合整治系统工程中的重要组成部分和基本手段。

城镇排水工程专项规划的基本目标应是以城镇总体规划和环保规划及其他规划为基础、依据和导引，建设排水体制适当、系统布局合理、处理规模适度的城镇污水处理系统，控制水污染，保护城镇集中饮用水源，维护水生态系统的良性循环，配置适宜的雨洪水收集排除系统，消除洪水灾害，创造良好的人居环境，从而促进城镇的持续健康发展。

城镇排水工程是城市基础设施的重要组成部分，它在一定程度上制约着城镇的发展和建设，同时又受到城镇经济条件、发展水平的制约。

城镇排水工程专项规划应遵循的一般原则是：①坚持保护环境和经济、社会发展相协调，坚持实事求是、量力而行、经济适用的原则；既考虑保护环境，消除水害的必要性，也兼顾经济实力的可行性，实行统一规划，突出重点，分期逐步解决城镇排水和污染问题。②遵循经济规律和生态规律，充分利用现有城镇排水设施和调蓄水体的功能，充分调动社会各方面的力量综合整治和控制水体污染。努力实现污水资源化和排水服务特许运营，推动城镇排水事业的持续发展。

（4）城镇排水量计算。城镇排水量计算包括污水量计算和雨水量计算两部分。

城镇污水量计算通常是建立在城镇需用水量预测基础之上，采用排放系数计算而得，城镇污水量计算的准确性和可靠性直接受制于城镇用水量计算的准确性和可靠性。

在城镇给水工程专业规划中，城镇用水量预测应采取多种方法分析和深入论证，如果缺乏城镇给水工程专项规划，或城镇给水工程专项规划，或未进行全面深入的论证，则在城镇排水工程专项规划中就应增补城镇用水量论证内容。污水量预测的准确性和可靠性直接关系到整个排污规划的准确性和可靠性，必须给予充分和应有的重视。

（5）排水体制与排水系统论证。排水体制与排水系统布局息息相关，不同的排水体制，污水收集处理方式不同，形成不同的排水管网系统。规划任务就是通过对不同排水体制或不同排水体制组合下不同排水系统在技术、经济、环境等方面的比较、论证，确定出规划采取的排水体制及相对应的排水系统。

（6）排水系统布局规划。根据城镇规划的发展方向、水系、地形特点，可把城镇排水系统分为若干子系统，由污水处理厂的布局决定了排水主干管的位置和走向及各子系统的服务范围、工程规模。

（7）近期建设规划。排水工程近期建设规划内容与城镇的近期建设规划密切相连，它既不能简单地把远期系统按时空分割，也不能仅考虑近远两个规划期，要有分期逐步实施的概念，尽量与工程建设的周期和程序相对接。近期规划中要特别注意对当前重大问题和主要矛盾的优先优序解决，或提供近期过渡措施及与远期的衔接方式、途径。

（8）投资估算。投资估算是提高工程规划质量的重要内容之一，城镇排水工程专项规划中应有投资估算内容，投资估算数据应成为后续规划与设计的一个重要的控制性参数。

投资估算一般依据《城市基础设施工程投资估算指标》和《给水排水工程概预算和经济评价手册》，以及新版的《给水排水设计手册》中的“技术经济”分册进行，得出的是静态的投资估算值，作为方案比较、近期控制以及后续单项工程项目建议书的参考依据。

（9）效益评价和风险评估。效益评价是对城市排水工程专项规划的一次系统全面的价值评估，也是方案比较及后续单项工程项目建议书的重要依据。效益评价主要是对社会效益、环境效益、经济效益三大项的综合分析，应由通常定性泛泛的评述向定量评价方向发展，推动排水系统的价值实现。

风险评估主要是分析遭遇技术、行政、财务，甚至道德的风险时，排水系统整体或其某个局部未能按时或保质保量建设完成发挥效用所带来的负面环境影响、社会影响及财务影响，提出须采取的最低限的保障措施，从而有力地推进排水工程规划的施行。

（10）规划实施。城镇排水规划是建立在城市总体规划基础之上的对城镇排水设施建设的一种宏观的指导，其具体实施和实现，还有赖于相关专业部门的配合和协调，还有待于下一阶段设计工作的深化和完善，为实现规划所提出的各项目标，要研究和提出一系列推动规划实施的对策和措施。

规划实施应研究和提出以下几点原则要求：①严格执行排水设施建设的审批程序，维护规划的严肃性和权威性；②与环保部门紧密配合和协调，协同一致、分工合作地开展城镇排水事业，为有序稳步发展奠定基础；③建立实施过程中排水系统地理信息库，为下一阶段规划或设计提供技术基础；④适时推出排水服务特许运营的政策，积极推行投资与资本多元化，为城市排水事业的永续发展提供政策支持；⑤深入探讨污水资源化的途径，一方面发掘固有的资源价值，另一方面为污水产业化和生态建设做出应有的贡献。

4. 排水规划的技术衔接

（1）加强排水规划与环保规划的技术衔接。水环境问题的解决既是城市排水规划的任务之一，也是城市环保规划的一项职责。研究水环境问题，进行排水工程规划时必须与环保规划紧密联系、互相协调。

加强排水规划与环保规划的技术衔接，需要注意五个关系。一是环保规划所确定的水体环境功能类型和混合区的划分，它将决定污水处理的等级和排放标准。二是环保规划所确定的纳污水体环境容量与污染物排放总量控制指标，它将定量地决定城市排污口污染排放负荷，进而决定污水处理的处理率和处理程度。三是环保规划所确定的城市水污染综合防治政策和措施，其中主要是工业污染防治政策和措施。四是环保规划所提出的污水处理率，它为排水规划中污水集中处理率的确定提供了重要的参考，需要相互沟通和配合。五是环保规划所采纳推荐或强制推行的适用污水处理技术，特别是小型分散的污水处理技术，为进行排水体制和排水系统的选择与组合提供了技术支撑和灵活性，它对于一定规划时期难以纳入城市污水集中处理系统的地区的污水处理和水污染控制意义重大。

（2）加强排水系统方案的风险评估与经济评价。传统的排水系统方案论证主要集中在技术与经济方面，环境方面虽有考虑，但较肤浅，环保专项规划提供技术支持，应提升环境影响分析与评价的深度，以增强规划方案选择的有效性和说服力。长期以来排水设施建设滞后于规划和计划的大量事实表明，必须充分注意到规划方案的可行性、实施的风险性，以及建设中的不可预见性，因此，在排水系统方案论证和排水系统规划措施中应增加对规划方案的风险评估。此外，在经济分析中，还应积极关注新的市场经济形势下排水设施投资开放与资本多元化的影响。

排水系统规划方案环境评价要从定性走向定量，用数据说话，要认真测算各不同排水系统方案的污染负荷，分析它们在区域环境容量总量和目标总量控制中的结构比例水平、变化幅度，对国家和区域环境建设目标的满足程度；对于重点地区，如采取分散就地处理的地区，还要进行环境敏感性评价；要努力使规划所提出的水污染控制方案更科学。

风险评估方面，要充分考虑到各方面、各层次的不利情况，以及其可能造成的各种影响，分析来自自然、技术、管理、财务、政策，甚至是道德的各类风险和干扰，特别是风险的最不利组合，分析其对排水系统整体或某个局部、排水系统实施的进程和时效所产生的不同程度的影响。这里主要是指对社会、环境、功能和效益、财务的影响，在此基础上，一方面设计和制定风险防范的政策和措施，另一方面对排水规划方案进行反思和调整，最终选取风险和阻力最小的方案和方向，确保规划的排水系统方案能真实有效、稳妥地逐步形成，实现规划目标。

11.3.3 城市雨水控制及综合利用

随着城镇化进程的加快，大量不透水面积的增加，使得城镇的降水入渗量大大减少，汇流时间缩短，雨洪峰值增加，导致城镇洪水危害加剧，内涝灾害频发；与此同时还导致雨水资源大量流失、雨水径流污染加重、地下水位下降、地面下沉和城镇生态环境恶化等多种环境危害。

我国是水资源严重短缺的国家，水资源的匮乏和水环境的严重污染，已成为制约我国经济社会发展的重要因素，对我国的可持续发展构成了直接的威胁。目前，全国有多个城市缺水，很多城市供水严重不足，不得不超采地下水和跨流域、跨地区引水，每年造成直接经济损失达数千亿元。

与此同时，城市雨水作为一种长期被忽视的经济而宝贵的水资源，一直未得到很好的利用，如果将雨水利用思想融入城市规划、水系统规划、环境规划及综合防灾等规划中，以生态示范区为借鉴，创新雨水利用规划理念，进一步完善雨水利用规划的法规、管理政策，尽可能将雨水利用规划由非传统规划改变为法定规划，引导社会认识雨水利用的重要性，加大相关研究和实践的投入，从法律、经济和教育等方面提供保障，创造适合我国雨水利用的技术和艺术，对未来城市健康、可持续的发展具有重要意义。

雨水资源利用将有效缓解水资源的短缺。以青岛为例，青岛是一个严重的缺水型沿海城市，由于水资源的紧张，开源节流势在必行。受温带季风气候和海洋性气候的影响，青岛雨量充沛，如果年降雨量的 10%产生径流，则年平均径流量为 1.98 亿 m^3，日均 54.2 万 m^3，这部分径流雨水若被收集利用，将有效缓解青岛水资源的短缺。

一方面，雨水资源的利用，可减少雨水工程投资及运行费用，有效避免城市洪涝灾害。随着城市化的快速发展，城市街道、住宅和大型建筑物使城市的不渗透水覆盖的面积不断增加，使得相同的降雨量，城市地区产生的径流量也迅速增加。另一方面，市区雨水管道不断完善和延伸及天然河道的改变，使雨水流向排水管网更为迅速，洪峰增大和峰现时间提前，径流过程线的形态与时间尺度都与城市发展以前显著不同，城市水文的这种变化，导致城市雨洪灾害问题日益严重。据统计，全国有 300 多座大中城市存在雨水排泄不畅，引起降雨积水而损失严重的问题。将雨水资源化，利用雨水渗透技术涵养地下水、通过收集处理回用，可以减小雨水径流负荷，减少雨水管道、泵站的设计流量等，从而不但减少了城市雨水管道和泵站的投资及运行费用，而且可避免暴雨时的洪涝灾害。

雨水资源的利用，可从源头上控制径流雨水对水环境的污染。对径流雨水水质特性的调查分析表明，初期径流雨水直接排入水体后会对水体产生严重污染，针对水域狭小、扩散缓慢的情况以及目前水质较差的问题需要采取措施来彻底改善。同时通过有效利用雨水资源，可以从源头上控制径流雨水对环境造成的污染。

雨水资源的利用可有效防止地面沉降和海水倒灌。一方面，由于城市化速度加快，城市建筑群增加，下垫面硬质化，排水管网化，降雨发生再分配，原本渗入地下的部分雨水大部分转为地表径流排出，造成城市地下水大幅度减少。另一方面，由于地表水受到越来越严重的污染，人们转向无计划无节制地开采地下水。渗透量的减少与过度开采，导致地下水位下降，地面不断沉降。目前，全国每年超采地下水 80 多亿 m^3，形成了 56 个漏斗区，面积达 8.7 万 km^3，漏斗最深处达 100m，并且 80%的地面沉降分布在沿海地区。由于地面沉降，造成城市重力排污失效；地区防洪、防汛效能降低；城市建设和维护费用剧增；管道、铁路断裂、建筑物开裂，威胁城市建筑的安全；地面高程失真影响防洪、防汛调度，危及城市规划，造成决策失误等。

1. 城镇雨水利用系统规划原则

（1）雨水利用要与城市给水工程、污水工程、环境保护、道路交通、管线综合、水系、防洪等专业规划相协调。结合地形条件和环境要求统一规划排水系统和蓄水设施，充分发挥排水系统的社会效益、经济效益和环境效益。

（2）积极规划建设雨水收集利用系统，将雨水利用与雨水径流污染控制、城市防洪、生态环境的改善相结合，坚持技术和非技术措施并重，因地制宜，兼顾经济效益、环境效益和社会效益。如对城市区域的建筑物、硬铺装、绿地等的面积和用途进行划分，根据集雨区域的不同，分别进行雨水的收集。

（3）在保障雨水排出安全的基础上，开展雨水资源化利用，雨水宜分散收集并就近利用。对初期雨水径流可按照不同的用水等级分别进行简单处理。

2. 城镇雨水利用系统规划目标

雨水利用规划应结合城镇建设，城镇绿化和生态建设，雨水渗蓄工程、防洪工程建设，广泛采用透水铺装、绿地渗蓄、修建蓄水池等措施，在满足防洪要求的前提下，最大限度地将雨水就地截流、利用或补给地下水，增加水源地的供水量；结合城市雨水排放流域，分别提出近期和远期目标，充分利用雨水资源。

3. 城市雨水利用规划方法

（1）对城市区域的地质和地理条件进行勘察，应严格保护绿地面积，并采取有利于雨水截流的竖向设计，将贮留池设置在易于集蓄雨水的地方，如保留或设置有调蓄能力的水面、湿地。

（2）新区或新城建设要采取有效措施，争取使雨水截流量达到甚至超过现状的截流量。进行城市区域水环境、用水量分析，将调蓄池设置在需要改善水环境及用水量较多区域。

（3）对城市区域的建筑物、硬铺盖、绿地等的面积和用途进行划分。根据集雨区域的不同，分别进行雨水的收集。切实采取措施减少不透水面积。在新建的人行道、停车场、公园、广场中，地面铺装应采用透水性良好的材料；必须采用不透水铺装的地段，要尽量设置截流渗透设施，减少雨水外排量。

（4）绿地等可因地制宜，绿地设置在大型建筑物周围，利用建筑物的排雨管排出的雨水直接浇洒。在公共绿地、小区绿地内及公共供水系统难以提供消防用水的地段，宜设置定容量的雨水采集系统。

（5）对于初期雨水径流进行简单的处理，可按照不同的用水等级分别进行处理。

4. 雨水利用总体规划基本内容

城镇雨水利用应进行系统规划，把整个城镇当作研究对象，采取的方法是先进行产汇流计算，然后进行网格划分，每个网格可概化为点源，整个系统则成为一个网格系统。网格主要是根据城镇的水文和城镇的地理信息来划分的，主要由流域的分水线构成。

（1）了解并掌握区域概况，包括当地的降雨特性、流域汇流特性、水文地质条件、土地利用现状等。

（2）结合城市密度分区，划定雨水利用分区。

（3）针对土地利用类型，实施分类分级指引；规划设计指引可分为公园、道路、广场、公建、住宅小区、旧村等多种类型，并应综合考虑实施主体、经济成本等因素，因地制宜地选择雨水利用方式；可参考低冲击开发模式。

（4）确定雨水调蓄设施规模。

（5）规划雨水利用工程。

（6）效益分析，如设施截留降雨能力、雨水净化能力等。

11.3.4　城市可持续排水系统

城市可持续排水系统是指在城市规划和建设过程中，通过合理规划和科学设计，将雨水和污水进行有效管理和处理，实现水资源的最大化利用和循环利用，减少对环境的负面影响，从而实现城市水资源的可持续发展。城市可持续排水系统的核心理念是“源头控制、集中处理、分级利用、循环利用”，其目标是实现雨水和污水的分流管理、资源化利用和环境友好排放。

城市可持续排水系统主要由以下几个部分构成：

（1）分流与分级是城市可持续排水系统的基础。通过对城市排水进行分流和分级，可以将不同性质和用途的废水进行分类处理，以实现废水的最优化利用和处理。分流与分级的原则包括源头减排、适度集中、分级处理、资源化利用等。

（2）蓄水池是城市可持续排水系统的重要组成部分。蓄水池可以收集和储存雨水，以应对城市洪涝。同时，蓄水池还可以作为景观水体，增加城市的绿化面积和生态效益。蓄水池的设计和管理需要考虑到水质净化、水量控制、景观效果等因素。

（3）绿色屋顶是一种通过在建筑物屋顶上种植植物，以实现城市绿化和水资源管理的技术。绿色屋顶通过植物的吸收和蒸腾作用，减少城市的热岛效应和雨水径流，提高城市的生态效益。绿色屋顶的设计和管理需要考虑到植物选择、土壤质量、排水系统等因素。

（4）雨水花园是一种通过在城市道路、公园、广场等地方设置雨水花园，以收集和利用雨水的技术。雨水花园可以起到雨水滞留、净化和利用的作用，同时还可以增加城市的绿化面积和景观效果。雨水花园的设计和管理需要考虑到花园类型、植物选择、土壤质量、排水系统等因素。

（5）湿地处理是一种通过人工模拟自然湿地，以实现废水的净化和资源化利用的技术。湿地处理可以起到去除污染物、提高水质和生态效益的作用，同时还可以增加城市的绿化面积和提升景观效果。湿地处理的设计和管理需要考虑到湿地类型、植物选择、水质要求等因素。

城市可持续排水系统的优点包括提高水资源的利用效率、减少污染物的排放、改善城市生态环境、增加城市绿化面积、减轻城市洪涝压力等。城市可持续排水系统也面临一些挑战。城市可持续排水系统涉及多个领域的技术和工程，需要解决水质净化、水资源利用、管网设计等问题。城市可持续排水系统的建设和运营需要大量的资金和人力资源，同时也需要有效的管理和监管机制。城市可持续排水系统需要公众的支持和参与，但往往存在公众对新技术和新设施的抵触情绪和不理解。

城市可持续排水系统是实现城市可持续发展的重要组成部分。通过采用分流与分级的理念，结合各种技术和措施，可以实现水资源的节约和循环利用，改善城市的水环境和生态环境。政府和城市规划者应重视城市可持续排水系统的建设和管理，促进其在城市化进程中的广泛应用。

低影响开发（Low Impact Development，LID）是一种综合性的城市规划和设计理念，旨在最大限度地减少对环境的不良影响，包括水资源管理、土地利用、生态系统保护等方面。LID 强调通过合理的城市设计和建设来保护自然环境、改善水质、降低洪水风险、提高生活质量，是可持续城市发展的重要组成部分。

(1) 蓄滞洪与雨水回收系统的设计与创新案例。

鹿特丹 Benthemplein 水广场项目由荷兰本土的设计机构 De Urbanisten 设计。自 2013 年建成并投入使用以来，水广场在国际上广受好评。该项目广泛应用了包括屋顶雨水收集系统、地表和地下雨水滞留池、初期雨水过滤净化设施和地面雨水导流渠等多项雨水处理设施，并将其与景观和活动场地巧妙结合，辅以绿化植被，形成了一处景观独特、功能多样、富有吸引力的城市空间。水广场建成后发挥了重要的作用：在无雨天气作为公共广场和运动场供公众使用；降雨时汇流并存蓄雨水，减轻雨水管网压力，有效缓解城市内涝。

美国威斯康星州密尔沃基市自 2001 年以来，改变政策开始征购未开发的洪涝多发土地。这些土地价格低廉，多为低洼地、坑塘湿地、林地和开放草场，是连接自然河湖水系与灰色雨洪设施的天然“绿色海绵”。该市称其为“绿色纽带计划”。截至 2013 年，“绿色纽带计划”已经征地将近 10 km^2，改建成雨水或湿地公园，林地、草场等自然保护区，发挥了自然净化、生态保护、蓄滞洪水，防止下游洪涝，保护自然资源等功能。2003 年以来，该市逐步采取源头和街区 LID 措施。截至 2013 年，共建绿色屋顶 40000m^2；出售雨水收集罐 18000 多个，总储水量超过 3000m^3；雨水花坛 2500m^2；生态过滤沟 350000m^2；透水铺面 6100m^2 以及其他绿色设施。该市计划在 2035 年实现将 13 mm 的初雨控制在源头与街区的 LID 设施，总雨量约为 2.67×10^6 m^3，是深邃蓄水量的 142%。

加拿大多伦多市的舍博恩公园位于安大略湖畔，占地面积约 14230m^2 的舍博恩公园建于一片约 8km^2 的工业废弃场地上，是多伦多市复兴这片废弃场地项目的一部分。由于地势低洼，雨季时附近城区合流管网溢流的污水通常集积在这里，在美丽的安大略湖畔形成一条污水滩地。设计人员综合考虑城市建设、景观设计、住房开发和公共设施，将污水处理与景观建筑，工程和公共艺术融为一体，修建了世界上第一个融污水处理于城市园林中的艺术奇观。该公园的地下修建了雨污蓄滞沉积净化设施。地面径流由排水管网收集后排入地下沉积设施，进行固体悬浮质沉淀。澄清的水输送到设置于一座公共亭台地下室的紫外线（UV）水处理设施。经过 UV 净化的水再由水泵抽送到公园中最醒目的三个 9m 高的雕塑。从雕塑的顶端，雨水呈水帘瀑布状流入下面的生化过滤池，然后经一条渠道流入安大略湖。

(2) 生态修复与城市绿色基础设施的整合。

绿色基础设施可以定义为规划和未规划的绿色空间网络，跨越公共和私人领域，并作为一个综合系统进行管理。绿色基础设施包括残余的原生植被、公园、私人花园、高尔夫球场、行道树和更多工程选项，如绿色屋顶、绿色墙壁、生物过滤器和雨水花园等。而生态修复是指通过人为干预和管理措施，恢复和重建受到破坏的生态系统，以实现生态系统的功能和结构的恢复和稳定。生态修复的目的是减轻或消除人类活动对自然环境造成的破坏，保护和维护生物多样性，促进生态系统的可持续发展和健康状态。

生态修复和城市绿色基础设施的整合可以有效改善城市的生态环境质量，包括改善空气质量、净化水体、增加绿色植被覆盖、降低城市热岛效应等，还为城市内的植物和动物提供生存空间，促进城市内的生物多样性保护和增加。通过湿地恢复、河流修复等手段改善城市水资源的管理和利用，以及减少城市内的自然灾害风险，提高城市的抗灾能力，而城市绿色基础设施则可以通过雨水收集、湿地过滤等方式改善城市水资源的利用效率，减少水资源的浪费和污染。减缓气候变化影响，可以通过改善居民的生活质量、增加城市的生态景观价值等方式，有助于提升城市的整体可持续发展水平。

湿地型绿色基础设施与城市绿地系统相连通，成为城市绿色空间体系的重要组成部分。将城市湿地与河流、湖泊、森林等自然斑块相互连接，构成完善的绿色基础设施体系，可以极大地提高城市生态系统的稳定性与综合生态服务能力。随着 2012 年海珠湿地的保护建设，湿地环境不断改善，水质逐步从Ⅴ类提升为Ⅲ～Ⅳ类。动植物等生物多样性逐渐恢复，来海珠湿地越冬的候鸟种类和数量明显增加。海珠湿地作为特大城市中心城区的绿色基础设施，具备如此丰富的生物多样性，已是世界罕见。海珠湿地的功能不仅仅局限为一块城市绿地，更为市民提供了优化水文过程、净化空气质量、户外休闲健身和青少年科普教育等多元复合的功能与价值。

宁波 3.3km 生态廊道主要的补充水来源是雨水，因而雨水的采集与净化是工程的重要环节。通过集成屋面雨水收集、植被过滤净化、可渗透材料铺装、道路径流收集与过滤、生态沟与雨水花园、雨洪调蓄大容量储水等具体措施进行综合雨水管理。通过前期的地形塑造和径流引导设计，多层次的雨水过滤净化流程根据高程依次排布，使整个区域都参与到雨水净化的过程中，在每个环节都能起到对前工业用地生态恢复、水系统平衡恢复的作用。

思考题

（1）城市人口增长和工业化对城市给水排水系统的影响是什么？

（2）在城市规划中，如何将给水排水系统与其他基础设施协调整合，以实现高效的城市运行？

（3）如何平衡城市发展和环境保护之间的关系，确保给水排水工程的可持续发展？

（4）给水系统的任务是什么？

（5）给水系统的布置形式有什么？

（6）给水系统的组成部分有哪些？

第 12 章　装配式建筑

12.1　概述

12.1.1　产生背景

20 世纪以来，我国的建筑产业逐年发展，实现了由量到质的伟大跨越。随着新世纪的到来，国民经济飞速增长，人民生活质量快速提高也带来了以前从未出现的问题，比如土地使用成本变高、人工维护成本增加等。国家全行业的变革创新也意味着建筑行业即将迎来巨大改变。原来的以现浇为主的传统房屋建造方式已不再满足人们的需要，现在需要的是生产效率更高、施工过程流畅、建设周期短、损耗量小且绿色环保的新的建造方式。这些需求所应运而生的就是装配式建筑，它使得施工更加快捷方便，能够更好地贯彻绿色能源建筑的核心要义，也是现代社会中不可或缺的重要手段。

12.1.2　装配式建筑的概念

根据国家标准《装配式混凝土建筑技术标准》GB/T 51231—2016 的定义，装配式建筑是结构系统、外围护系统、设备与管线系统、内装系统的主要部分采用预制部品部件集成的建筑。

装配式混凝土建筑的结构系统由混凝土部件（预制构件）构成。装配式混凝土结构分为装配整体式混凝土结构和全装配混凝土结构：

（1）装配整体式混凝土结构。装配整体式混凝土结构是指由预制混凝土构件通过可靠的方式进行连接并与现场后浇混凝土、水泥基灌浆料形成整体的装配式混凝土结构。装配整体式混凝土结构采用湿连接节点，又称装配整体式节点，是指预制梁、柱或 T 形构件在连接部位利用钢筋、型钢连接或锚固，同时通过在预制构件连接部位后浇混凝土形成整体骨架的连接方式。后浇部位根据设计主要集中于梁柱节点区域或梁跨中。这种节点具有较好的整体性和抗震性。装配整体式混凝土框架结构是指全部或部分框架梁、柱采用预制构件完成建造，简称“装配整体式框架结构”。

（2）全装配混凝土结构。全装配混凝土结构是指所有的构件都在工厂内预制完成，然后通过运输到现场进行装配、连接和固定，最终形成完整的混凝土结构。预制钢筋混凝土柱单层工业厂房常采用全装配混凝土结构。

12.1.3　装配式建筑的分类

（1）按结构材料分类，包括装配式钢结构建筑、装配式混凝土结构建筑、装配式木结构建筑和装配式钢混建筑等。

（2）按建筑高度分类，分为低层装配式建筑、多层装配式建筑、高层装配式建筑和超高层装配式建筑。

（3）按结构体系分类，包括装配整体式框架结构、装配整体式剪力墙结构、装配整体式框架—现浇剪力墙结构、装配整体式框架—现浇核心筒结构和装配整体式部分框支剪力墙结构等。

（4）按装配率分类，装配式建筑评价等级应划分为 A 级、AA 级、AAA 级，装配率为 60%～75%时，评价为 A 级装配式建筑；装配率为 76%～90%时，评价为 AA 级装配式建筑；装配率为 91%及以上时，评价为 AAA 级装配式建筑。

12.2　板

12.2.1　叠合板

预制板顶部在现场后浇混凝土而形成的整体受弯构件称为叠合板。根据预制底板和其上部桁架或肋的类别不同，叠合板主要分为桁架钢筋混凝土叠合板、钢筋桁架楼承板、预应力混凝土平板叠合板、PK 预应力混凝土叠合板、钢股板预应力混凝土叠合板等。与现浇楼板相比，叠合板不需要施工现场支模、绑扎下部钢筋等工序，节省材料、缩短工期、绿色环保，符合国家对装配式建筑的发展要求；与预制空心楼板相比，叠合板的整体性和抗震性能要好，无渗漏及开裂等问题，满足安全性及使用性的功能要求。

1. 钢筋桁架楼承板

以钢筋为上弦、下弦及腹杆，通过电阻点焊连接而成的桁架称为钢筋桁架。钢筋桁架与底板通过电阻点焊连接成整体的组合承重板称为钢筋桁架楼承板（图 12-1）。优点：实现了机械化生产，有利于钢筋排列间距均匀、混凝土保护层厚度一致，提高了楼板的施工质量。装配式钢筋桁架楼承板可显著减少现场钢筋绑扎工程量，加快施工进度，提高施工

图 12-1　钢筋桁架楼承板

安全保证，实现文明施工。装配式模板和连接件拆装方便，可多次重复利用，节约钢材，符合国家节能环保的要求。钢构自主研发的产品配套自动化生产设备，大大提高了劳动生产率，有效降低了产品成本。缺点：运输容易损坏。

2. 桁架钢筋混凝土叠合板

桁架钢筋混凝土叠合板是指将钢筋桁架（图 12-2、图 12-3）与混凝土底板浇筑一体形成预制部分，现场安装完成后，再浇筑叠合层混凝土形成整体受力的叠合楼板（图 12-4）。本节主要讨论桁架钢筋混凝土叠合板。

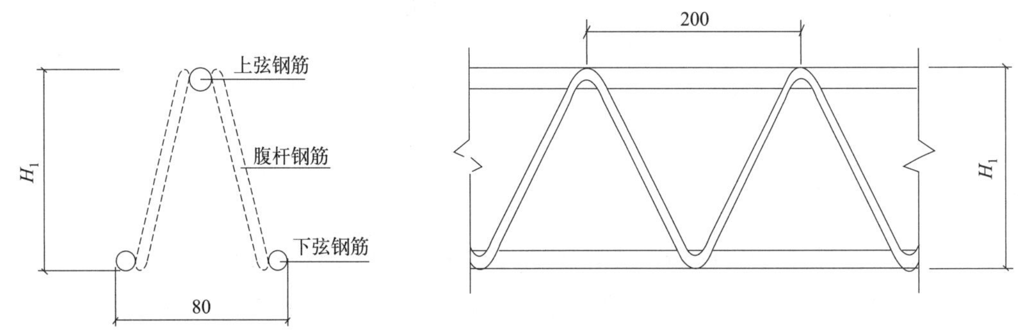

图 12-2 钢筋桁架剖面图

图 12-3 钢筋桁架立面图

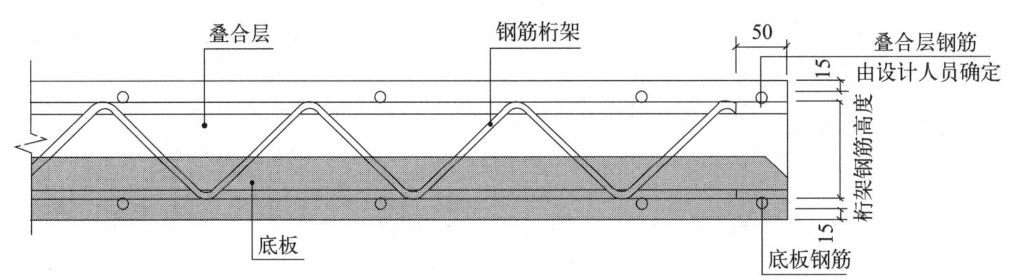

图 12-4 桁架钢筋混凝土叠合板剖面图

桁架钢筋混凝土叠合板分为单向板和双向板（图 12-5、图 12-6），研究和实践表明，其力学性能和同厚度的现浇楼板相近。

图 12-5 桁架钢筋混凝土叠合单向板

图 12-6 桁架钢筋混凝土叠合双向板

欧洲等一些发达国家的叠合板都是单向板，四边都不出钢筋。与出筋的叠合板相比，不出筋的叠合板模具消耗量可以降低，模具开孔的人工费可以避免，开孔后的堵孔器具费可以避免，钢筋加工可以实现全自动化，混凝土浇筑过程中的漏浆可以得到有效缓解，减少混凝土浪费；现场施工效率大幅提高，平均吊装一块板的时间，按出筋 20min、不出筋 15min 左右估算，工效提高约 25%，极大地提高了装配式建筑的工业化和自动化效率。

12.2.2　构造要求

装配整体式结构的楼盖宜采用叠合楼盖。

叠合板应按国家标准《混凝土结构设计标准》GB/T 50010—2010 进行设计。叠合板的预制板厚度不宜小于 60mm，后浇混凝土叠合层厚度不应小于 60mm（《桁架钢筋混凝土叠合板（60mm 厚度板）》15G366—1 图集中后浇混凝土叠合层厚度最小为 70mm，便于电气管线施工）；当叠合板的预制板采用空心板时，板端空腔应封堵。跨度大于 3m 的叠合板，宜采用桁架钢筋混凝土叠合板；跨度大于 6m 的叠合板，宜采用预应力混凝土预制板。板厚大于 180mm 的叠合板，宜采用混凝土空心板。

预制板与后浇混凝土叠合层之间的结合面应设置粗糙面。粗糙面的面积不宜小于结合面的 80%，预制板的粗糙面凹凸深度不应小于 4mm，以保证叠合面具有较强的粘结力，使两部分混凝土共同有效地工作。

1）叠合板支座处的受力钢筋应符合下列规定

（1）板端支座处，预制板内的纵向受力钢筋宜从板端伸出并锚入支撑梁或墙的后浇混凝土中，锚固长度不应小于 $5d$（d 为纵向受力钢筋直径），且宜伸过支座中心线（图 12-7）。

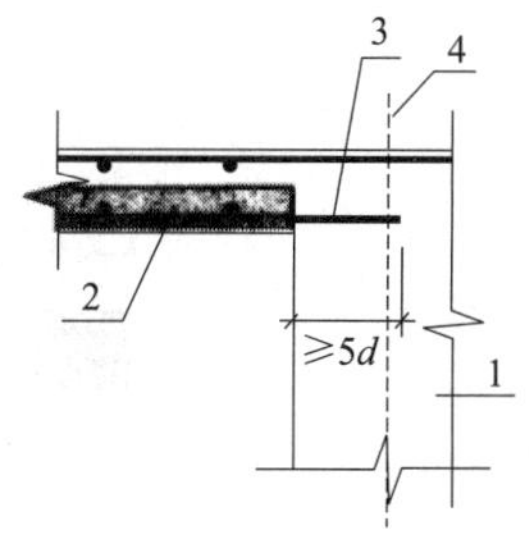

图 12-7　板端支座

1—支撑梁或墙；2—预制板；
3—纵向受力钢筋；4—支座中心线

（2）单向叠合板的板侧支座处，当板底分布钢筋不伸入支座时，宜在紧邻预制板顶面的后浇混凝土叠合层中设置附加钢筋，附加钢筋截面积不宜小于预制板内的同向分布钢筋面积，间距不宜大于 600mm，在板的后浇混凝土叠合层内锚固长度不应小于 $15d$，在支座内锚固长度不应小于 $15d$（d 为附加钢筋直径），且宜伸过支座中心线（图 12-8）。

2）单向叠合板板侧的分离式接缝宜配置附加钢筋（图 12-9），并应符合下列规定

（1）接缝处紧邻预制板顶面宜设置垂直于板缝的附加钢筋，附加钢筋伸入两侧后浇混凝土叠合层的锚固长度不应小于 $15d$（d 为附加钢筋直径）。

（2）附加钢筋截面积不宜小于预制板中该方向钢筋面积，钢筋直径不宜小于 6mm、间距不宜大于 250mm。

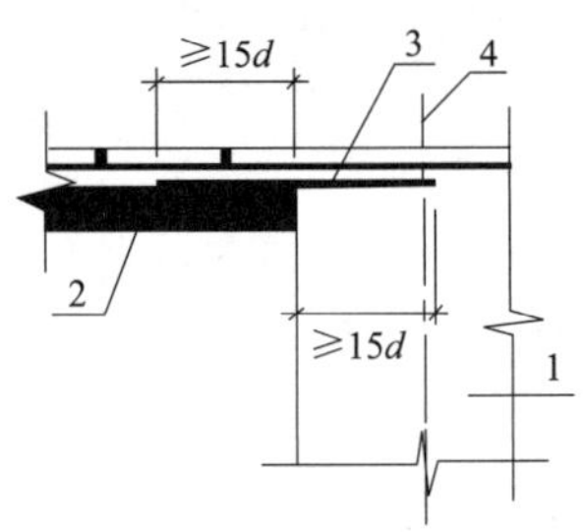

图 12-8 板侧支座

1—支撑梁或墙；2—预制板；

3—附加钢筋；4—支座中心线

3）双向叠合板板侧的整体式接缝宜设置在叠合板的次要受力方向上，且宜避开最大弯矩截面。接缝可采用后浇带形式，并应符合下列规定

（1）后浇带宽度不宜小于 200mm。

（2）后浇带两侧板底纵向受力钢筋可在后浇带中焊接、搭接连接、弯折锚固。

（3）当后浇带两侧板底纵向受力钢筋在后浇带中弯折锚固时（图 12-10），叠合板厚度不应小于 10d，且不应小于 120mm（d 为弯折钢筋直径的较大值）；接缝处预制板侧伸出的纵向受力钢筋应在后浇混凝土叠合层内锚固，且锚固长度不应小于 l_a（l_a 为锚杆长度）；两侧钢筋在接缝处重叠的长度不应小于 10d，钢筋弯折角度不应大于 30°，弯折处沿接缝方向应配置不少于 2 根通长构造钢筋，且直径不应小于该方向预制板内钢筋直径。

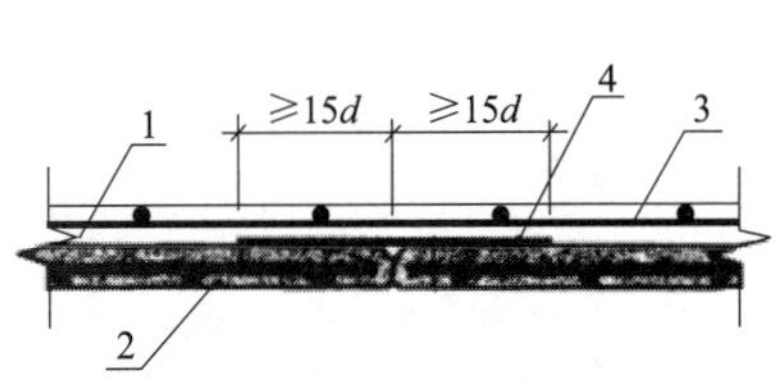

图 12-9 单向叠合板板侧的分离式接缝构造示意图

1—后浇混凝土叠合层；2—预制板；

3—后浇层内钢筋；4—附加钢筋

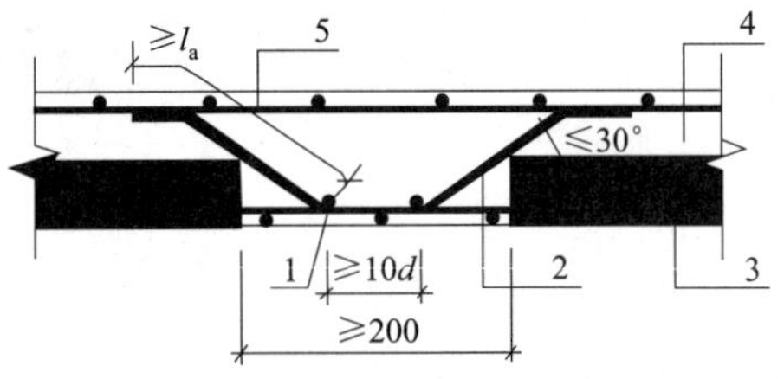

图 12-10 双向叠合板整体式接缝构造示意图

1—通长构造钢筋；2—纵向受力钢筋；3—预制板；

4—后浇混凝土叠合层；5—后浇层内钢筋

4）桁架钢筋混凝土叠合板应满足下列要求

（1）桁架钢筋应沿主要受力方向布置。

（2）桁架钢筋距板边不应大于 300mm，间距不宜大于 600mn。

（3）桁架钢筋弦杆钢筋直径不宜小于 8mm，腹杆钢筋直径不应小于 4mm。

（4）桁架钢筋弦杆混凝土保护层厚度不应小于 15mm。

12.2.3 桁架钢筋混凝土叠合板表示方法

桁架钢筋混凝土叠合板分为单向叠合板和双向叠合板，底板厚度均为 60mm，后浇混凝土叠合层厚度分为 70mm、80mm、90mm 三种。

1. 双向叠合板用底板编号

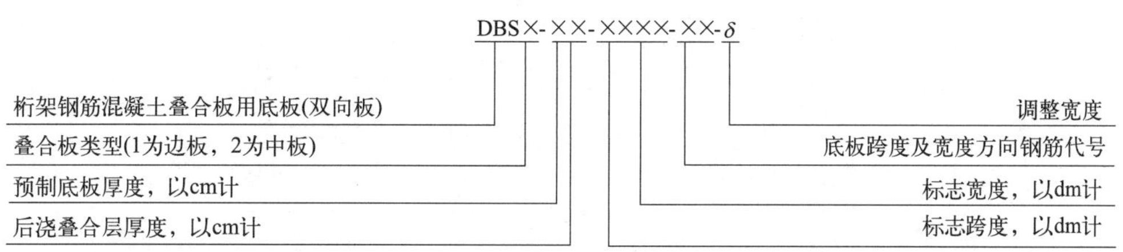

例：底板编号 DBS1-67-3012-43，表示双向受力叠合板用底板，拼装位置为边板，预制底板厚度为 60mm，后浇叠合层厚度为 70mm，预制底板的标志跨度为 3000mm，预制底板的标志宽度为 1200mm，底板跨度方向配筋为Φ10@150，底板宽度方向配筋为Φ8@100。

底板编号 DBS2-67-3318-32，表示双向受力叠合板用底板，拼装位置为中板，预制底板厚度为 60mm，后浇叠合层厚度为 70mm，预制底板的标志跨度为 3300mm，预制底板的标志宽度为 1800mn，底板跨度方向配筋为Φ10@200，底板宽度方向配筋为Φ8@150。双向叠合板用底板钢筋代号如表 12-1 所示。

双向叠合板底板跨度、宽度方向钢筋代号组合表　　**表 12-1**

跨度方向钢筋 / 编号 / 宽度方向钢筋	Φ8@200	Φ8@150	Φ10@200	Φ10@150
Φ8@200	11	21	31	41
Φ8@150	—	22	32	42
Φ8@100	—	—	—	43

2. 单向叠合板用底板编号

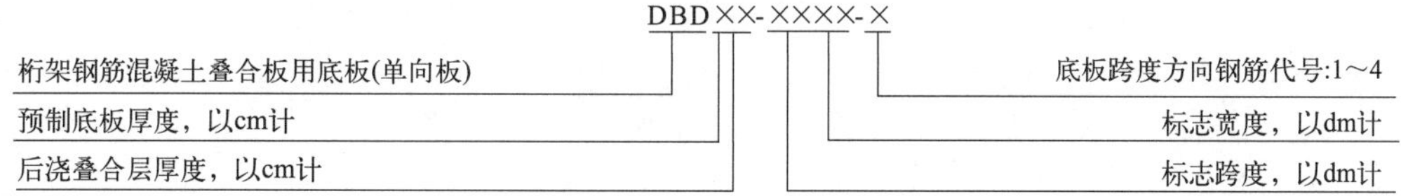

例：底板编号 DBD67-3318-2，表示为单向受力叠合板用底板，预制底板厚度为 60mm，后浇叠含层厚度为 70mm，预制底板的标志跨度为 3300mm，预制底板的标志宽度为 1800mm，底板跨度方向配筋为Φ8@150。单向叠合板用底板钢筋代号如表 12-2 所示。

单向叠合板底板钢筋代号表　　**表 12-2**

代号	1	2	3	4
受力钢筋规格及间距	Φ8@200	Φ8@150	Φ10@200	Φ10@150
分布钢筋规格及间距	Φ6@200	Φ6@200	Φ6@200	Φ6@200

某住宅楼叠合底板局部布置图如图 12-11 所示。

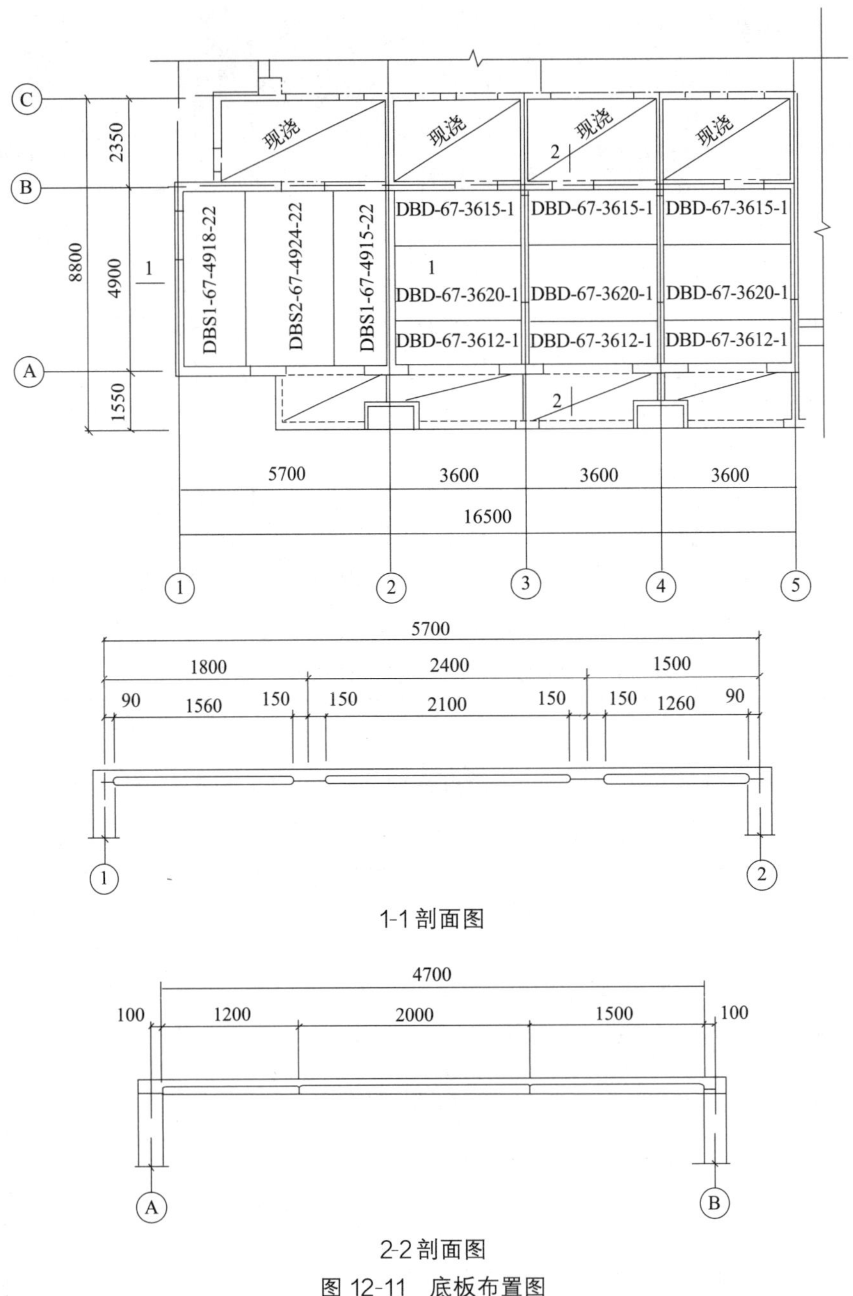

1-1 剖面图

2-2 剖面图

图 12-11　底板布置图

12.3　梁

12.3.1　叠合梁

预制混凝土梁在现场后浇混凝土而形成的整体受弯构件称为叠合梁（图 12-12）。叠合梁的预制部分是在工厂内通过模具将梁内底筋、箍筋与混凝土浇筑成型，并预留连接节点，在施工现场绑扎梁上部钢筋与叠合板浇筑成整体。采用叠合梁时，楼板一般采用叠合板，梁、板的后浇层一起浇筑。当板的总厚度不小于梁的后浇层厚度要求时，可采用矩形截面预制梁。当板的总厚度小于梁的后浇层厚度要求时，为增加梁的后浇层厚度，可采用凹口形截面预制梁。某些情况下，为施工方便，预制梁也可采用其他截面形式，如倒 T 形截面或者传统的花篮梁的形式等。

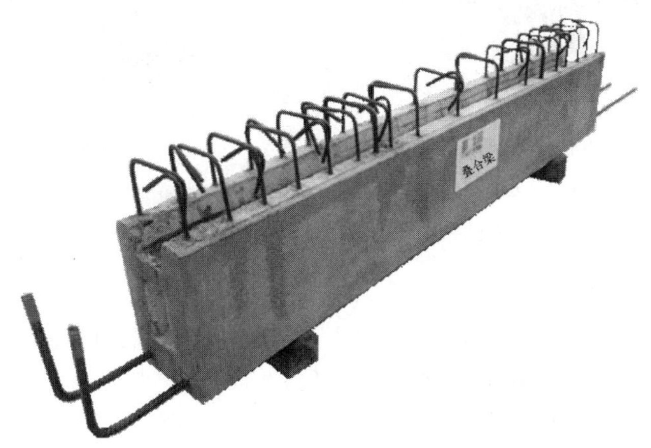

图 12-12　叠合梁预制混凝土梁

12.3.2　构造要求

1. 叠合梁截面构造要求

预制梁与后浇混凝土、灌浆料、坐浆材料的结合面应设置粗糙面，预制梁端面应设置键槽（图 12-13），可以有效提高叠合梁的整体性能。预制梁端的粗糙面凹凸深度不应小于 6mm，键槽尺寸和数量应按现行《装配式混凝土结构技术规程》JGJ 1—2014 计算确定。键槽的深度不宜小于 30mm，宽度不宜小于深度的 3 倍且不宜大于深度的 10 倍，键槽可贯通截面，当不贯通截面时槽口距离截面边缘不宜小于 50mm，键槽间距宜等于键槽宽度，键槽端部斜面倾角不宜大于 30°，粗糙面的面积不宜小于结合面的 80%。

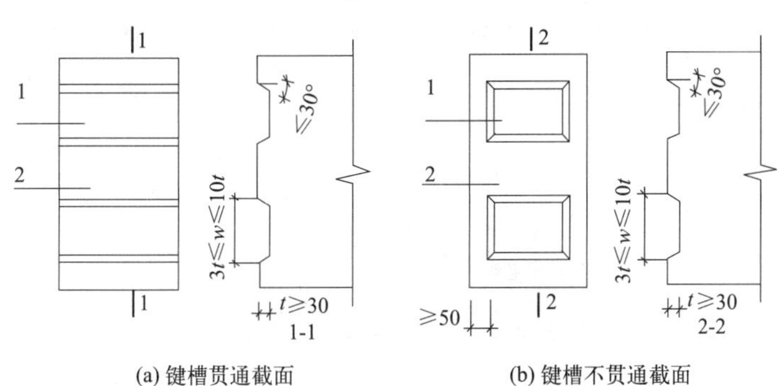

图 12-13　梁端键槽构造示意图

1—键槽；2—梁端面

装配整体式框架结构中，当采用叠合梁时，框架梁的后浇混凝土叠合层厚度不宜小于

150mm［图 12-14（a）］，次梁的后浇混凝土叠合层厚度不宜小于 120mm；当采用凹口截面预制梁时［图 12-14（b）］，凹口深度不宜小于 50mm，凹口边厚度不宜小于 60mm。

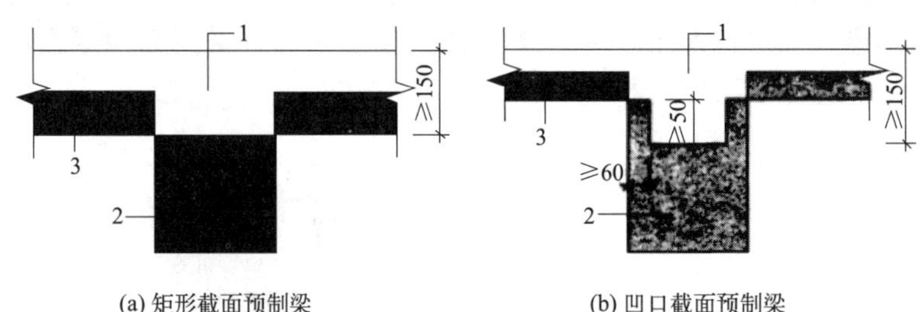

图 12-14 叠合框架梁截面示意图

1—后浇混凝土叠合层；2—预制梁；3—预制板

2. 叠合梁的箍筋配置要求

抗震等级为一、二级的叠合框架梁的梁端箍筋加密区宜采用整体封闭箍筋［图 12-15（a）］；采用组合封闭箍筋的形式［图 12-15（b）］时，开口箍筋上方应做成 135°弯钩；非抗震设计时，弯钩端头平直段长度不应小于 $5d$（d 为箍筋直径）；抗震设计时，平直段长度不应小于 $10d$。现场应采用箍筋帽封闭开口箍，箍筋帽末端应做成 135°弯钩；非抗震设计时，弯钩端头平直段长度不应小于 $5d$；抗震设计时，平直段长度不应小于 $10d$。

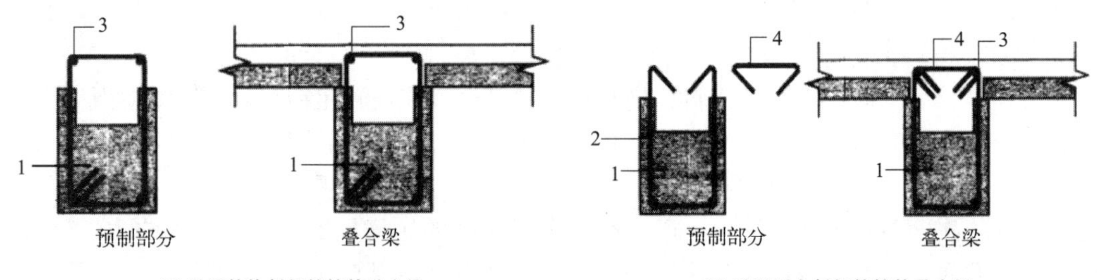

图 12-15 叠合梁箍筋构造示意图

1—预制梁；2—开口箍筋；3—上部纵向钢筋；4—箍筋帽

3. 叠合梁对接（图 12-16）

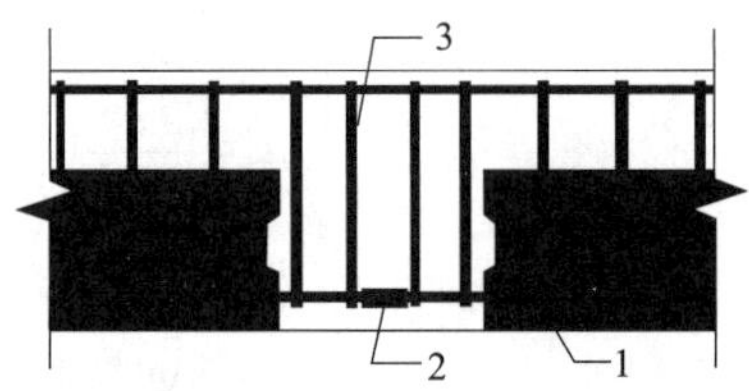

图 12-16 叠合梁连接节点示意图

1—预制梁；2—钢筋连接接头；3—后浇段

（1）连接处应设置后浇段，后浇段的长度应满足梁下部纵向钢筋连接作业的空间需求。

（2）梁下部纵向钢筋在后浇段内宜采用机械连接、套筒灌浆连接或焊接连接。

（3）后浇段内的箍筋应加密，箍筋间距不应大于 $5d$（d 为纵向钢筋直径），且不应大于 100mm。

4. 主梁与次梁采用后浇段连接

（1）在端部节点处，次梁下部纵向钢筋伸入主梁后浇段内的长度不应小于 $12d$（d 为纵向钢筋直径）。次梁上部纵向钢筋应在主梁后浇段内锚固。当采用弯折锚固［图 12-17（a）］或锚固板时，锚固直段长度不应小于 $0.6l_{ab}$（l_{ab} 为基本锚固长度）；当钢筋应力不大于钢筋强度设计值的 50%时，锚固直段长度不应小于 $0.35l_{ab}$；弯折锚固的弯折后直段长度不应小于 $12d$。

（2）在中间节点处，两侧次梁的下部纵向钢筋伸入主梁后浇段内长度不应小于 $12d$（d 为纵向钢筋直径）；次梁上部纵向钢筋应在现浇层内贯通［图 12-17（b）］。

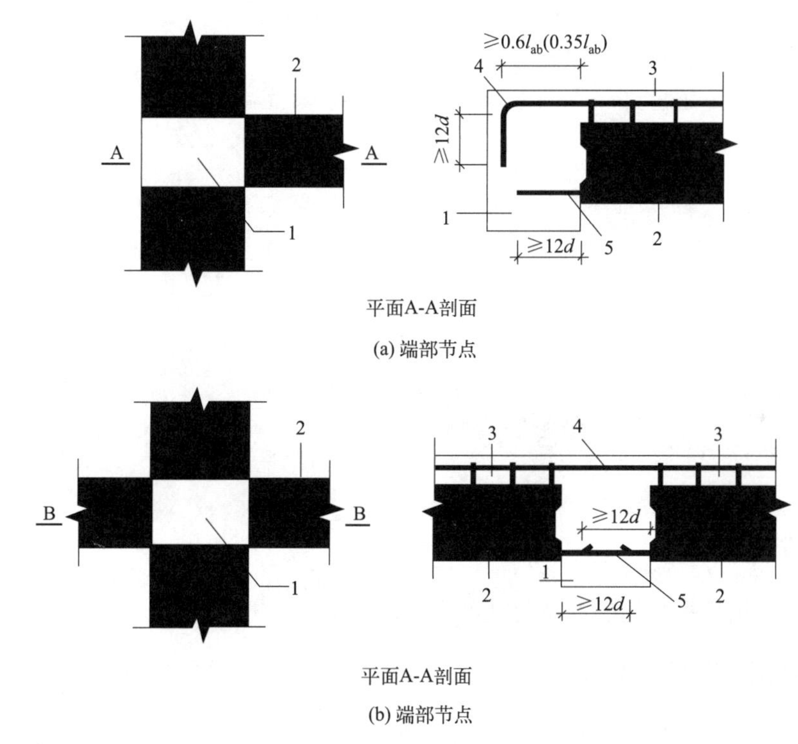

图 12-17　主次梁连接节点构造示意图

1—主梁后浇段；2—次梁；3—后浇混凝土叠合层；

4—次梁上部纵向钢筋；5—次梁下部纵向钢筋

5. 次梁与主梁采用企口连接

次梁与主梁宜采用铰接连接，也可采用刚接连接，后浇段连接属于刚接连接。当采用铰接连接时，可采用企口连接或钢企口连接形式；采用企口连接时，应符合国家现行标准的有关规定；当次梁不直接承受动力荷载且跨度不大于 9m 时，可采用钢企口连接（图 12-18、图 12-19）。

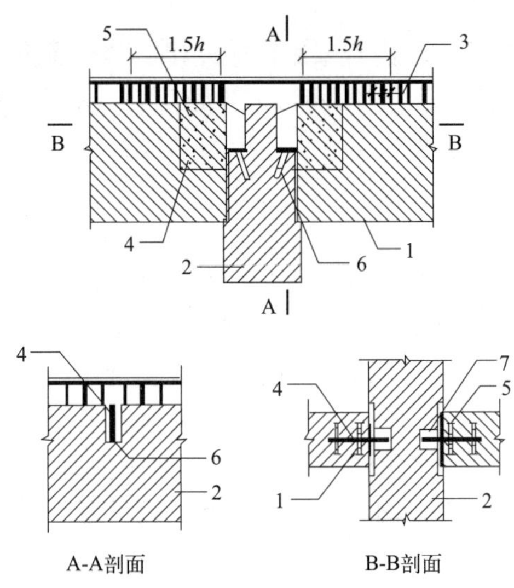

图 12-18 钢企口接头示意图

1—预制次梁；2—预制主梁；3—次梁端部加密箍筋；4—钢板；5—栓钉；6—预埋件；7—灌浆料

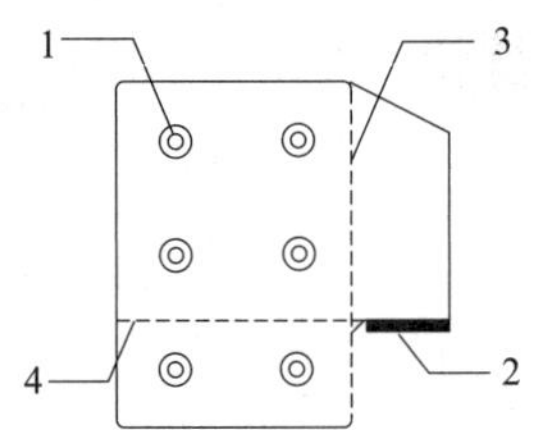

图 12-19 钢企口示意图

1—栓钉；2—预埋件；3—截面 A；4—截面 B

12.4 预制柱

在工厂或现场预先制作的混凝土柱称为预制柱（图 12-20）。

12.4.1 预制柱截面构造要求

（1）矩形柱截面边长不宜小于 400mm，圆形截面柱直径不宜小于 450mm，且不宜小于同方向梁宽的 1.5 倍。

（2）柱纵向受力钢筋在柱底连接时，柱箍筋加密区长度不应小于纵向受力钢筋连接区域长度与 500mm 之和；当采用套筒灌浆连接（在金属套筒中插入单根带肋钢筋并注入灌浆料拌合物，通过拌合物硬化形成整体并实现传力的钢筋对接连接方式，如图 12-21 所示）或浆锚搭接连接等方式时，套筒或搭接段上端第一道箍筋距离套筒或搭接段顶部不应大于 50mm（图 12-22）。

（3）柱纵向受力钢筋直径不宜小于 20mm，纵向受力钢筋的间距不宜大于 200mm 且不应大于 400mm。柱的纵向受力钢筋可集中于四角配置且宜对称布置。柱中可设置纵向

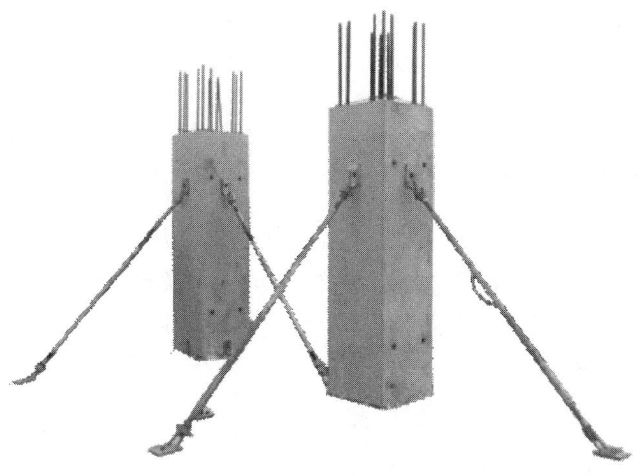

图 12-20　预制柱

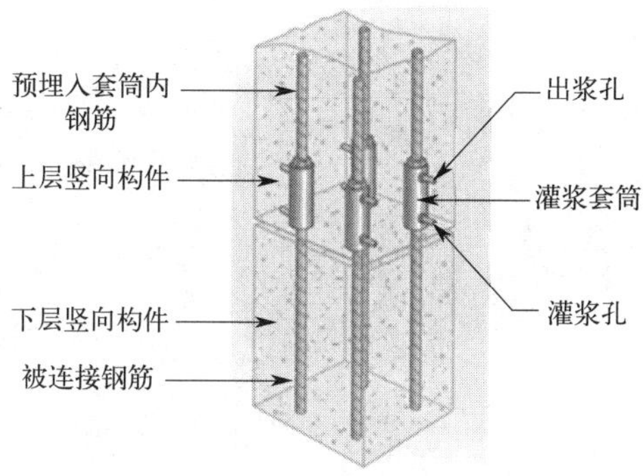

图 12-21　预制柱套筒灌浆连接

辅助钢筋且直径不宜小于 12mm 和箍筋直径；当正截面承载力计算不计入纵向辅助钢筋时，纵向辅助钢筋可不伸入框架节点（图 12-23）。

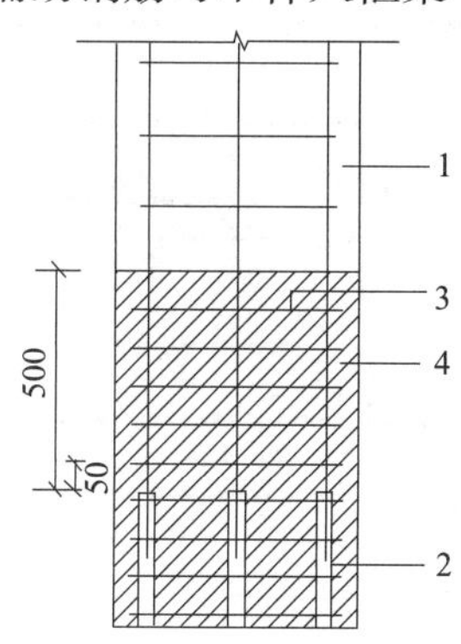

图 12-22　柱底箍筋加密区域构造示意图

1—预制柱；2—连接接头（或钢筋连接区域）；3—加密区箍筋；4—箍筋加密区（阴影区域）

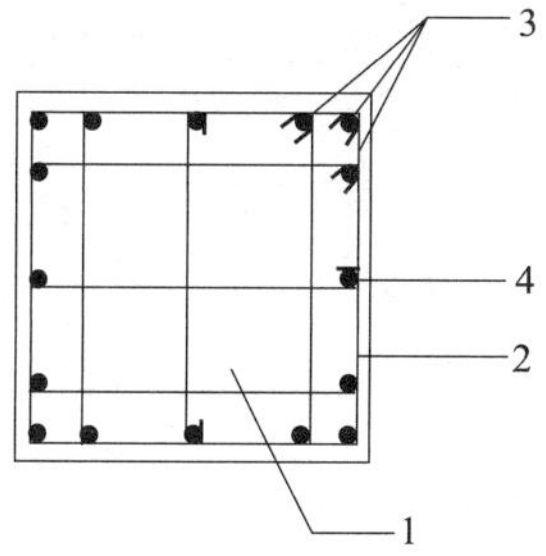

图 12-23　柱集中配筋构造平面示意图

1—预制柱；2—箍筋；3—纵向受力钢筋；4—纵向辅助钢筋

12.5 预制构件的存放

12.5.1 叠合板存放

叠合板堆放场地应平整、坚实，并设有排水措施，堆放时底板与地面之间应有一定的空隙。垫木放置在桁架侧边，板两端（至板端 200mm）及跨中位置均应设置垫木且间距不大于 1.6m，垫木应上下对齐。不同板号应分别堆放，堆放高度不宜大于 6 层（图 12-24）。堆放时间不宜超过 2 个月。垫木的摆放如图 12-25 所示，垫木的长、宽、高均不宜小于 100mm。

图 12-24 叠合楼板叠放示意图

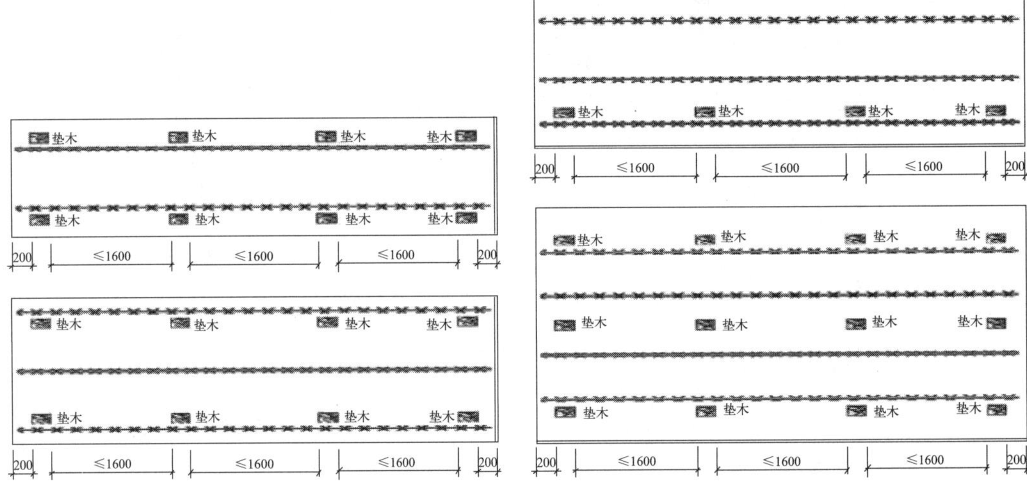

图 12-25 垫木摆放示意图

12.5.2　预制楼梯存放

预制楼梯宜平放，叠放层数不宜超过 4 层，应按同项目、同规格、同型号分别叠放（图 12-26）；应合理设置垫块位置；起吊时防止端头碰撞。

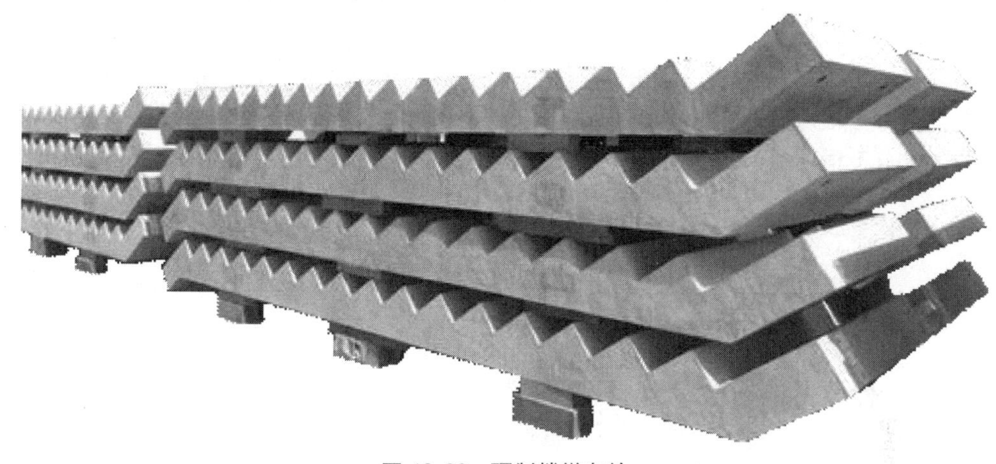

图 12-26　预制楼梯存放

思考题

（1）什么是装配式建筑？

（2）什么是桁架钢筋混凝土叠合板？

（3）桁架钢筋混凝土叠合板应满足哪些要求？

（4）什么是叠合梁？

（5）叠合梁对接构造要求有哪些？

（6）预制柱截面构造要求有哪些？

第 13 章　工程项目管理

学习要点：学习本章要求掌握项目和工程项目的概念和特征，项目管理和工程项目管理的概念以及工程项目的承包体制；熟悉工程项目的生命周期；了解项目融资和财务管理知识。

13.1　工程项目及其管理

13.1.1　工程项目的概念及其特征

1. 工程项目的概念

工程项目属于最典型的项目类型，主要是由以建筑物为代表的房屋建筑工程和以公路、铁路、桥梁等为代表的土木工程共同构成，所以也称为建设工程项目。

2. 工程项目的特征

工程项目除了具有项目的特点外，还具有自身的特征。

1）具有特定的对象

所有工程项目都具有特定的对象，可能是一家商场、一所学校或一条高速公路，它的建设周期、造价和功能都是独特的；建成后所发挥的作用和效益也是独一无二的。因此任何工程项目的目标也是特定的。

2）有时间限制

由于建设方不同，建设的环境不同，工程项目建设的开始和结束时间不同，建设周期长短不一，但都必须在建设方或业主要求的时间内完成，即工期限制。任何一个业主，总希望其项目能尽快完成，尽早投入使用，产生效益。因此，任何项目都有时间的限制。

3）有资金限制和经济性要求

任何一个项目，其投资方都不可能无限投入资金，为追求最大的利益，他们总希望投入越少越好，而产出越多越好。项目只能在资金许可的范围内完成其所追求的目标——项目的功能要求，包括建设规模、产量和效益等经济性要求。

4）管理的复杂性和系统性

现代工程项目具有规模大、投资高、范围广和建设周期长等特点，其专业的组成、协作单位众多，建设地点、人员和环境不断变化，加之项目管理组织是临时性的组织，大大增加了工程项目管理的复杂性。因此，要把项目建设好，就必须采用系统的理论和方法，根据具体的对象，把松散的组织、人员、单位组成有机的整体，在不同的限制条件下，圆满完成项目的建设目标。

5）特殊的组织和法律条件

项目管理组织不同于企业组织，项目的一次性决定了项目管理组织是一个临时性的组织，随项目的产生而产生，随项目的消亡而结束，并伴随项目建设过程的变化，项目管理组织的人员和功能也发生变化，是一个具有弹性的组织。

13.1.2　工程项目管理的内涵及生命周期

1. 工程项目管理的内涵及任务

工程项目管理的对象主要是建设工程。工程项目管理的内涵是：自项目开始至项目完成，通过项目策划和项目控制，以使项目的费用目标、进度目标和质量目标得以实现。“自项目开始至项目完成”指的是项目的实施期；“项目策划”指的是目标控制前的一系列筹划和准备工作；“费用目标”对业主而言是投资目标，对施工方而言是成本目标。

工程项目管理的核心任务是项目的目标控制。按建设工程生产组织的特点，一个项目往往由许多参与单位承担不同的建设任务，而各参与单位的工作性质、工作任务和利益不同，因此就形成不同类型的项目管理。根据建设工程项目不同参与方的工作性质和组织特征划分，项目管理可分为：业主方的项目管理、设计方的项目管理、施工方的项目管理、供货方的项目管理、建设项目总承包方的项目管理。其中，业主方是建设工程项目生产过程的总组织者，业主方的项目管理是管理的核心。

工程项目管理的三大基本目标是投资（成本）目标、质量目标、进度目标。它们的关系是对立统一的；要提高质量，就必须增加投资，而赶工是不可能获得好的工程质量的；而且，要加快施工速度，也必须增加投入。工程项目管理的目的就是在保证质量的前提下，加快施工速度，降低工程造价。

工程项目管理的主要任务是：安全管理、投资（成本）控制、进度控制、质量控制、合同管理、信息管理、组织和协调。其中安全管理是项目管理中最重要的任务，而投资（成本）控制、进度控制、质量控制和合同管理则主要涉及物质的利益。

2. 工程项目管理生命周期

任何建设项目都是由两个过程构成的，其一是建设项目的实现过程，其二是建设项目的管理过程。所以任何建设项目管理都特别强调过程性和阶段性。整个项目管理工作可以看成是一个完整的过程，并且将各项目阶段的起始、计划、组织、控制和结束这五个具体管理工作看成是建设项目管理的一个完整过程。现代建设项目管理要求在项目管理中要根据具体建设项目的特性和项目过程的特定情况，将一个建设项目划分成若干个便于管理的项目阶段，并将这些不同项目阶段的整体看成是一个建设项目的生命周期。现代建设项目管理的根本目标是管理好建设项目的生命周期，并且在生成建设项目产出物的过程中，通过开展项目管理保障项目目标的实现。

1）建设项目生命周期的定义

建设项目作为一种创造独特产出物的一次性工作是有始有终的，建设项目从始到终的整个过程构成了一个建设项目的生命周期。在对建设项目生命周期的定义和理解中，必须区分几个完全不同的生命周期概念，包括建设项目全生命周期、建设项目生命周期和项目产品生命周期的概念。建设项目全生命周期是指包括整个项目的建造、使用以及最终清理的全部过程。建设项目全生命周期一般可划分成项目的建造阶段、运营阶段和清理阶段，而且建设项目的建造、运营和清理阶段还可以进一步划分为更详细的阶段，这些阶段构成了一个建设项目的全生命周期。建设项目生命周期是指一个建设项目的建设周期。项目产品生命周期认为任何产品都有自己的投入期、成长期、成熟期和衰退期，这四个阶段构成了一个产品的生命周期。由上述这些生命周期的定义可以看出，建设项目全生命周期基本上包括建设项目生命周期和项目产品生命周期这两个部分。本节主要介绍建设项目生命周期。

2）建设项目生命周期的描述

一般建设项目的生命周期可以划分为四个阶段，如图 13-1 所示。大型的建设项目甚至有更多的项目阶段。

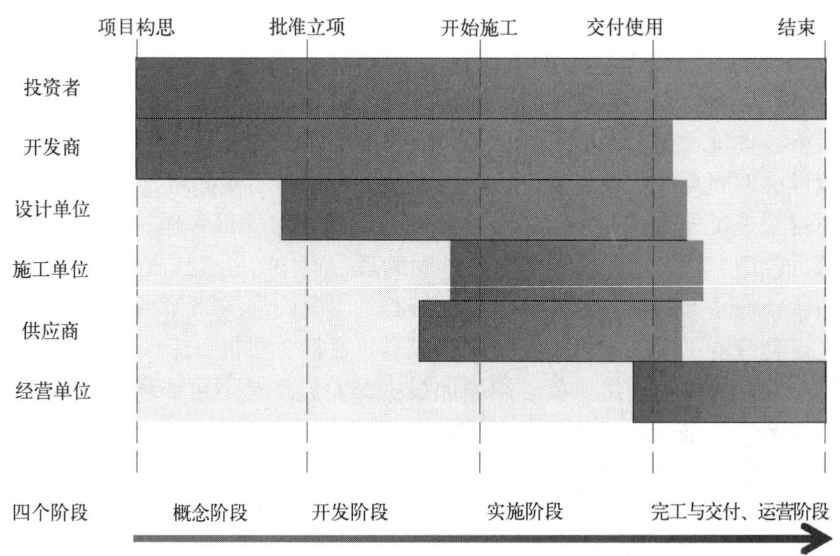

图 13-1　建设项目的生命周期

（1）概念阶段：

概念阶段又称为定义与决策阶段，它涉及从项目的构思到批准立项；主要任务是提出项目并定义项目和最终做出项目决策。这个阶段具体内容包含提出建设项目的提案，对项目提案进行必要的机遇与需求分析和识别；提出具体的建设项目建议书，在项目建议书获得批准以后进一步开展不同详细程度的建设项目可行性分析；通过建设项目可行性分析找出建设项目的各种可行的备选方案，然后分析和评价这些备选方案的收益和风险情况；最终做出建设项目方案的抉择和建设项目的决策。

（2）开发阶段：

开发阶段的范围是从项目的批准立项到施工前，主要是对批准立项的项目进行计划和设计；主要任务是对建设项目的产出物和建设项目的工作做出全面的设计和规定。在这一阶段中，人们首先要为已经做出决策并且要实施的建设项目编制出各种各样的项目计划书，包括针对建设项目的范围计划、工期计划、成本计划、质量计划、资源计划等。在开展这些建设项目计划工作的同时还需要开展必要的建设项目设计工作，从而全面设计和界定整个建设项目、项目的各阶段所需开展的项目工作和项目产出物，包括建设项目涉及的技术、质量、数量和经济等各个方面。

（3）实施阶段：

在完成建设项目的计划和设计工作以后，就进入建设项目的实施阶段了，主要指施工阶段。在建设项目实施的过程中，人们还需要开展相应的各种项目控制工作以保证建设项目实施结果与项目设计和计划要求相一致。其中，建设项目的实施工作还需要进一步划分成一系列的具体实施工作的阶段，而建设项目控制工作也需要进一步划分成建设项目范围、工期、成本和质量等不同的项目控制工作或活动。

（4）完工与交付、运营阶段：

建设项目实施阶段的结束并不意味着整个建设项目工作的结束，项目还需要经过一个完工与交付的工作阶段才能够真正结束。在建设项目完工与交付阶段，人们需要对照建设项目定义和决策阶段提出的项目目标和建设项目开发阶段提出的各种计划要求，先由项目团队检验项目的产出物及项目工作，然后由项目团队向项目业主/客户进行验收移交工作，直至项目的业主/客户最终接受建设项目的整个工作结果和项目最终的交付物，一个建设项目才能够算作最终的完成或结束。然后，进入项目的运营阶段。

投资方：他们参与项目全寿命的管理，从项目的构思、前期策划、决策到项目交付使用，进入运营阶段，直至投资合同结束。他们的目的不仅仅是工程建设，更重要的是收回投资和获得预期的效益。投资方的工作重点是决策阶段和运营阶段。

开发方：他们主要参与项目决策阶段、开发阶段和实施阶段，代替投资方对建设项目进行策划、可行性研究和对建设过程进行专业化的管理。对于项目而言，其往往又被称为业主方、建设方，或甲方。他们为投资方提供项目策划和建设的专业化服务，但一般不参与运营阶段的管理。

设计单位：在项目被批准立项后，经过设计招标或委托，设计单位进入项目。他们的任务是按照项目的设计任务书完成项目的设计工作，并参与主要材料和设备的选型，在施工过程中提供技术服务。

施工单位：一般在项目设计完成后，施工单位（承包商）通过投标取得工程承包资格，按照施工承包合同要求完成工程施工任务，交付使用，并完成工程保修义务。他们在项目的生命周期中主要处于实施阶段。

供货商：一般在开发阶段的后期，根据业主和设计要求的主要材料和设备的型号，通过投标或商务谈判取得主要材料或设备供应权，按照供货合同要求在实施阶段提供项目所需的质量可靠的材料和设备。他们在项目的生命周期中主要处于开发阶段的后期和实施阶段。

经营单位：一般由投资方组建或其委托的经营单位，进行项目运营阶段的管理。通过运营管理为投资方收回投资和获得预期的效益。他们在项目的生命周期中主要处于项目建设竣工验收、交付使用开始，到投资合同结束或项目消亡。

监理（咨询）公司：监理（咨询）公司面对不同的项目、不同的业主，承担不同的任务。根据他们与业主通过投标或委托签订的合同，可能承担项目的策划任务，或可行性研究，或设计阶段的项目管理，或施工阶段的项目管理；也可能承担上述阶段中的两个以上任务，甚至其生命周期与开发方相同。

上述项目的参与者在项目中的角色和立场不同，工作内容、范围、侧重点也不相同。但他们都必须围绕着同一工程项目进行“项目管理”，所采用的基本项目管理理论和方法是相同的。他们进行项目管理的目标是相同的，就是“多快好省”地完成项目的建设任务。

13.2 工程项目管理体制

13.2.1 工程项目管理体制概述

我国现行的工程项目管理体制是在政府有关部门（主要是建设主管部门）的监督管理之下，由项目业主、承包商、监理单位直接参加的“三方”管理体制，它的组织结构如图 13-2 所示。这种管理体制的建立是建设行业改革的结果，使我国工程项目管理体制与国际惯例更加接近。

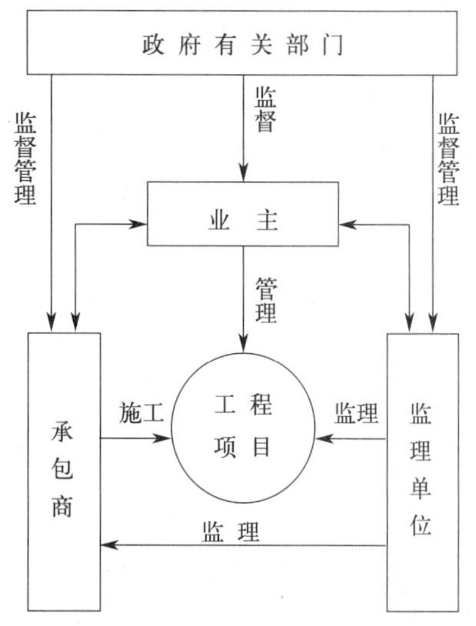

图 13-2 工程项目管理体制结构

13.2.2 工程项目的承发包体制

1. 工程项目的分标策划

一个项目的分标策划就是决定将整个项目任务分为多少个标段发包，以及如何划分这些标段。项目的分标方式，对承包商来说就是承包方式。项目分标方式的确定是项目实施的战略问题，对整个工程项目有重大影响。项目分标策划可以体现下列重要性：

(1) 通过分标和项目任务的委托保证项目总目标的实现。项目的分标策划必须反映工程项目性质、特点和项目实施的战略，反映业主的经营方针和根本利益。

(2) 分标策划决定了与业主签约的承包商的数量，决定着项目的组织结构及项目管理模式，从根本上决定合同各方面责任、权限和工作的划分，所以它对项目的实施过程和项目管理产生根本性的影响。

(3) 分标和合同是实施项目的手段。通过分标策划明确工程实施过程中各方面的关系，避免失误，保证整个项目目标的实现。

2. 项目分标策划的依据及方式

1) 项目分标策划的依据

(1) 工程方面：工程的类型、规模、特点、技术复杂程度、工程质量要求、工期的限制、资金的限制、资源（人力、材料、设备等）的供应条件等。

(2) 业主管理方面：业主的目标和实施战略，业主的管理水平和能力以及期望对工程管理的介入深度，业主对工程师和承包商的信任程度，业主的管理风格和对质量、工期的要求等。

(3) 承包商选择方面：拟选择的承包商的能力、资信、企业规模、管理风格和水平、抗风险的能力、类似工程的经验等。

2) 项目主要的分标方式

(1) 分阶段分专业工程平行分包，如图 13-3 所示。

业主把相关的项目部分承包给相应的承包商，各承包商依据合同对业主负责。这种模式的优点是：充分利用各承包商之间的竞争，有利于保证工程的质量，降低工程造价。因此它适用于规模大的、分期建设的工程，如公路建设、分期建设的房地产小区工程。缺点是：对业主项目管理要求较高，一方面要求业主具备全方面、各专业项目管理的人员，另一方面这种模式属于大跨度管理模式，业主方的管理、协调的工作量很大，管理成本也很高。如果业主方的管理水平、专业人员不够，就不能采用这种模式。

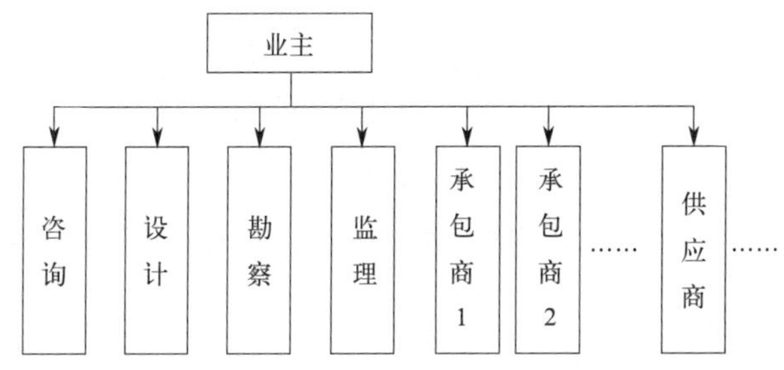

图 13-3　分阶段分专业工程平行分包

（2）总包（统包）。

如图 13-4 所示，总包模式适用于业主方的管理水平低、专业人员数量不够，而业主方对总承包商又比较了解的情况。这种模式的优点是：业主只需用总承包合同来约束总承包商，充分利用总承包商专业齐全，管理水平高，经验丰富的长处；业主方的管理、协调的工作量不大，也不需要大量的专业人员和管理人员，业主方的管理成本低。缺点是：对于业主，必须承担由于总承包商的管理水平、施工水平所带来的巨大风险；一旦由于总承包商的原因，工程出现大的质量问题，或不能按要求完工，最终利益受损的是业主。

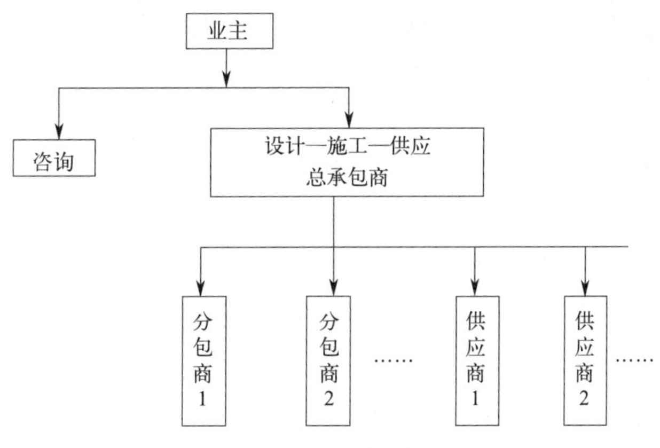

图 13-4　总包模式

（3）上述两者之间的形式。

如图 13-5 所示，这种模式是介于平行分包和总包之间的一种形式。其目的是减少总包模式所带来的巨大风险，使一个单位承担的风险，改由几个总承包商承担，降低了工程出问题带来的损失；而且业主方的管理工作量没有增加多少。

（4）CM（Construction Management）模式。

如图 13-6 所示，CM 模式是一种国际上常用的承包模式。它是业主把项目管理的内容，通过合同方式委托给一家项目管理公司（CM 单位），由 CM 单位对工程进行全过程的管理。它采用的方式是设计完成一部分，就进行这部分的招标，这样可以缩短建设周

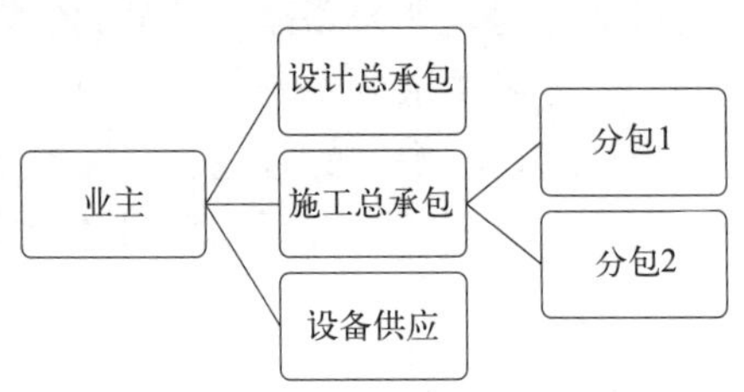

图 13-5　总包与分包之间的模式

期。但由于我国是不允许边设计边施工的，特别是施工图审查，应待施工图设计完成审查并通过后才能进行项目施工招标。因此，这种模式目前与我国管理制度相冲突。

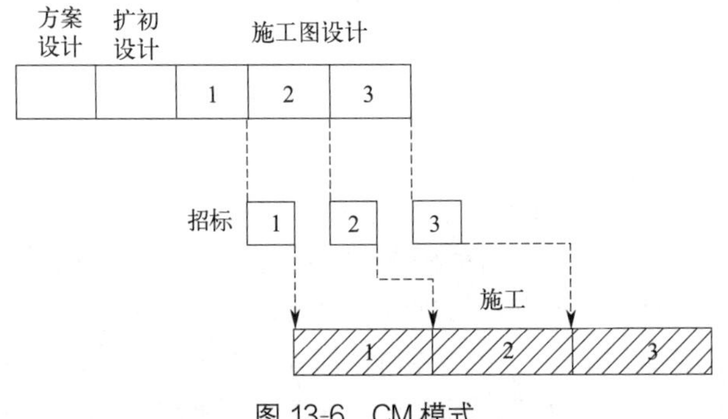

图 13-6　CM 模式

CM 模式根据管理方式和合同内容的不同，又分为两种类型。

①代理型 CM 模式（CM/Agency），如图 13-7 所示。

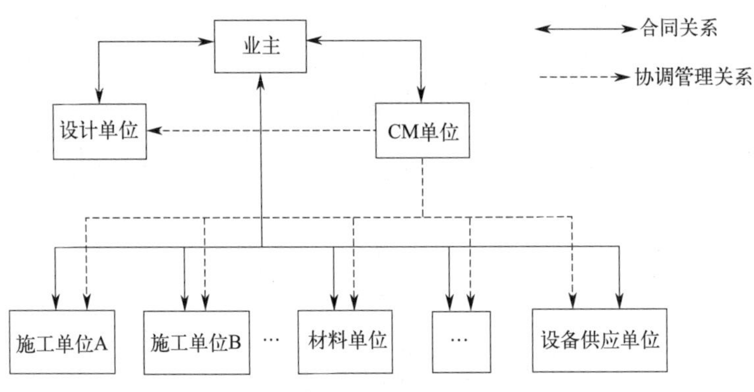

图 13-7　代理型 CM 模式（CM/Agency）

这种模式中 CM 单位与业主签工程咨询服务合同，代业主对设计、施工进行监督管理。业主直接与设计、施工、材料、设备单位签合同。这种模式接近我国现行监理模式。

②非代理型 CM 模式（CM/Non-Agency），如图 13-8 所示。

这种模式的特点：相当于施工总包，但分包要经过业主同意；CM 单位在设计阶段就介入工作；CM 单位与施工单位、材料单位、设备单位签合同，但费用由业主向各单位结算，CM 单位与业主签合同只报自己的管理费用价，不包括工程价。

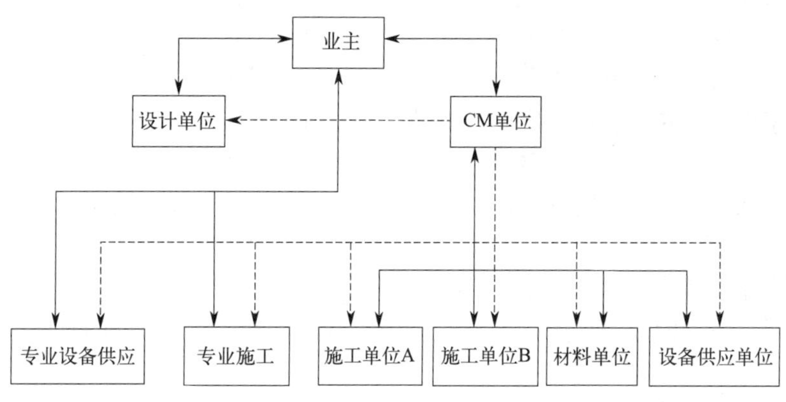

图 13-8　非代理型 CM 模式（CM/Non-Agency）

13.3　工程项目融资及财务管理

13.3.1　工程融资概述

1. 项目资本金制度

1）项目资本金的含义

项目资本金是指在建设项目总投资中，由投资者认缴的出资额。对于建设项目来说是非债务性资金，项目法人不承担这部分资金的任何利息和债务；投资者可按其出资比例依法享有所有者权益，也可转让其出资及其相应权益，但不得以任何方式抽回出资。

项目资本金主要强调的是作为项目实体而不是企业所注册的资金。注册资金是指企业实体在工商行政管理部门登记的注册资金，通常指营业执照登记的资金，即会计上的“实收资本”或“股本”，是企业投资者按比例投入的资金。在我国，注册资金又称为企业资本金。因此，项目资本金有别于注册资金。

为了建立投资风险约束机制，有效地控制投资规模，《国务院关于固定资产投资项目试行资本金制度的通知》（国发〔1996〕35 号）规定，各种经营性固定资产投资项目，包括国有单位的基本建设、技术改造、房地产开发项目，试行资本金制度，投资项目必须首先落实资本金才能进行建设。个体和私营企业的经营性投资项目参照规定执行。

2）项目资本金的来源

投资项目资本金可以用货币出资，也可以用实物、工业产权、非专利技术、土地使用权等出资，但必须经有资格的资产评估机构依照法律、法规评估作价。以工业产权、非专利技术作价出资的比例不得超过投资项目资本金总额的 20%，国家对采用高新技术成果有特别规定的除外。

投资者以货币方式认缴的资本金，其资金来源有：

（1）各级人民政府的财政预算内资金、国家批准的各种专项建设基金、经营性基本建设基金回收的本息、土地批租收入、国有企业产权转让收入、地方人民政府按国家有关规定收取的各种规费及其他预算外资金。

（2）国家授权的投资机构及企业法人的所有者权益、企业折旧资金以及投资者按照国家规定从资金市场上筹措的资金。

（3）社会个人合法所有的资金。

（4）国家规定的其他可以用作投资项目资本金的资金。

对某些投资回报率稳定、收益可靠的基础设施和基础产业投资项目，以及经济效益好的竞争性投资项目，经国务院批准，可以试行通过可转换债券或组建股份制公司发行股票的方式筹措资本金。

2. 项目资金筹措的种类

项目公司从不同的筹资渠道、筹资方式和筹资目的来看，有不同的筹资种类。

1）按所筹资金的性质分类

按所筹资金的性质分为负债性资金和权益性资金。

（1）负债性资金又称借入资金，是项目公司依法筹集并依约使用，需按期偿还的资金。主要通过银行借款、发行债券、商业信用等方式筹措取得。

（2）权益性资金又称自有资金，是项目公司依法筹资并长期拥有、自主支配的资金。这类资金通常没有规定偿还本金的时间，也没有偿付利息的约束；由企业成立时各种投资者投入的资金以及企业在生产经营过程中形成的资本公积、盈余公积和未分配利润组成。它属于项目公司的所有者权益，主要包括实收资本（或股本）和留存收益。权益性资金主要通过发行股票、吸收直接投资、内部积累等方式筹集。

2）按所筹资金期限分类

按所筹资金期限分为短期资金和长期资金。

（1）短期资金是指一年以下使用的资金，主要用于维持日常生产经营活动的开展，包括现金、应收账款、存货等。短期资金使用期限较短，资金成本低。

（2）长期资金是指一年以上使用的资金，包括购置固定资产、无形资产，对外投资等。长期资金使用期限较长，风险大，且成本相对较高。

3）按筹资是否通过金融机构分类

按筹资是否通过金融机构分为直接筹资和间接筹资。

（1）直接筹资是指项目公司不借助银行等金融机构，直接与资本所有者协商，融通资本的一种筹资活动。直接筹资主要有吸收直接投资、发行股票、发行债券和商业信用等方式。

（2）间接筹资是指项目公司借助银行等金融机构融通资本的筹资活动。间接筹资主要包括银行借款、非银行机构借款、融资租赁等。间接筹资是目前我国项目公司最为重要的筹资方式。

13.3.2 工程项目融资方式

项目融资的方式是指对于某类具有共同特征的投资项目，项目发起人或投资者在进行投融资设计时可以效仿并重复运用的操作方案。传统的工程项目融资随着融资理论研究与实践应用的不断发展，出现了一系列的融资方式，如 BOT、PFI、PPP 等。

1. BOT 模式

BOT（Build-Operate-Transfer，建设—运营—移交）是 20 世纪 80 年代中后期发展

起来的一种项目融资方式，主要适用于竞争性不强的行业或有稳定收入的项目，如包括公路、桥梁、发电厂等在内的公共基础设施、市政设施等。其基本思路是，由项目所在国政府或其所属机构为项目的建设和经营提供一种特许权协议（Concession Agreement）作为项目融资的基础，由本国公司或者外国公司作为项目的投资者和经营者安排融资，承担风险，开发建设项目并在特许权协议期间经营项目获取商业利润。特许期满后，根据协议将该项目转让给相应的政府机构。

实际上 BOT 是一类项目融资方式的总称，通常所说的 BOT 主要包括典型 BOT、BOOT 及 BOO 三种基本形式。

1）典型 BOT

我国一般称之为“特许权”，是指政府部门就某个基础设施项目与私人企业（项目公司）签订特许权协议，授予签约方的私人企业（包括外国企业）来承担该项目的投资、融资、建设和维护，在协议规定的特许期限内，许可其融资建设和经营特定的公用基础设施，并准许其通过向用户收取费用或出售产品以清偿贷款，回收投资并赚取利润。政府对这一基础设施有监督权、调控权，特许期满，签约方的私人企业将该基础设施无偿移交给政府部门。这是最经典的 BOT 形式，项目公司没有项目的所有权，只有建设和经营权。

2）BOOT

BOOT（Build-Own-Operate-Transfer，建设—拥有—运营—移交）模式与典型 BOT 模式的主要不同之处是，项目公司既有经营权又有所有权，政府允许项目公司在一定范围和一定时期内，将项目资产以融资目的抵押给银行，以获得更优惠的贷款条件，从而使项目的产品/服务价格降低，但特许期一般比典型 BOT 模式稍长。

3）BOO

BOO（Build-Own-Operate，建设—拥有—运营）模式与前两类的主要不同之处在于项目公司不必将项目移交给政府（即为永久私有化），目的主要是鼓励项目公司从项目全生命周期的角度合理建设和经营设施，提高项目产品/服务的质量，追求全生命周期的总成本降低和效率的提高，使项目的产品/服务价格更低。

除上述三种基本形式外，BOT 还有多种演变形式，如 BT（Build-Transfer，建设—移交）、BTO（Build-Transfer-Operate，建设—移交—运营）、BLT（Build-Lease-Transfer，建设—租赁—转让）等。

2. PFI 模式

PFI（Private Finance Initiative）英文原意为“私人融资活动”，在我国被译为“民间主动融资”，是英国政府于 1992 年提出的，也是在一些西方发达国家逐步兴起的一种新的基础设施投资、建设和运营管理模式。

PFI 是对 BOT 项目融资的优化，指政府部门根据社会对基础设施的需求，提出需要建设的项目，通过招标投标，由获得特许权的私营部门进行公共基础设施项目的建设与运营，并在特许期（通常为 30 年左右）结束时将所经营的项目完好地、无债务地归还政府，而私营部门则从政府部门或接受服务方收取费用以回收成本的项目融资方式。

PFI 与 BOT 模式在本质上没有太大区别，但在一些细节上仍存在不同，主要表现在适用领域、合同类型、承担风险、合同期满处理方式等方面。这两种模式的比较如表 13-1 所示。

PFI 模式与 BOT 模式的比较 **表 13-1**

	BOT 模式	PFI 模式
适用领域	主要用于基础设施或市政设施，如机场、港口、电厂、公路、自来水厂等，以及自然资源开发项目	主要用于基础设施或市政设施、自然资源开发项目、一些非营利性的公共服务设施项目
合同类型	特许经营合同	签署的是服务合同，一般会对设施的管理、维护提出特殊要求
承担风险	私营企业不参与项目设计，因此设计风险由政府承担	私营企业参与项目设计，需要其承担设计风险
合同期满处理方式	在合同中一般会规定特许经营期满后，项目必须无偿交给政府管理及运营	项目的服务合同中往往规定，如果私营企业通过正常经营未达到合同规定的收益，可以继续保持运营权

PFI 是一种强调私营企业在融资中主动性与主导性的融资模式，在这种模式下，与传统的由其自身负责提供公共项目产出的方式不同，政府会采取促进私营企业有机会参与基础设施和公共物品的生产和提供公共服务的一种全新的公共项目产出方式。通过 PFI 模式，政府与私营企业进行合作，由私营企业承担部分政府公共物品的生产或提供公共服务，政府购买私营企业提供的产品或服务，或给予私营企业以收费特许权，或政府与私营企业以合伙方式共同营运等方式来实现政府公共物品产出中的资源配置最优化、效率和产出的最大化。

PFI 融资模式具有使用领域广泛、缓解政府资金压力、提高建设效率等特点。利用这种融资模式，可以弥补财政预算的不足、有效转移政府财政风险、提高公共项目的投资效率、增加私营部门的投资机会。

1）PFI 的典型模式

PFI 模式最早出现在英国，在英国的实践中，通常有三种典型模式，即在经济上自立的项目、向公共部门出售服务的项目与合资经营项目。

（1）在经济上自立的项目。以这种方式实施的 PFI 项目，私营企业提供服务时，政府不向其提供财政的支持，但是在政府的政策支持下，私营企业通过项目的服务向最终使用者收费，来回收成本和实现利润。其中，公共部门不承担项目建设和运营的费用，但是私营企业可以在政府的特许下，通过适当调整对使用者的收费来补偿成本的增加。在这种模式下，公共部门对项目的作用是有限的，也许仅仅是承担项目最初的计划或按照法定程序帮助项目公司开展前期工作和按照法律进行管理。

（2）向公共部门出售服务的项目。这种项目的特点在于，私营企业提供项目服务所产生的成本，完全或主要通过私营企业服务提供者向公共部门收费来补偿，这样的项目主要包括私人融资建设的监狱、医院和交通线路等。

（3）合资经营项目。这种形式的项目中，公共部门与私营企业共同出资、分担成本和共享收益。但是，为了使项目成为一个真正的 PFI 项目，项目的控制权必须是由私营企业来掌握，公共部门只是一个合伙人的角色。

2）PFI 的优点

PFI 在本质上是一个设计、建设、融资和运营模式，政府与私营企业是一种合作关系，对 PFI 项目服务的购买是由有采购特权的政府与私营企业签订合作协议。

PFI 模式的主要优点表现在：

(1) PFI 有非常广泛的适用范围，不仅包括基础设施项目，在学校、医院和监狱等公共项目上也有广泛的应用。

(2) 推行 PFI 模式，能够广泛吸引经济领域的私营企业或非官方投资者，参与公共物品的产出，这不仅大大缓解了政府公共项目建设的资金压力，同时也提高了政府公共物品的产出水平。

(3) PFI 模式能有效利用私营企业的知识、技术和管理方法，提高公共项目的效率和降低产出成本，使社会资源配置更加合理化，使政府有更多的精力和财力用于社会发展更加急需的项目建设。

(4) PFI 模式是政府公共项目投融资和建设管理方式的重要的制度创新，这也是 PFI 模式最大的优势。在英国的实践中，PFI 被认为是政府获得高质量、高效率的公共设施的重要工具，已经有很多成功案例。

3. PPP 模式

PPP (Public-Private-Partnership，政府与社会资本合作) 模式，指政府通过特许经营权、合理定价、财政补贴等事先公开的收益约定规则，引入社会资本参与城市基础设施等公益性事业投资和运营，以利益共享和风险共担为特征，发挥双方优势，提高公共产品或服务的质量和供给效率。从广义上来讲，PPP 可以分为三大类，分别包括传统承包项目、开发经营项目和合作开发项目。传统承包项目中，民营机构只负责部分分包工作，其他大部分工作由政府负责；开发经营项目中，民营机构在合同期内负责项目的建设及运营，合同期满后将项目移交给政府；合作开发项目中，私营部门参与项目的融资，与政府共同分享项目的经营收入。PPP 融资方式强调政府与民营机构间的长期合作关系，也正因为民营机构参与到项目的建设过程中，为保证自身利益，项目建设过程中会积极选取最佳方式提供公共服务，使得服务质量得到提升。PPP 强调的是优势的互补、风险的分担和利益的共享。

PPP 与 BOT 在本质上区别不大，都是通过项目的期望收益进行融资，对民营机构的补偿都是通过授权民营机构在规定的特许期内向项目的使用者收取费用，由此回收项目的投资、经营和维护等成本，并获得合理的回报（即建成项目投入使用后所产生的现金流量成为支付经营成本、偿还贷款和提供投资回报等的唯一来源），特许期满后项目将移交回政府（也有不移交的，如 BOO）。

当然，PPP 与 BOT 在细节上也有一些差异。例如在 PPP 项目中，民营机构做不了的或不愿做的，需要由政府来做；其余全部由民营机构来做，政府只起监管作用。而在 BOT 项目中，绝大多数工作由民营机构来做，政府则提供支持和担保。但无论 PPP 或 BOT 模式，都要合理分担项目风险，从而提高项目的投资、建设、运营和管理效率，这是 PPP 或 BOT 的最重要目标。此外，PPP 的含义更为广泛，反映更为广义的公私合伙/合作关系，除了基础设施和自然资源开发，还可包括公共服务设施和国营机构的私有化等，因此，近年来国际上越来越多采用 PPP 模式，有取代 BOT 的趋势。

PPP 模式与 BOT 模式在各方责任方面有着较为明显的不同，总的来说，BOT 项目中政府与民营企业缺乏恰当的协调机制，导致双方自身目标不同，出现利益冲突，而 PPP 项目中政府与民营部门的关系更加紧密。

13.3.3 工程项目的财务风险及其管理

1. 财务风险的含义和特征

1）财务风险的含义

财务风险是指企业在资金筹集、投资、占用、耗费、收回、分配等各项财务活动过程中，由于内外部因素发生各种无法预测的变化和控制因素，使得企业的实际收益与预期收益发生偏离的不确定性。

企业的资金运动按"资金—成本—收入—利润—资金"的运行轨迹循环，而企业的财务风险也主要由筹资风险、投资风险、资金收回风险、收益分配风险及营运资金风险等构成。但随着市场体系的深入发展，现有的财务风险已跳脱出传统的范畴，资金的筹措、分配运用与调节，资金的补偿与积累都在日趋多样化和复杂化。在很多情况下，财务风险不仅仅是财务问题，也是与经营风险紧密联系在一起的。

2）财务风险的特征

财务风险作为风险的一种类别，既具有风险的本质特征，又有其特殊表现。

(1) 客观性。财务风险是企业生产运营的产物，是不以人的意志为转移、客观存在的。外部宏观环境的变化、市场调整、企业经营战略的变化、竞争对手的战略变化等，都可能引发企业财务风险。对企业而言，无法规避所有的财务风险，只能通过一定的技术手段和方法来应对风险，积极对其进行识别管理，从而降低其发生的概率，但无法将其降低至零。

(2) 复杂性。财务风险的复杂性有直接因素也有间接因素，有内部因素也有外部因素。财务风险对企业造成的影响是不确定的，它表现在影响范围的不确定性、影响时间的不确定和影响深度的不确定性。

(3) 可控性。引起财务风险的因素很复杂，但大量的财务风险事件发生呈现一定的规律性和可测性。因此，财务风险也是可控的。

2. 财务风险的种类

不同的外部环境、不同的周期环境、不同的企业管理模式，财务风险有着不同的表现形式和风险种类。

1）按公司的资金运作来划分

按公司的资金运作来划分，可将财务风险划分为筹资风险、投资风险、资金回收风险和收益分配风险。

(1) 筹资风险。筹资风险是指在资金供需市场、宏观经济环境变化的情况下，企业筹集资金给财务成果带来的不确定性。筹资风险主要包括利率风险、再融资风险、财务杠杆效应、汇率风险、购买力风险等。其中，财务杠杆效应是指由于杠杆融资会增加财务风险，给利益相关者的利益带来不确定性。再融资风险是指由于金融市场上金融工具品种、融资方式、金融政策等发生变化，使企业再次融资产生不确定性。

(2) 投资风险。投资风险是指企业投入一定资金后，因企业内外部环境发生变化而使得最终收益与预期收益发生偏离的风险。它包括两类：一类是长期投资风险，主要指企业在长期投资过程中，由于政府政策的变化、管理措施的失误、资金成本发生变化、现金流量等因素的变化，使得投资报酬率达不到预期目标而发生的风险。另一类是短期投资风险，主要指由于各项流动资产结构不合理、资产价格发生不利变动等因素而发生的风险。

(3) 资金回收风险。资金回收风险是指企业在从原材料变为产成品，再从产成品转化为货币资金的过程中，发生的不确定性风险。资金回收风险主要包括采购风险、存货风险、应收账款风险等。采购风险主要是指由于材料价格波动，使得材料成本增加，从而增加了资金压力。存货风险是指由于内外部环境的变化，存货销售不畅，或期间因价格变动、自然损耗等原因而发生的存货价值减少的风险。应收账款风险是由于赊销业务过程中，导致应收账款管理成本增加，或者增加企业资金占用成本。

2) 按财务风险后果的严重程度划分

按企业财务风险后果的严重程度划分，可将财务风险划分为轻微财务风险、一般财务风险和重大财务风险。

(1) 轻微财务风险。轻微财务风险是指损失较小、后果不严重，对企业生产经营管理活不构成重要影响的财务风险。一般情况下，这类风险无碍大局，仅对企业的局部产生轻微伤害。

(2) 一般财务风险。一般财务风险是指损失适中，后果明显，但尚不构成致命威胁的各种风险。这类风险的直接后果会使企业遭受一定的损失，并对其生产经营管理带来较长时期的不利影响。

(3) 重大财务风险。重大财务风险是指损失较大，后果较为严重的风险。这类风险的后果往往会直接导致重大损失，使之难以恢复，甚至威胁到企业生存。

3. 财务风险的成因

企业财务风险的形成有多种原因，既有外部原因，也有内部原因，且贯穿于企业财务活动的各个环节。

1) 外部原因

企业财务风险形成的外部原因主要包括国际经济环境、国内经济环境、政策法律环境、自然环境等。这些外在因素会对企业的财务活动产生重大影响。企业的外部环境风云变幻，各种影响因素相互交错，较为复杂。企业的财务活动应根据外部环境的变化而做相应的调整。

2) 内部原因

(1) 企业财务管理体制不健全。由于有些企业管理制度不健全，财务风险管理体制不完善，盲目进行筹资、投资等资金运营活动，致使企业现金流出现危机。更有企业盲目扩大生产规模，甚至不惜借高利贷，导致最后企业无法偿还资金而破产清算。有些企业财务决策没有与企业经营决策融合，或者缺乏前瞻性，加剧了企业的财务风险。

(2) 企业内部财务关系不明。企业内部各部门之间，各级企业之间，在资金管理及使用、利益分配等方面存在权责不明、管理混乱等现象，致使企业的资金使用效率低下，资金流失严重，资金的安全性、完整性无法得到保证。

(3) 企业管理素质的高低。财务管理工作的局限性，从某种程度上来讲，是财务管理主体的局限性。财务人员在进行财务决策时，会受到自身能力、经验、责任心和道德水平等影响。

4. 财务风险管理的含义与步骤

财务风险管理是应对企业资金运作过程中可能发生的不确定性的过程。财务风险管理活动应覆盖整个企业，涉及各个部门和众多人员。财务风险是一个持续过程，因此，财务风险管理可以分为四个步骤：

1）风险识别

风险识别是风险管理的基础，在风险事故发生之前，企业管理者运用各种方法系统地、连续地认识所面临的可能存在的各种风险以及分析风险事故发生的潜在原因。识别风险的内容有多种因素，包括市场风险、技术风险、环境风险、财务风险、人事风险等。

2）风险评估

风险评估是财务风险管理的核心。通过风险评估，管理者可以在众多复杂的风险中，确定各类风险对企业经营管理活动可能产生的影响和损失。风险评估的方法有定性分析、情景设计、敏感性分析、决策树等。

3）制定风险应对策略

当管理者对潜在风险进行风险识别、评估后，需要对风险进行评级，明确各类风险对企业的影响和损失。在此基础上，对风险进行优先次序的排序，制定风险应对策略。

（1）风险规避。当风险潜在威胁发生可能性很大，不利后果比较严重时，主动放弃或停止与该风险相关的业务活动。这种通过终止活动来规避风险的方法不失为良策。如俄乌局势复杂多变，施工单位通过对政治因素的识别和评估，在一定时间段内，停止在该地区的投资就是一种规避风险的良策。

（2）风险转移。对可能给企业带来不利后果的因素，企业以一定的方法，将风险转移给第三方。规范的合同管理和保险制度是转移风险的主要方式。例如施工单位在与业主签订合同时，施工单位必须认真研究合同，明确承包合同的范围，研究清单各分部分项工程的特征描述是否与图纸一致，研究设计图和地勘资料，从而避免不必要的损失，这是合同风险转移。又如施工起始时，施工单位购买建筑工程一切险或安装工程一切险，这也是保险风险转移。

（3）风险减轻。风险减轻是减少不利的风险事件的后果和可能性，使之达到一个可以接受的范围。风险减轻策略是企业通过自身努力，降低不利后果的概率。减少风险常用三种方法：一是控制风险因素；二是控制风险发生的概率和降低风险损害程度；三是通过风险分散形式来降低风险。

（4）风险保留。对一些无法避免和转移的风险，采取现实的态度，在不影响投资者根本或局部利益的前提下，将风险自愿承担下来。例如在施工过程中，可能会突发自然灾害等不可抗力事件，这类风险，施工单位只能自愿接受。

4）风险监测

风险监测是风险管理过程的组成部分。定期对风险进行监测，通过监测事件分析风险变化趋势并从中吸取教训；发现内部和外部环境信息的变化，包括风险本身的变化、可能导致的风险应对措施及其实施优先次序的改变；监测风险处理方案实施后的剩余风险，以便在适当时做进一步处理；对照风险处理计划，检查工作进度与计划的偏差，保证风险处理计划的设计和执行有效。

5. 财务风险管理的方法

企业财务风险管理的方法有多种，按照风险发生的时间顺序可以将风险分为事前风险控制、事中风险控制、事后风险控制。

1）事前风险控制

企业在做出决策之前，对其内部环境因素和外部环境因素进行详尽的分析、识别、判断，对企业的决策结果进行趋势预测，寻找可能出现的风险因素，提前采取可能的预防性措施，保证企业决策目标的实现。限额管理、风险定价和制定应急预案等属于事前风险控制方法。

2）事中风险控制

在决策实施过程中，对企业自身的行为和外部环境的变化进行检查，判断是否按照目标实行，且风险因素有没有发生变化，以及对后续的发展产生什么样的影响，若发现了异常情况，应立即采取措施，对企业的决策行为进行调整和修正。

3）事后风险控制

事后风险控制要求企业将决策结果与预期结果进行比较与评价，然后根据偏差情况查找具体风险成因，总结经验教训，对已发生的错误或过失进行弥补，同时调整企业的后续经营决策。风险转移就属于事后风险控制。

思考题

（1）简述一般项目生命周期的四个阶段。

（2）什么是项目资本金？

（3）简述项目资本金筹措的渠道和方式。

（4）简述 BOT 模式和 PFI 模式的区别。

（5）财务风险的成因有哪些？

参 考 文 献

[1] 国家教育委员会高等教育二司．普通高等学校本科专业目录及简介［M］．北京：科学出版社，1989.

[2] 国家教育委员会高等教育司．普通高等学校本科专业目录和专业简介（1993 年 7 月颁布）［M］．北京：高等教育出版社，1993.

[3] 中华人民共和国教育部高等教育司．普通高等学校本科专业目录和专业介绍（1998 年颁布）［M］．北京：高等教育出版社，1998.

[4] 中华人民共和国教育部高等教育司．普通高等学校本科专业目录和专业介绍（2012 年）［M］．北京：高等教育出版社，2012.

[5] 高等学校土木工程学科专业指导委员会．高等学校土木工程本科指导性专业规范［M］．北京：中国建筑工业出版社，2011.

[6] 何栋梁，曹伟军，王会勤．房屋建筑学［M］．西安：西北工业大学出版社，2018.

[7] 董海荣，赵永东，等．房屋建筑学［M］．北京：中国建筑工业出版社，2017.

[8] 王万江，曾铁军．房屋建筑学（第 4 版）［M］．重庆：重庆大学出版社，2017.

[9] 夏侯峥，王彬．房屋建筑学（第 3 版）［M］．北京：北京理工大学出版社，2020.

[10] 王雪松，许景峰．房屋建筑学（第 3 版）［M］．重庆：重庆大学出版社，2018.

[11] 王祖远，柏芳燕，王艳刚．房屋建筑学［M］．重庆：重庆大学出版社，2019.

[12] 沈祖炎．土木工程概论［M］．北京：中国建筑工业出版社，2017.

[13] 戴晶晶，贾晓东．土木工程概论［M］．成都：西南交通大学出版社，2016.

[14] 刘磊．土木工程概论［M］．成都：电子科技大学出版社，2016.

[15] 邢岩松，陈礼刚，霍定励．土木工程概论［M］．成都：电子科技大学出版社，2020.

[16] 柯龙，刘成，黄丽平．土木工程概论［M］．成都：西南交通大学出版社，2018.

[17] 朱颖心．建筑环境学［M］．北京：中国建筑工业出版社，2019.

[18] 哈尔滨工业大学理论力学教研室．理论力学（Ⅰ）第 8 版［M］．北京：高等教育出版社，2021.

[19] 孙训方，方孝淑，关来泰．材料力学（Ⅰ）第 6 版［M］．北京：高等教育出版社，2023.

[20] 邱洪兴．土木工程概论［M］．南京：东南大学出版社，2022.

[21] 李廉锟．结构力学上册（第 6 版）［M］．北京：高等教育出版社，2019.

[22] 苏达根．土木工程材料（第 4 版）［M］．北京：高等教育出版社，2019.

[23] 冯路佳．以绿色推动建筑业高质量发展［N］．中国建设报，2021-1-22.

[24] 中华人民共和国住房和城乡建设部．“十四五”住房和城乡建设科技发展规划．2022.

[25] 张时聪，王珂，徐伟．低碳、近零碳、零碳公共建筑碳排放控制指标研究［J］．建筑科学，2023，39（2）：1-10，35.

[26] 中国电力企业联合会．2022 年上半年全国电力供需形势分析预测报告［EB/OL］．（2022-7-22）［2023-1-31］．http：//www. chinapower. com. cn/zx/zxbg/20220726/159959. html.

[27] 中华人民共和国教育部．教育部关于公布 2022 年度普通高等学校本科专业备案和审批结果的通知（教高函〔2023〕3 号）［EB/OL］．［2023-4-4］．www. moe. gov. cn/srcsite/A08/moe _ 1034/s4930/202304/t20230419 _ 1056224. html.

[28] 饶宏，韩丰，陈政，等．我国电力安全供应保障策略研究［J］．中国工程科学，2023，25（2）：100-110.

[29] 耿永常，赵晓红．城市地下空间建筑（第 2 版）［M］．哈尔滨：哈尔滨工业大学出版社，2013.

[30] 秦峰，程崇国．公路隧道土建结构养护［M］．北京：人民交通出版社股份有限公司，2019.

[31] 王成．隧道工程［M］．北京：人民交通出版社股份有限公司，2019.

[32] 祝方才，晏仁，赖国森，等．破碎围岩山岭隧道施工稳定监测及数值模拟［J］．湖南工业大学学报，2022，36（5）：34-41.

[33] 凌天清．道路工程（第 4 版）［M］．北京：人民交通出版社，2019.

[34] 罗福午．土木工程（专业）概论（第 4 版）［M］．武汉：武汉理工大学出版社，2012.

[35] 杨少伟．道路勘测设计（第 3 版）［M］．北京：人民交通出版社，2009.

[36] 工程地质手册编写委员会．工程地质手册（第五版）[M]．北京：中国建筑工业出版社，2018.
[37] 刘磊．土木工程概论 [M]．成都：电子科技大学出版社，2016.
[38] 王林，吴庆，周国宝．土木工程概论（第三版）[M]．武汉：华中科技大学出版社，2016.
[39] 刘伯权，吴涛，黄华．土木工程概论 [M]．武汉：武汉大学出版社，2014.
[40] 王继明．土木建筑工程概论 [M]．北京：高等教育出版社，1993.
[41] 赵明华．土力学与基础工程（第三版）[M]．武汉：武汉理工大学出版社，2009.
[42] 李辉，张佳．土力学与地基基础 [M]．成都：西南交通大学出版社，2021.
[43] 徐善初，董道军，王晓梅．土木工程施工 [M]．武汉：中国地质大学出版社，2017.
[44] 邵旭东．桥梁工程（第 6 版）[M]．北京：人民交通出版社，2023.
[45] 邵旭东，程翔云，李立峰．桥梁设计与计算（第 2 版）[M]．北京：人民交通出版社，2023.
[46] 范立础．桥梁工程（上册）(第 3 版）[M]．北京：人民交通出版社，2017.
[47] 顾安邦．桥梁工程（下册）(第 3 版）[M]．北京：人民交通出版社，2017.
[48] 魏洋．桥梁施工技术 [M]．北京：人民交通出版社，2020.
[49] 刘中南．论川藏高速公路在“一带一路”战略中的重要意义 [J]．中共四川省委党校学报，2015 (4)：50-52.
[50] 王建军，李富勇．高速公路网交通安全设施规划及后评价 [J]．公路，2005 (2)：66-72.
[51] 饶宗皓，王宇，崔姝，等．“十四五”高速公路建设重点解读 [J]．中国公路，2022 (19)：28-32.
[52] 李晓峰．沥青路面就地热再生施工技术探索 [J]．中国科技纵横，2019.
[53] 中华人民共和国交通运输部．“十四五”公路养护管理发展纲要 [R]．2016.
[54] 马珊珊．推进公路数字化转型 高质量建设智慧公路 [N]．中国交通报，2023-9-21 (2)．
[55] 张胜，杨皓元，俞文俊，等．三清高速智慧高速技术架构与实施路径研究 [J]．交通世界，2023 (30)：8-12.
[56] 温郁斌，李建勋，等．基于 BIM ＋ GIS 技术的高速公路智慧建造平台构建研究 [J]．项目管理技术，2023，21 (10)：119-123.
[57] 段美栋．沥青路面含砂雾封层预防性养护技术应用研究 [J]．交通世界，2022 (33)：74-76.
[58] 金杨柳．四新技术让高速公路养护更低碳研究 [J]．运输经理世界，2021 (13)：18-20.
[59] 薛登坤．公路柔性基层施工关键技术分析 [J]．交通世界，2023 (7)：78-80.
[60] 陈楚鹏，李善强，许新权，等．广东省高速公路就地热再生路面长期性能调查与评价 [J]．武汉理工大学学报(交通科学与工程版)，2023，47 (2)：365-369.
[61] 芦德鹏．基于就地冷再生技术的公路养护施工技术探讨 [J]．四川建材，2023，49 (10)：195-196，211.
[62] 周新刚，王建平，贺丽．土木工程概论（第 2 版）[M]．北京：中国建筑工业出版社，2022.
[63] 李国强，李杰，陈素文，等．建筑结构抗震设计（第 5 版）[M]．北京：中国建筑工业出版社，2023.
[64] 陈岩，黄非．土木工程概论 [M]．武汉：武汉理工大学出版社，2019.
[65] 贡力．土木工程概论（第 3 版）[M]．北京：中国铁道出版社，2022.
[66] 江见鲸，叶志明．土木工程概论 [M]．北京：高等教育出版社，2004.
[67] 项勇，卢立宇，魏瑶．工程财务管理（第 2 版）[M]．北京：机械工业出版社，2021.
[68] 叶晓甦，工程财务管理（第 2 版）[M]．北京：中国建筑工业出版社，2017.
[69] 朱再英，吴文辉，李慰之．工程财务与会计 [M]．长沙：中南大学出版社，2017.
[70] 荆新，王化成，刘俊彦．财务管理学（第 8 版）[M]．北京：中国人民大学出版社，2018.
[71] 汤伟纲，李丽红．工程项目投资与融资（第 2 版）[M]．北京：人民交通出版社，2015.
[72] ALLAN R P，BARLOW M，BYRNE M P，et al. Advances in understanding large-scale responses of the water cycle to climate change [J]．Annals of the New York Academy of Sciences，2020，1472 (1)：49-75.
[73] 张杰，李冬．水环境恢复与城市水系统健康循环研究 [J]．中国工程科学，2012，14 (3)：21-26，53.
[74] 龚道孝，郝天，莫罹，等．统筹推进城市水系统治理方法研究 [J]．给水排水，2022，58 (11)：1-8.
[75] 王浩，龙爱华，于福亮，等．社会水循环理论基础探析 I：定义内涵与动力机制 [J]．水利学报，2011，42 (4)：379-387.
[76] 王浩，牛存稳，赵勇．流域“自然—社会”二元水循环与水资源研究 [J]．地理学报，2023，78 (7)：1599-1607.

[77] 戴慎志．城市工程系统规划（第三版）[M]．北京：中国建筑工业出版社，2015.
[78] 严煦世，高乃云．给水工程上册（第五版）[M]．北京：中国建筑工业出版社，2019.
[79] 陈春光．城市给水排水工程 [M]．成都：西南交通大学出版社，2017.
[80] 上海市政工程设计研究总院（集团）有限公司．给水排水设计手册（第三版）第 3 册 城镇给水 [M]．北京：中国建筑工业出版社，2016.
[81] 刘晓青．城市水务规划韧性提升策略：雄安新区实践与探索 [J]．上海城市规划，2023（3）：144-150.
[82] 卢耀忠．城市供水管网现状分析及基于 EPANET 的优化设计 [J]．四川建筑，2023，43（3）：276-278，281.
[83] 刘晴靓，王如菲，马军．碳中和愿景下城市供水面临的挑战、安全保障对策与技术研究进展 [J]．给水排水，2022，58（1）：1-12.
[84] 孙小梅，王健．浅谈城市化对暴雨径流的影响 [J]．Advances in Environmental Protection，2021，11：654.
[85] 胡庆芳，张建云，王银堂，等．城市化对降水影响的研究综述 [J]．水科学进展，2018，29（1）：138-150.
[86] CHEN J，THELLER L，GITAU M W，et al. Urbanization impacts on surface runoff of the contiguous United States [J]. Journal of Environmental Management，2017（187）.
[87] 牛晓君，张荔，伍建东，等．给排水科学与工程导论 [M]．北京：科学出版社，2020.
[88] JING W，LA-CHUN W. Impacts of urbanization on the water resources system——a case study of Nanjing [J]. Sichuan Environment，2005.
[89] 张智．排水工程 上册 [M]．北京：中国建筑工业出版社，2015.
[90] 赵宏宇，李耀文．通过空间复合利用弹性应对雨洪的典型案例——鹿特丹水广场 [J]．国际城市规划，2017，32（4）：140-150.
[91] NORTON B A，COUTTS A M，LIVESLEY S J，et al. Planning for cooler cities：a framework to prioritise green infrastructure to mitigate high temperatures in urban landscapes [J]. Landscape and Urban Planning，2015，134：127-138.
[92] 张晶，许云飞，陈丹．湿地型绿色基础设施的规划设计途径与案例 [J]．规划师，2016，32（12）：26-30.
[93] 任露凌．滨水景观设计中的水体自净化系统规划方法研究 [D]．武汉：华中科技大学，2015.
[94] 郭学明，李青山．装配式混凝土建筑——结构设计与拆分设计 200 问 [M]．北京：机械工业出版社，2019.
[95] 沙会清．装配式混凝土结构全流程图解：设计·制作·施工 [M]．北京：机械工业出版社，2022.
[96] 王含晓．装配式建筑产业园运行模式选择研究 [D]．扬州：扬州大学，2022.
[97] 田琼，周基．装配式建筑发展的必然性与迫切性探讨 [J]．科技风，2020（16）：116.
[98] 郑俊雄．混凝土叠合板预制底板脱模、吊装及施工阶段受力分析 [J]．广东建材，2020，36（11）：34-36.